スマートハウスの発電・蓄電・給電技術の最前線

Forefront of Studies for Natural Energy, Electric Storage and DC Power Supply Technologies in Smart House

《普及版／Popular Edition》

監修 田路和幸

シーエムシー出版

はじめに

スマートハウスやスマートグリッドテクノロジーは，世界的規模の市場拡大が確実視されているとともに，既存技術の応用や組み合わせによって様々な業種の企業の参入が見込まれている。しかし，そのテクノロジーの実用化のための技術開発はようやく始まったばかりであり，多くの参入に関心を持つ企業が存在するものの，現時点では具体的な開発目標を見い出せないのが実情である。

このような背景から，本書を通じて日本のスマートグリッドと関連してスマートハウステクノロジーを先導する大学・研究機関・企業の有する技術シーズを把握するとともに，本書を通じて実用化に向けての方向性を見出して頂ければと考える。

米国発のスマートグリッドという言葉が世界中を駆け回り，それに引きずられるようにスマートという言葉が接頭語のように使われている。スマートハウスもその一つである。少し前はエコハウスと言われていたが，エコハウスにITが導入されスマートハウスと言われているようである。このような背景から，我が国においても多くの企業や研究機関から様々なスマートハウスが提案され，建設されている。

本書では，はじめに，本書の発行の監修者の私論として，スマートハウスの概要と展望を述べる。そして，スマートハウスを取り巻く社会的環境，スマートハウスに用いられている様々な技術，そして，スマートハウスのために開発が進められている技術までを日本のスマートハウスを先導する方々に執筆をお願いした。そして，本書の執筆者は，単に低炭素化技術を寄せ集めたスマートハウスを目指すのではなく，真の低炭素社会に必要なスマートハウスの建設とそれに関連する技術やビジョンを有する方々である。よって，本書で紹介する技術は，スマートハウスを購入するユーザに対して，快適であり，魅力的であり，次世代的な環境型の暮らしを提供すると考える。

2011年1月

東北大学
田路和幸

普及版の刊行にあたって

本書は2011年3月に『スマートハウスの発電・蓄電・給電技術の最前線』として刊行されました。普及版の刊行にあたり，内容は当時のままであり加筆・訂正などの手は加えておりませんので，ご了承ください。

2017年4月

シーエムシー出版　編集部

執筆者一覧

田路和幸	東北大学　大学院環境科学研究科　教授・研究科長
畠中祥子	㈶日本情報処理開発協会　電子情報利活用推進センター　主席研究員
吉田博之	大和ハウス工業㈱　総合技術研究所　ICT 研究グループ　主任研究員
狩集浩志	日経 BP 社　日経エレクトロニクス　編集
堀　仁孝	NEC トーキン㈱　新事業推進本部　統括マネージャー
天野博介	パナソニック㈱　エナジーソリューション事業推進本部　理事
池田一昭	日本アイ・ビー・エム㈱　未来価値創造事業　社会システム事業開発　部長
木村文雄	積水ハウス㈱　総合住宅研究所　所長；芝浦工業大学　客員教授；一級建築士
太田真人	積水化学工業㈱　住宅カンパニー　技術部　課長
沓掛健太朗	東北大学　金属材料研究所　助教
宇佐美徳隆	東北大学　金属材料研究所　准教授
大関　崇	㈱産業技術総合研究所　太陽光発電研究センター　研究員
佐々木　浩	NEC トーキン㈱　新事業推進本部　マネージャー
小野田泰明	東北大学　大学院工学研究科　都市・建築学専攻　教授
伊藤　隆	東北大学　学際科学国際高等研究センター　准教授
藤井克司	東北大学　大学院環境科学研究科　教授
八百隆文	東北大学　学際科学国際高等研究センター　客員教授
小新博昭	パナソニック電工㈱　情報機器開発部　電力システム商品開発グループ　グループ長
松下幸詞	パナソニック電工㈱　照明事業本部　LED 総合企画部
飯沼朋也	コクヨ㈱　RDI センター　課長
原川健一	㈱竹中工務店　技術研究所　主任研究員
高橋俊輔	昭和飛行機工業㈱　特殊車両総括部　EVP 事業室　技師長
松崎辰夫	㈲品川通信計装サービス　取締役
内海康雄	仙台高等専門学校　地域イノベーションセンター　センター長
木村竜士	仙台高等専門学校　地域イノベーションセンター　研究員
古川柳蔵	東北大学　大学院環境科学研究科　准教授
堀江英明	日産自動車㈱　EV 技術開発部門　エキスパートリーダー；東京大学　生産技術研究所　特任教授

執筆者の所属表記は，2011年3月当時のものを使用しております。

目　次

【第１編　概論】

【第２編　スマートハウスの現状と方向性】

第１章　スマートハウスにおける政策動向　畠中祥子

第２章　日本型スマートハウスの特徴と課題　吉田博之

第３章　スマートグリッド，スマートハウスの業界動向　狩集浩志

第4章　再生可能エネルギーを含む電力平準化技術　堀　仁孝

第5章　スマートグリッド連携ホームエネルギーマネジメントシステムの展開　天野博介

第6章　ICTを活用したスマートハウスの背景と日的，その進展　池田一昭

第7章　自然を生かしたスマートハウス　木村文雄

【第3編 スマートハウスの導入に伴う太陽光／リチウムイオン電力貯蔵システム】

第1章 スマートハウスの取り組み（HEMS, 太陽光発電, 他） **太田真人**

第2章 太陽電池の基礎知識 **沓掛健太朗，宇佐美徳隆**

第3章 太陽電池の耐久性向上と効率化のための対策 **大関 崇**

第4章　太陽光発電システム用リチウムイオン電力貯蔵

【第4編　スマートハウスにおける新規電力供給システムと省エネ技術】

第1章　東北大学の取り組み

第2章　スマートハウスにおける配線システムとLED導入

第3章　オフィスにおける取り組み　**飯沼朋也**

第4章　ワイヤレス給電技術

第5章　微小電力回収システム　**松崎辰夫**

第6章　空調等自動コントロールシステム　**内海康雄，木村竜士**

【第5編　スマートハウスと次世代自動車】

第1章　蓄電機能付き住宅の開発　古川柳蔵

第2章　電気自動車の開発と展望　堀江英明

スマートハウスの概要と展望

田路和幸*

スマートグリッドとスマートハウスの関係について，考えてみることにする。スマートグリッドは，電力会社が管理するものと位置づけても良いと考える。日本の電力会社は，原子力発電や水力発電，火力発電，地熱発電などの電気を作るシステムの出力を，通信網を介しながら電力網への供給を管理制御している。それにより，電気はいつでもコンセントから安定に得られるわけである。まさに，日本の場合は，既にスマートグリッドが存在しているように思える。近年，地球温暖化対策の一つとして，化石燃料を削減するために，太陽光発電，風力発電，バイオマス発電といった再生可能エネルギーにより発電した電気が系統に導入する政策が発表され，自然エネルギー導入のマイルストーンまで示されている。この要求に答えるためには，これまで以上に複雑なエネルギー管理が求められている。このように，新たな発電所が増大する中，それらのシステムを従来の電力網に吸い込み，制御することを要求されているのがスマートグリッドであると考える。

一見，通常の電力網に電気を流しこめば良さそうに思えるが，自然エネルギーから作られる電気は，小さく不安定で，各地に分散し，さらに家庭での太陽光発電までも一つの発電所と考え始めれば，どのように制御し，周波数や電圧変動の少ない安定した電気をこれまで同様に利用者に届けられるかが課題となってくる。そこで重要になってくるのが，スマートグリッドとスマートハウスを含む利用側に近いところでの発電システムと電力を利用する側との関係である。この関係を繋ぐ一つの方法がスマートメータである。

上記は，系統電力から見た場合であったが，今度は，スマートハウス側から系統電力を見てみることにする。これまでに多くの企業や研究機関から発表されているスマートハウスを例に考えてみる。

① 大和ハウス工業は，5.1 kWの太陽電池と6 kWhのリチウムイオン2次電池を設置し，家庭で利用するエネルギーの100% 自給を目指したコンセプトハウスを建設した。そこでは，二酸化炭素排出量を65% 程度削減すると言われている。特徴としては，太陽光発電によって作っ

＊　Kazuyuki Tohji　東北大学　大学院環境科学研究科　教授・研究科長

た電気を地産地消する「ECOモード」と売電を主体とする「お財布モード」の選択を可能としている。さらに，創エネ・畜エネなどの見える化システムの他，スマートフォンにより住宅設備機器や家電製品を制御するシステムも導入している[1]。

② 積水ハウスと大阪ガスのプロジェクトでは，太陽電池と燃料電池のW発電を組み合わせ，最適制御により二酸化炭素削減に貢献できるシステムを提案している。当然，住宅設備機器や家電製品を集中管理するためのホームサーバが設置されている。積水ハウスは，三洋電機との蓄電池を活用したスマートハウス，さらに，東京都国立市にサステナブルデザインラボラトリーという，スマートハウスを建設し，生活スタイルなどの検討も行っている。この，サステナブルデザインラボラトリーは，スマートハウスの日本の第一号かもしれない[2]。

③ パナソニックグループのパナホームが建設したスマートハウスの特徴として直流配電と直流利用が挙げられる。特に，パナソニック電工が開発した交流・直流（AC–DC）ハイブリッドの導入により，ACからDCを作る際のエネルギーロスを無くすシステムができた。ACは，消費電力の大きい機器に，DCはデジタル家電やLED照明に利用している。DC利用技術については，パナソニック電工は，2011年度の実用化を目指しているようである[3]。

その他，環境省，国土交通省，経済産業省の各省庁もスマートハウスに力を入れ建設補助金を出しているほか，ENEOSのスマートハウス，菱重エステートのエコスカイハウス，住友林業スマートハウス，トヨタホーム，ミサワホームなど民間レベルでも次々にスマートハウスを建設している[4~10]。

④ 公的機関では，東北大学大学院環境科学研究科のエコラボは，目的とする二酸化炭素削減目標を置き，それを効果的に安価に達成するシステムを提案している。そこでは，パナソニック電工が開発した直流配電盤，直流スイッチ，ハウスマネジメントシステム（ライフィニティ），直流駆動のLED，さらに直流利用に焦点を絞った，DCライフスペースを設け，直流化に伴うライフタイルの変化を実験するスペースも設けられている。また，太陽電池で発電した電気は，直流で10 kWhのリチウムイオン電池に蓄電され，直流配電されている。また，蓄電池は，200 Whごとに分割されており，自由に取り外し，様々な目的に利用可能になっている。すなわち，大型蓄電池の利用方法の展開を見据えた構成になっている[11]。

以上のように，現在まで多くのスマートハウスが提案されている。そこで，私論ではあるが，客観的にこれまでのスマートハウスを総括してみたい。

スマートハウスの概要と展望

スマートハウスは，自然エネルギーを積極的に導入して，民生部門の二酸化炭素排出量を削減し，低炭素型社会の構築を達成するのが目的と考える。しかしながら，経済成長が停滞している我が国にとって，庶民は，技術的視点だけで導入を決断するだろうか。そこで，太陽光発電や電気自動車など補助金をつけて普及を促進するのも一考かもしれないが，このような政策だけで本当の低炭素社会の構築は可能であるかは疑問である。このスマートハウスというのは，単に二酸化炭素の排出量を効果的に削減する技術のみなのであろうか。スマートハウスに住むことで，我々の生活は何も変わらないのであろうか。庶民的な観点は，地球温暖化問題の深刻さより，現在の経済成長の方に注力しているのではないだろうか。このような庶民にとって，単に，二酸化炭素を削減するために，余計な投資の必要なスマートハウスを，はたして購入するであろうか。

上記のような理由によって，スマートハウスの普及には，単なる自然エネルギーを導入し，二酸化炭素の削減を強調するだけではなく，スマートハウスが我々の生活に新しい展開をもたらすことを具体的に示さなければならないように考える。わかりやすく説明するために，フランスのブランド「ルイ・ヴィトン」を例にとることにする。このメーカーは，婦人用バッグのブランドであるが，なぜ「バッグ」という機能のみなのに，先を争ってご婦人方は，このブランドのバッグを高額を払ってまで購入するのであろうか。そこには，「優れたデザイン」，「優れた耐久性」，「長く使っていても飽きない」，「流行遅れにならない」，等々，様々なプレミアがあることに気がつく，そして女性の欲望を満足させてくれるのである。このことを我々にとって必要不可欠な「家」にあてはめて考えれば，スマートハウスには，このプレミアム性が必要であるように思う。すなわち，スマートハウスを是非とも購入したいという欲望を駆り立てるような魅力がスマートハウスには必要だと思う。

では，著者の考えるスマートハウスを，我々と共同研究を進めている東北に販売拠点をもつ，北洲ハウジング株式会社の実験住宅を例に説明することにする。

図 1–a は，高気密・高断熱，そして自然を有効に活用し，エネルギー使用量を削減するように設計された「ベクサス」という北洲ハウジング本社内にある実験住宅である。また，ベクサスの主な仕様（図 1–b）およびベクサス内の AC–DC 配電システム（図 1–c）についても示した。図 2–a，b は，リビングとダイニングキッチンである。

この住宅を見て，多くの方はこのような家に住みたいと思われるのではないだろうか。スマートハウスの普及には，それを購入する人の感覚に訴えることが重要であるように思う。その次に，「ベクサス」の設備であるが，太陽光パネル（売電用）が屋根に設置され，内部の照明は，LED になっている。LED 照明もリビングやダイニングキッチンにマッチして，高級感のある生活を提供してくれるのみならず，省エネルギー効果は，これまで使っていた白熱球やハロゲンランプの消費電力の 10 分の 1 になっている。この照明の電気は，図 3 の太陽光パネル（最大出力 552

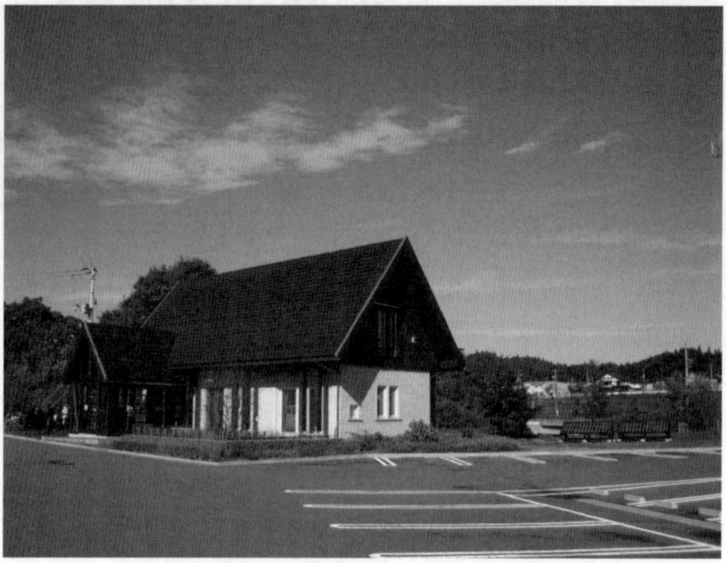

(a)

サステナブル実験住宅

- 延床面積：約85坪
- 階　　数：地下1階、地上2階建
- 構　　造：木造（地下はRC）
- 竣　　工：2006年3月

※　サステナブル実験用モデルハウス
環境負荷の低減と
優良建築資産の蓄積が目的

(b)

図1　実験住宅「ベクサス」
(a)北洲ハウジングが建設したサステナブル実験用モデルハウス「ベクサス」の外観，
(b)ベクサスの概要

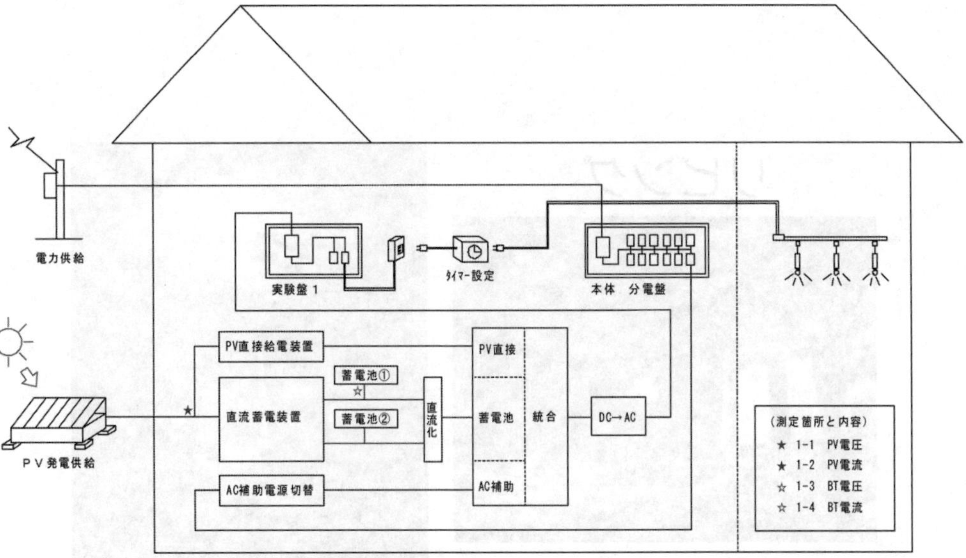

(c)

図１　実験住宅「ベクサス」

(c)「ベクサス」内のAC-DCハイブリッド配電システムの配線図。

W）で発電した電力を直流でリチウムイオン電池に給電し，図2のような家庭内のLED照明に供給している。このように，実験住宅「ベクサス」の照明は，太陽光エネルギーで全て賄っている。当然，悪天候の場合は，自動的にAC電源から電気が供給されるため，利用者は，無意識に自然エネルギーを優先して利用した生活を営むことができる。

図4は蓄電設備で，24 V出力，容量220 Whのリチウムイオン電池4個が設置されている。この蓄電池は，個々が取り外し可能で，家庭内のデジタル家電の電源として利用可能である。このように電池を移動可能にした背景には，高容量リチウムイオン電池を生活の場で積極的に利用することを想定している。アウトドアスポーツや緊急時の非常用電源などとして幅広い利用が考えられる。さらに，ユーザのアイデアで，蓄電池の可能性が広まり，エネルギーに関する知識が増すことにより，賢い省エネルギーが可能になると考える。これらも家庭内への蓄電池の導入を促進するための魅力の一つになると考える。

上記は，スマートハウスを構築するハード面を示したが，以下は，そのハードの魅力を引き出すためのITを活用した制御システム，いわゆるホームマネジメントシステム（HEMS）の導入について記述する。HEMSシステムについては，多くの企業が独立したシステムを提供しているが，ユーザにとっては，どのメーカの家電製品でも連動させることが出来ることが望ましい。しかしながら現状のHEMSシステムは，各社まちまちであり，自社製品しか連動させることができない。これについては，統一規格が早く決まることを期待する。それはさておき，これから

(a)

(b)

図２　ベクサス内部の構成
(a)ベクサス内部のリビング，(b)ベクサス内部のダイニングキッチン。

図 3　直流給電用ソーラーパネル（最大出力：46 Wh＊14 枚）

リチウムイオン蓄電池（200W×2）

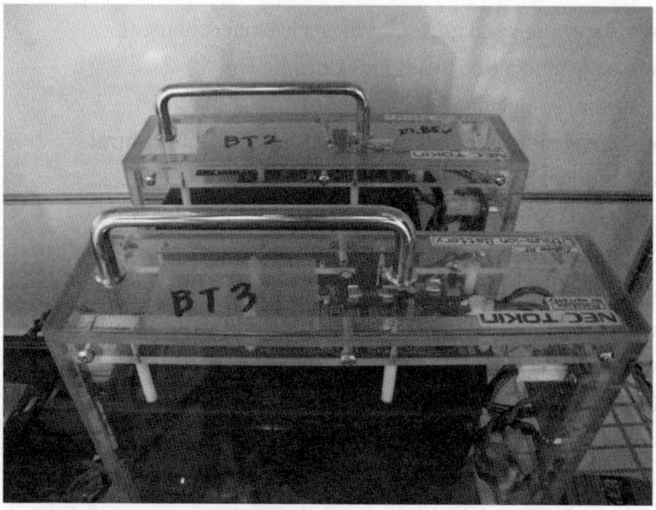

図 4　ベクサスに設置したリチウムイオン電池

の HEMS システムに必要な機能とそれにより実現する新しいライフスタイルを考えることにする。

現在の HEMS システムは，太陽光発電や燃料電池等の導入に際して家庭に導入されている。そのため，エネルギーの見える化が中心となったものが多い。本来，HEMS システムは，快適かつ利便性のある生活スタイルをもたらす必要があると考える。すなわち，将来的には，HEMS システムとインターネットが結合し，身の回りの全てのものが連動してくるようになると思う。未来を想像すると，車のナビシステムから家庭に設置されている各電化製品の使用状況や操作が可能になる。パーティーやホームシアターの観賞，読書など，様々な生活の中で，そして個人の好みによって照度や色調が変えられる。エネルギー利用では，天候に関する情報から，家庭内のエネルギー使用量を予測し，最も経済的かつ省エネルギーな使用状況を作り出す。これらは著者が創造する未来のライフスタイルの一例である。すなわち，スマートハウスは，自然を活用し，最先端のテクノロジーと IT を駆使して作り出され，それが異次元のライフスタイルを作り出すことができる家でなければならないと思う。それが達成された時，持続発展可能な低炭素社会が実現できるものと考える。

文　献

1）http://www.daiwahouse.co.jp/jutaku/lifestyle/smaecohouse/
2）http://www.sekisuihouse.co.jp/sdl/index.html
3）http://panasonic.co.jp/ecohouse/
4）http://www.env.go.jp/earth/ondanka/biz_local/22_01/index.html
5）http://www.meti.go.jp/information/data/c90814aj.html
6）http://www.noe.jx-group.co.jp/lande/product/soene/index.html
7）http://sfc.jp/information/news/2010/2010-11-05.html
8）http://www.rje.co.jp/plan/05_01.html
9）http://www.toyotahome.co.jp/ecomirai/index.html
10）http://www.misawa.co.jp/misawa/news_release/misawa/pop-up/release-pages/2010_11_10/101110.html
11）http://www.semsat.jp/ecohouse/index.html

第1章　スマートハウスにおける政策動向

畠中祥子*

1　スマートグリッド・スマートハウスを巡る政府動向

1.1　低炭素社会実現に向けて

低炭素社会に向けて，情報×エネルギーの双方向ネットワークを整備し，リアルタイムにエネルギーの需給調整を行う「賢い電力網」(以下，スマートグリッド）の構築が進められている。

スマートハウスは，その構成要素の一つとして，再生可能エネルギーの供給状況に合わせてエネルギー需要をシフトするために，賢く動く家電（ネットワーク情報家電）や蓄電を可能とする電気自動車や家庭用蓄電池など賢く需要マネジメントを実現する機器とそれをつなぐ住宅（以下，スマートハウス）として位置付けられている。

我が国のスマートグリッド・スマートハウスの取り組みは，福田元内閣総理大臣のスピーチ「『低炭素社会・日本』をめざして」[1]まで遡る。このスピーチでは，初めて我が国のCO_2削減の長期目標として，2050年までに，世界全体半減，日本としても，現状から60～80%の削減という目標が示された。

この目標に向け，平成21年4月17日に内閣府・経済産業省より，「未来開拓戦略（Jリカバリー・プラン)」[2]における戦略で，それまで政府が行ってきたような「モノ」中心の個別技術の積み上げによるCO_2削減対策を行う事業だけではなく，知識経済社会的な「知恵」を用いたCO_2削減を行う事業である，スマートグリッドやスマートハウスのような実証プロジェクトが初めて盛り込まれた。またこれを実現するため，平成21年度第一次補正予算[3]で，総額205億円が計上された。

9月には，米ニューヨークの国連本部にて，「気候変動首脳会合（気候変動サミット)」が開幕され，政権交代後，国連外交デビューを飾った鳩山元総理大臣が，先の衆院選のマニフェストにも掲げた，日本の温室効果ガス排出量を2020年までに1990年比で25%削減する意向を表明し[4]，低炭素社会実現に向ける取り組みが加速，平成22年度の本予算（図1）として，初めてスマートグリッド・スマートハウス関連の取り組みが計上された。

*　Shyoko Hatanaka　(財)日本情報処理開発協会　電子情報利活用推進センター　主席研究員

平成22年度経済産業省関連予算案の概要（平成22年1月　経済産業省）
＜抜粋＞
2. 主な分野・事業
(3) 地球温暖化対策
＜技術開発＞
●地域エネルギーマネジメントシステム開発事業　　11.0億円（新 規）
太陽光発電等の新エネや電気自動車等のエコカーを大量導入するための「スマートグリッド」の基盤となる「エネルギー需要制御システム」の開発を支援。

＜実証事業＞
●蓄電複合システム化技術開発　　43.4億円（新 規）
需要サイドにおける太陽光パネルや電気自動車等を組み合わせた最適な蓄電技術の開発を図るための研究・実証事業を実施。
●国際エネルギー消費効率化等システム共同実証事業　　18.3億円（新 規）
省エネ・再生可能エネルギー技術をIT 技術等と複合的に組み合わせ、スマートグリッド等の一体型の「システム」を構築し、ビジネス展開するための実証を海外で実施。

（http://www.meti.go.jp/press/20091225013/20091225013-1.pdf より）

図1　平成22年度経済産業省関連予算案の概要（抜粋）

1.2　グリーン・イノベーション戦略の中の位置付け

平成22年6月には，「エネルギー基本計画」[5]に記載され，スマートグリッド・スマートハウスが，エネルギー政策上の位置付けとして，明確になった。

「エネルギー基本計画」は，エネルギー政策基本法に基づき，政府が「安定供給の確保」，「環境への適合」，「市場原理の活用」というエネルギー政策の基本方針に則り，エネルギー政策の基本的な方向性を示すものである。この年の改定では，エネルギー政策の基本である3E（エネルギーセキュリティ，温暖化対策，効率的な供給）に加え，エネルギーを基軸とした経済成長の実現と，エネルギー産業構造改革が新たに追加された。このエネルギー産業構造改革を実現するためには，スマートグリッド・スマートハウスの構築が必要であることが読み取れる。

また同6月に，スマートグリッド・スマートハウスは，「新成長戦略～『元気な日本』復活のシナリオ～」[6]の中で，強みを活かす成長分野（環境・エネルギー，健康）の重要な柱に位置付けられた。

スマートグリッド・スマートハウスは，太陽光発電を始めとする再生可能エネルギーの大量導入を進めるため，エネルギーの需供両面での対策として重要なシステムであるため，スマートコミュニティの国内実証を行う。また，同時に「系統全体」と「地域レベル」での最適エネルギーマネジメントに関するシステムを構築し，交通インフラや都市作りも低炭素型に革新することで，環境と経済成長の両立を目指すとしている。

また，経済産業省では，「新成長戦略～『元気な日本』復活のシナリオ～実現アクション100」（図2）として，平成23年度概算要求が行われている。

新成長戦略　実現アクション　100　ー市場機能を最大限活かした新たな官民連携の構築ー【 平成23年度経済産業政策の重点 】(平成22年8月　経済産業省)
＜抜粋＞
第3章 平成23年度に進めるべき施策
1. 環境・エネルギー産業が牽引する経済成長(グリーン・イノベーション)の推進と「環境・エネルギー大国」の実現
(1)グリーン・イノベーションの強力な推進
②スマートグリッド等の大規模実証を通じた「環境未来都市」づくり action 20
○(☆) 次世代エネルギー・社会システム実証事業 182億円(新規)
○(☆) 次世代エネルギー技術実証事業 40．0億円(新規)

⑥次世代のエネルギー利用を基盤とした新たな社会(スマートコミュニティ)の実現とその国際展開支援 action 28
○(☆) 横浜市、豊田市、けいはんな学研都市(京都府)、北九州市で大規模社会実証を実施(次世代エネルギー・社会システム実証事業【再掲】)
○(☆) 次世代エネルギー・技術実証事業【再掲】
○ スマートコミュニティ構想普及支援事業 3．3億円(新規)
◇ 需要サイドにおける高度なマネジメントシステムの導入に関し、法制的措置を含めて検討
○(☆) インド等東アジアにおけるスマートコミュニティ事業可能性調査
〔内数〕21．5億円(新規) 13
○ 戦略的国際標準化推進事業〔内数〕１４・０億円（新規）
○(☆) 国際エネルギー消費効率化等技術・システム実証事業【再掲】

(http://www.meti.go.jp/main/yosangaisan/2011/doc01-1.pdf より)

図2　新成長戦略 実現アクション100（抜粋）

2　スマートハウスの検討

2.1　スマートハウスの必要性

「福田元内閣総理大臣のスピーチ：『低炭素社会・日本』をめざして」を受け，経済産業省では，2050年までに地球のCO_2排出量を半減するという世界が直面する最大の課題を個別技術論の積み上げだけではなく，我が国全体の産業政策として，IT，エネルギー，交通，国家などの社会・産業システム全体をいかに変革させ解決できるかの検討が進められていた。

この検討の中で，生活の質を向上させつつ，CO_2を削減する新しいパラダイムの創出を目指し，CO_2削減のコアとして開発されている以下4つの新技術を情報インフラで相互接続することで，エネルギーの全体制御を可能にするとともに，ライフスタイルを抜本的に転換する将来像が描かれた。

① 化石燃料ではなく自然エネルギーを最大限利用する「太陽電池，風力発電」
② 余ったエネルギーや捨てられているエネルギーを活用する「蓄電池」
③ 利便性を損なうことなく限られたエネルギーを賢く使う「スマートハウス・ビル」
④ 化石燃料を使わず自然エネルギーで移動する「電気自動車」

この4つの新技術のうち，③スマートハウス・ビルについては，我が国のCO_2排出量の推移

の中で未だに増加傾向であり，CO_2半減を目指す上で急務となっている，家庭部門や業務部門に対するものである。

これまで，家庭部門や業務部門の対策としては，家電製品やエネルギー機器単体における性能向上や太陽光発電などの再生可能エネルギーの導入などが行われてきたが，今後は，積極的に「知恵」を活用し，ライフスタイルやインフラを転換させていくことで，経済成長への制約を逆に新たな需要の創出源としていくことが求められている。

具体的には，再生可能エネルギーの供給状況に合わせてエネルギー需要をシフトすることが必要となるが，そのようなライフスタイルへの転換を促すためには，再生可能エネルギーの利用を高めても生活の快適性を失わない仕組みが不可欠であり，そのためには，「知恵」を活用した，賢く動く家電（ネットワーク情報家電）や蓄電を可能とする電気自動車や家庭用蓄電池など賢く需要マネジメントを実現する機器とそれをつなぐシステムとしてのスマートハウスが必要となる。

一方，このようなスマートハウスの普及にあたっては，月々のエネルギーコストを上回るコストが発生することが予想されるため，導入コストに見合うメリットや，CO_2削減への貢献を実感できるインセンティブをどうやって家庭に示していくかという課題がある。

この課題解決を図るためには，家電，エネルギー機器，自動車などがネットワークで接続されたスマートハウスを実現し，このシステムを活用した様々な魅力的なサービスを産み出すことで，知識経済社会を実現する新たな産業へ成長させるのと同時に，エネルギー以外の分野でコスト回収を行える仕組みを構築する必要がある。

そこで経済産業省では，「平成21年度スマートハウスプロジェクト実証事業」の一環で，スマートハウスの構築・普及に向けて，スマートハウスの実現に係る技術要素・標準，将来ビジネスモデルを検討する「スマートハウスのビジネスモデルに係る調査研究」及び技術実証を行う「スマートハウス実証プロジェクト」が行われた。

2.2「スマートハウスのビジネスモデルに係る調査研究」での検討

スマートハウスからの家庭エネルギー情報は，低炭素化に向けて，エネルギーを賢く使うために利用される。(財)日本情報処理開発協会（以下，JIPDEC）では，この家庭エネルギー情報を活用して，CO_2の削減に対するインセンティブを付与し，新しい家庭・住民サービスにつなげることができないか，また，そのためのスキームはどうあるべきか等の検討を進めてきた。この取り組みの中で，経済産業省「平成21年度スマートハウス実証事業（スマートハウスのビジネスモデルに係る調査研究)」を受託し，スマートハウスに係るビジネスモデル，システム共通仕様，新サービス，地域連携，CO_2の見える化・評価の実証等について検討した[7]。

低炭素社会を実現していくには，エネルギー供給会社等の事業者が，情報系インフラを使って，

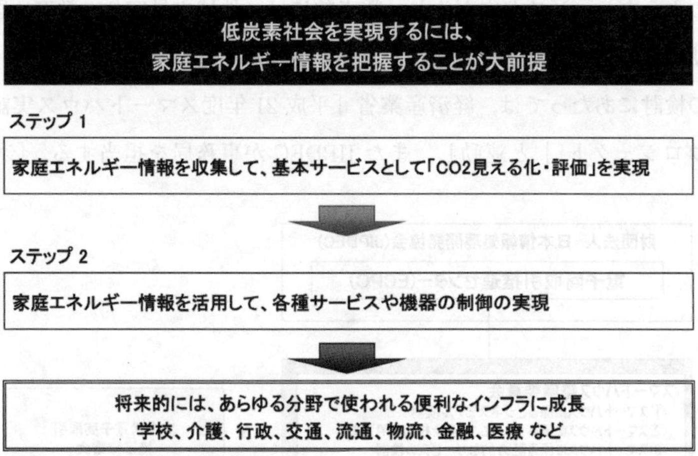

図3　情報系インフラの構築ステップ

家庭エネルギー情報を把握することが大前提となる。本調査事業で捉えた情報系インフラの構築ステップを図3に示す。

生活者の家庭で生成される再生可能エネルギーの量，電気自動車等に蓄積されるエネルギー量，エアコン，テレビ等各家電機器で使用するエネルギー量等の家庭エネルギー情報は，生活者の所有物である。生活者は，分電盤の中を流れるエネルギー量や，各機器のエネルギー使用量を把握することで，エネルギーの使い方を見直すことができる。低炭素化には，単にエネルギーの使用量を減らすのではなく，夜間等使用が少ない時間帯にシフトすることや，導入が進められつつある再生可能エネルギーが多く発生している時間帯にたくさん使用する等，賢くエネルギーを使うことが求められている。

家庭エネルギー情報を扱う情報系インフラは，ステップ1として，生活者自身が家庭内のエネルギーをどのように生成，蓄積，使用しているかを把握する仕組みを構築する。しかしながら，平成21年度スマートハウス実証プロジェクト（経済産業省）の実証結果等から，生活者は，1000 KWh の省エネが何を意味するのかわからない等，エネルギー単位だけの表示では，低炭素へつなげにくいということが分かってきた。したがって，ステップ1では，家庭内のエネルギー量の見える化・評価に加えて，CO_2 量に換算する「CO_2 見える化・評価」などを基本サービスとして構築する。

ステップ2は，収集された情報を活用するフェーズである。集積される家庭エネルギー情報は，生活スタイルを映し出す情報である。生活者は，これらの情報を賢くサービス事業者に提供することにより，よりきめ細やかなサービスを受けることができる。例えば，光熱費の上限を設定し家庭内機器を自動制御することや，家庭内機器の自動保守サービス等の提案や実証が既に開始されている。このようなサービスが広がると，将来的には，地域の見守り，教育，医療等あらゆる分野で便利に使われるインフラへと成長していく可能性がある。

本調査事業の検討にあたっては，経済産業省「平成21年度スマートハウス実証事業（スマートハウス実証プロジェクト)」と連動し，またJIPDECが事務局を担当する，「次世代電子商取

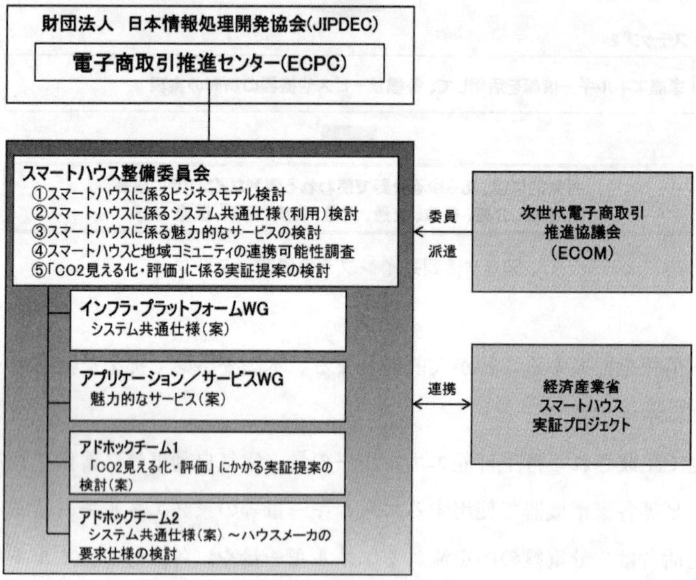

図4　実施体制図

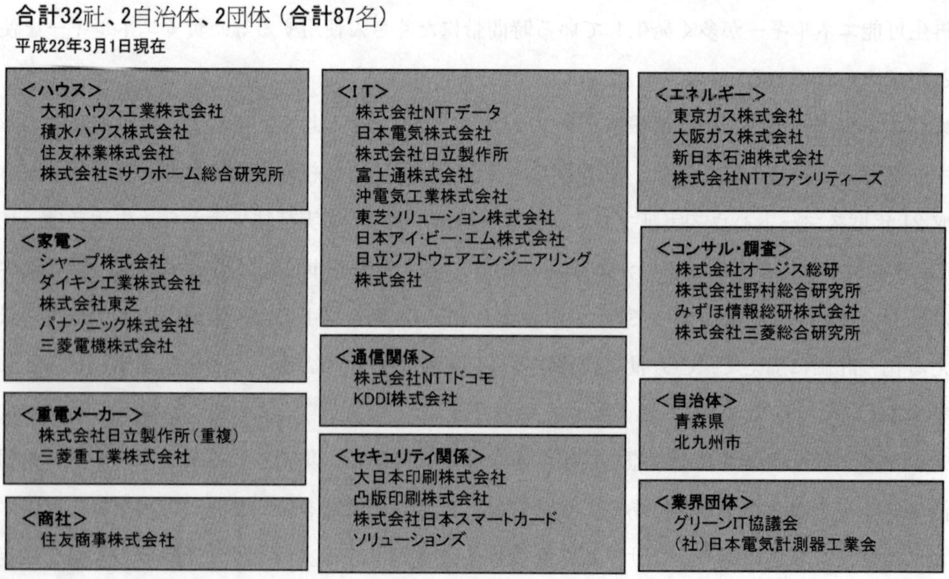

図5　参加事業者

引推進協議会（以下，ECOM）」の協力を得てスマートハウス整備委員会を設置して実施した。本調査事業の体制を図4に示す。

活動へ参加した事業者を図5に示す。委員は，ハウスメーカー，家電メーカー，エネルギー事業者，エネルギーメーカー，IT ベンダ，通信プロバイダ，自治体等様々な業種の主要事業者32社，2自治体，2団体の専門家を中心に議論してきた。

スマートハウスが接続する情報系インフラは，さまざまな業種が相乗りするインフラとなる。この検討では，生活者サイドという共通の視点から，議論してきた。主な意見を以下に示す。

① 生活者は，安価で環境にやさしければ，エネルギー源が電気，ガス，分散電源であっても構わない，いろいろな選択肢から選択できればよい

② サービスの広がりこそが生活者のメリットであり，情報系インフラはさまざまなサービスプロバイダが乗りやすいインフラであることが重要

③ エネルギーマネジメントに利用するのだから，安全・安心が重要

④ 取り組みを広げるために，コスト低減を重視すべき　等

さらに，委員の問題意識として，具体的に事業として取り組むには，各社個別ではコストに見合わず継続が困難な状況であり，社会インフラとしての整備が急務であるという意見が大多数であった。

① CO_2削減に対するインセンティブはどうあるべきか

② 個社のビジネスドメインに集中するためには，ベースデザインとしてどうあるべきか

③ 家庭エネルギー情報は，生活者の所有物である。CO_2削減等地域・社会全体で役立てるには，どのような区分け（匿名化等）が必要となるか

④ システム仕様で共通化すべき箇所はどこか

⑤ 情報系インフラ上に広がる新サービスはなにか　等

「CO_2削減に対するインセンティブはどうあるべきか」に関する検討での，委員からの意見を図6に示す。要点は以下の通りである。

① 導入支援／助成

創エネ，省エネ機器導入の助成やHEMS導入推進等，CO_2削減に向けて国が支援すべき

② 社会インフラの整備

エネルギーマーケット創出，さまざまなサービス創出基盤の整備が必要

③ ライフスタイルの維持・向上

便利なもの，快適なものでないと普及しない。低炭素化で豊かな暮らしを目指すべき

④ 様々なサービス

まずは，家庭エネルギー情報の「見える化・評価」と公正な評価指標を決めるべき

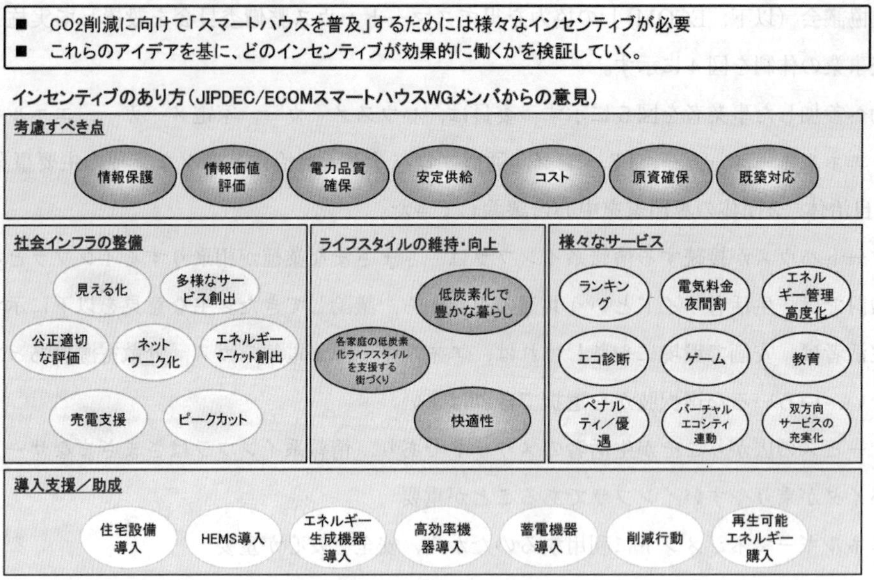

図6 インセンティブのあり方

⑤ その他考慮すべき点

電力の安定供給，情報保護，コストに考慮すべき

委員の意見では，家庭の電気代は，約月１万円程度であり，HEMSの効果（5～10%）だけではペイしない。生活者のメリットが必要である。快適性については，今まで，洗濯機やエアコン単体で追及されてきた。システム全体で最適な絵を描くことや，欧米で検討されているような共同スペースに人が集まって会話できることがドミトリーの暮らしといった，生活の豊かさや暮らしぶりに対する指標や研究も重要となってくる。また，家庭の機器に対して一方的に外部から快適性を損なうような制御には反対（あり得ない）という意見が多かった。

その一方，快適性はオプションであり，生活の快適性が変わらない前提で金銭的メリットを優先し，経済性に余裕が出てから快適性を追求すべき，という意見もあった。

これらの検討テーマに対応し，事業として各社が組んでいくには，ハウス内だけでは帳尻が合わず，シティ／コミュニティ等広い単位で，スマートハウス普及へ取り組む必要があることが見えてきた。

2.3 「スマートハウス実証プロジェクト」での検討

経済産業省「平成21年度スマートハウス実証事業（スマートハウス実証プロジェクト）」では，(株)三菱総合研究所によるプロジェクトマネジメントのもとに，ユーザの多様なライフスタイルに応じて家庭用太陽電池や蓄電池等のエネルギー機器，家電製品，住宅機器等を外部コントロー

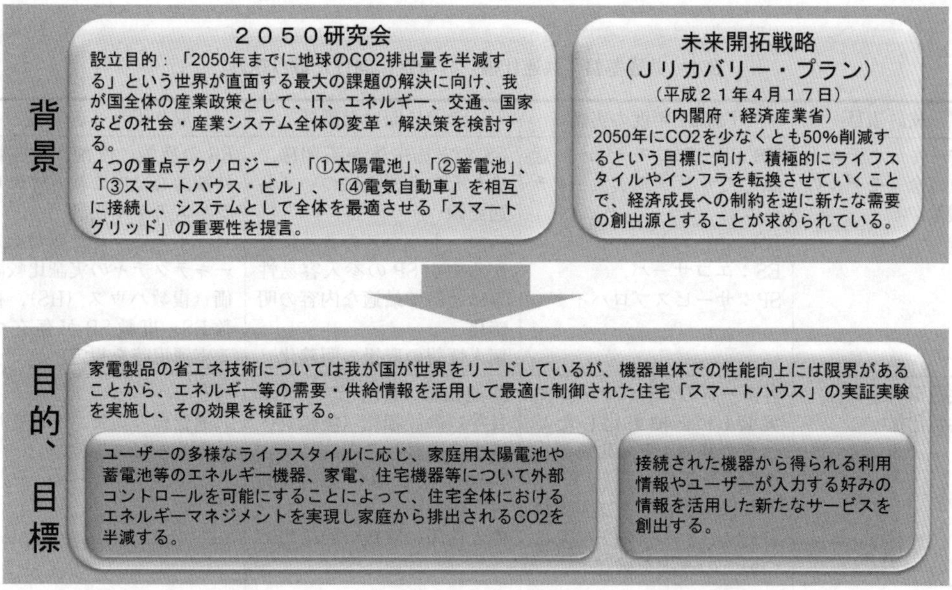

図７　背景と目的

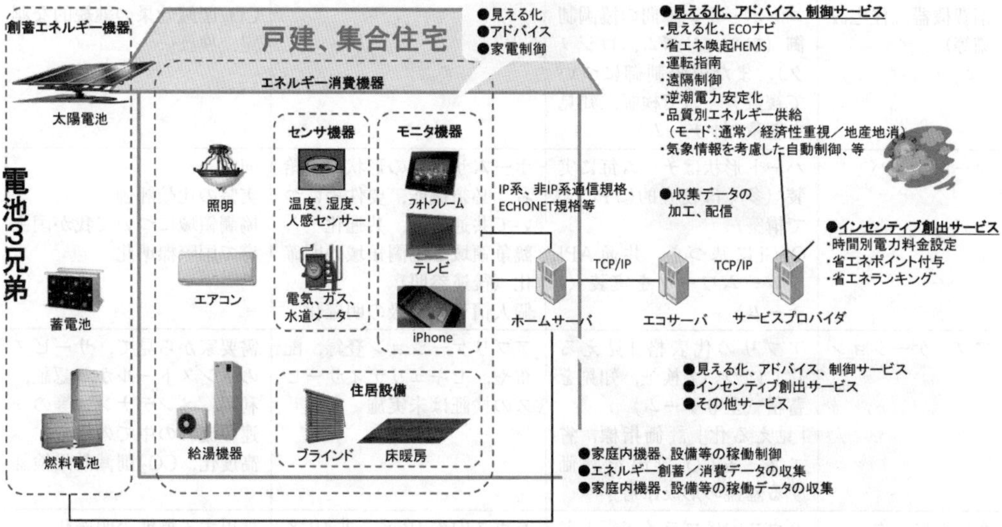

図８　実施概要

ル可能にし，住宅全体におけるエネルギーマネジメントを実現しながら排出されるCO_2の半減を目指すとともに，相互に接続された機器等から取得される利用情報やユーザの特性に応じた情報などを活用した新しいサービスの実現可能性について検討が進められ，報告書にまとめられている[8)]。本事業の背景と目的を図７に示す。

本実証事業では，家庭のCO_2排出量を削減するために，電池３兄弟と呼ばれる太陽電池，蓄

表1　共通基盤（共通仕様）の策定に向けた取り組み

検討項目	平成21年度の実証	今後に向けた課題	取り組むべき事項
アーキテクチャ上位概念（モデルの議論）	HS–ES–SPのモデルを意識したサンプル実装〈4チーム〉 HS：ホームサーバ， ES：エコサーバ， SP：サービスプロバイダ	ESの実施主体が不明確，またその必要性について共通認識 スマートハウスの普及に繋がる中小SPの参入容易性等にとって最適な内容の明確化 個人情報の取扱の明確化	ESの機能，役割，収益性，持続的な発展の検討等のビジネスモデル検証 ビジネスモデルに基づくアーキテクチャの実証比較評価（複数ハウス（HS），複数ES，複数SPが存在する実運用時を想定）
共通システム，共通仕様	各チームのユースケースや実装I/Fを抽象化したレベルで共通I/F，共通データ項目を策定 それに基づきサンプル実装を行い，「データ交換」についての連携を確認	共通仕様（I/F，データ項目等）の詳細化（実装レベルまでの落しこみ） 共通仕様を用いての「制御」の検証 個人情報の取扱の明確化	同左 共通仕様の実装，それを用いたサービス等検証
コンポーネント（エネルギー創蓄機器，エネルギー消費機器，住宅設備等）	住宅内の一通りのコンポーネントを取扱った知見の蓄積 コンポーネント間の協調制御（アルゴリズム，ロジック），また遠隔制御について複数チームで検証，知見を蓄積〈4チーム〉	系統側が導入を検討する「出力抑制付パワコン（太陽光発電）」対応	同左 アルゴリズム，ロジックの高度化 CO_2削減効果の継続的な測定，検証
ホームサーバ	ハード形状はチーム毎に実装（多くは便宜的にPC上で構築） OSGiに基づき，共通API，フレームワークを実装〈1チーム〉	ホームサーバの形状，供給者，必須機能，要件等について共通認識，共通化 競争領域と協調領域の明確化（後述参照） 個人情報の取扱の明確化	同左 実装の比較評価 協調領域について我が国主導で国際標準化
アプリケーション	アプリの代表格「見える化」について検証，知見を蓄積〈全6チーム〉 「見える化」評価指標，省エネ，省CO_2排出を評価する基盤の形成に着手	アプリケーション登録，配布や，セキュリティサービスの検証は未実施	需要家から見て，サービスのインストールから認証，利用，メンテナンス等の一連の流れの中での検証 高度化，CO_2削減効果検証
ネットワーク，通信仕様	ハウス内はプライベートドメイン〈全6チーム〉 プロトコル定義済みの機器についてECHONETを利用し，知見を蓄積〈2チーム〉	ハウス内のIP系，非IP系の混在について複数意見が存在。共通認識，共通化 スマートハウスの本質である「住宅内の情報を地域・社会と共有する」にとっての最適なネットワーク設計をさらに考察，検証	採用する標準の明確化 ECHONETの対象機器の拡大，さらなる国際標準化

電池，燃料電池や，エアコンや照明機器などの負荷機器をネットワークに接続し，見える化，省エネアドバイスなどのサービスや，家電制御などを行うしくみが実証された。さらに，接続された機器から得られる家庭エネルギー情報をもとに，新たなサービスの可能性が検証された。本事業で検討されたエネルギーマネジメントシステム及び新サービス実証事業の概要を図 8 に示す。

さらに，本事業では，エネルギーマネジメントシステムおよび新サービスの普及に資することを目的として，共通基盤の検討が進められた。具体的には，各チームの実証実験のケースと照合を行いながら，①アーキテクチャモデル，②共通システム仕様，③エネルギー機器（創出，蓄積，消費）の協調制御／遠隔制御方法，④ホームサーバ仕様，⑤アプリケーション例，⑥通信仕様などが考察された。共通基盤（共通仕様）について，平成 21 年度に実証された内容，今後の課題および取り組むべき事項について，表 1 に示す。

これらの検討結果およびセキュリティ面を鑑みて，多くのサービスプロバイダの参入を促していくためには，「家庭（消費者）」，「インフラプロバイダ」，「データプロバイダ」，「サービスプロバイダ」の 4 者のプレイヤー（複数のプレイヤーを 1 事業者で兼ねる場合もある）間で，役割分担をもってビジネスモデルが構築されることが有効ではないかという考えが示された。

今後の実証実験などを通じてさらに検討が進められ，スマートハウスからの家庭エネルギー情報を活用して，幅広い事業者による多種多様な商品・サービスが出現していくことが期待される。

文　献

1) http://www.kantei.go.jp/jp/hukudaspeech/2008/06/09speech.html
2) http://www.meti.go.jp/policy/sougou/juuten/simon2009/simon2009_10-3.pdf
3) http://www.meti.go.jp/press/20081224001/20090427-1.pdf
4) http://www.kantei.go.jp/jp/hatoyama/statement/200909/ehat_0922.html
5) http://www.meti.go.jp/committee/summary/0004657/energy.pdf
6) http://www.kantei.go.jp/jp/sinseichousenryaku/sinseichou01.pdf
7) 「平成 21 年度スマートハウスプロジェクト実証事業（スマートハウスのビジネスモデルに係る調査研究）報告書」，財団法人日本情報処理開発協会（平成 22 年 3 月）
8) 「平成 21 年度スマートハウスプロジェクト実証事業（スマートハウス実証プロジェクト）報告書」，株式会社三菱総合研究所（平成 22 年 3 月）

第2章　日本型スマートハウスの特徴と課題

吉田博之*

1　はじめに

スマートハウスとは情報化（スマート化）された住宅を意味し，家庭内の家電や設備機器を様々な通信手段で接続し様々な付加価値を提供しようというものである。スマートグリッド同様アメリカで提唱された概念で，日本では1990年，2000年と10年毎にブームを迎えており今回が三度目である。代表的な事例としては，東京大学坂村教授らによるトロン電脳住宅（1989年）[1]や，松下電器産業（現パナソニック）によるHIIハウス（1999年）[2]などが挙げられる。トロン電脳住宅は21世紀の住宅として住宅メーカー各社からも注目を集め，テレコントロールなどのホームオートメーションがブームとなった。HIIハウスはインターネット冷蔵庫や電子レンジといった，情報家電が話題を呼んだ。しかし携帯電話によるホームコントロールシステムなど，一部のシステムは実用化されているものの当時目指していた住宅全体で統合化されたスマートハウスは未だ普及していない。その理由を一言で言えば，家電や設備機器をネットワークで接続する必然性に欠けていたという点ではないかと思われる。ここにきて再注目されているのは，住宅全体，地域全体でのエネルギーマネジメントを行う上でその必然性が出てきたからである。それ故に最近はスマートグリッドと連携し家庭内のエネルギーの最適制御を行う住宅と定義されることが多いが，本来は安全・安心，健康，福祉といった幅広い分野を想定した概念である。そこで本稿ではまず平成21年度に実施された「スマートハウス実証プロジェクト」の背景や成果につ

写真1　トロン電脳住宅（1989）
出典：エネックス　LLC[3]

＊ Hiroyuki Yoshida　大和ハウス工業(株)　総合技術研究所　ICT研究グループ　主任研究員

いて解説した上で，過去における事例と比較しながら日本型スマートハウスの特徴と課題について考察したい。

2 「スマートハウス実証プロジェクト」について

2.1 プロジェクトの背景

平成21年7月6日付にて経済産業省より公募されたプロジェクトである。もともとは担当部署である商務情報政策局情報経済課の「2050年研究会」から派生したものであり，プロジェクトの主旨にもその場での議論が色濃く反映されているので，まずその概要について説明したい。

研究会だが「2050年までに地球上のCO_2排出量を半減する」という課題の克服に向けては，常識的な発想では達成困難であるという前提からスタートしている。そこで，あえて非常識な発想で取り組んでいる様々な企業を招き，有識者を交えた自由闊達な議論が行われた。例えば電気自動車は新しい価値をもたらす情報家電である（第三回），住宅産業は建設業からサービス産業にシフトすべき（第五回），住宅を「携帯電話」に置き換えてみる（第五回）などの発想転換を促す提言や，垂直統合から水平分離へのシフト（第二回）といった新たな社会や産業のしくみについても議論がなされている。詳細は経済産業省のホームページに掲載されている議事録[4)]を一読して頂きたいが，スマートハウス実証プロジェクトはこうした議論の中から生まれたものであり，単にエネルギー制御を目的としたものではないことを踏まえておく必要がある。

2.2 プロジェクトの目的

目的については二つの項目が挙げられている。まず「2050年にCO_2を少なくとも50%削減するという目標に向け，積極的にライフスタイルやインフラを転換させていくことで，経済成長への制約を逆に新たな需要の創出源とする」というもので，1970年代アメリカの厳しい排ガス規制を逆手に取って成功を収めた日本車の例に倣って，ピンチをチャンスに変える発想が求められている。

次に，「家電製品の省エネ技術については，我が国が世界を牽引しているところであるが，機器単体における性能向上には限度があることから，エネルギー等についての需要情報と供給情報を活用することによって最適制御された住宅（スマートハウス）を実証し，その効果を検証する」とある。ポイントは「機器単体における性能向上には限度がある」としている点で，エアコンなど単一機器における省エネではなく家庭内のネットワークを活用することが求められている。また，「需要情報と供給情報を活用することで」という点で，電力系統を含めた地域ネットワークとの連携を示唆している。

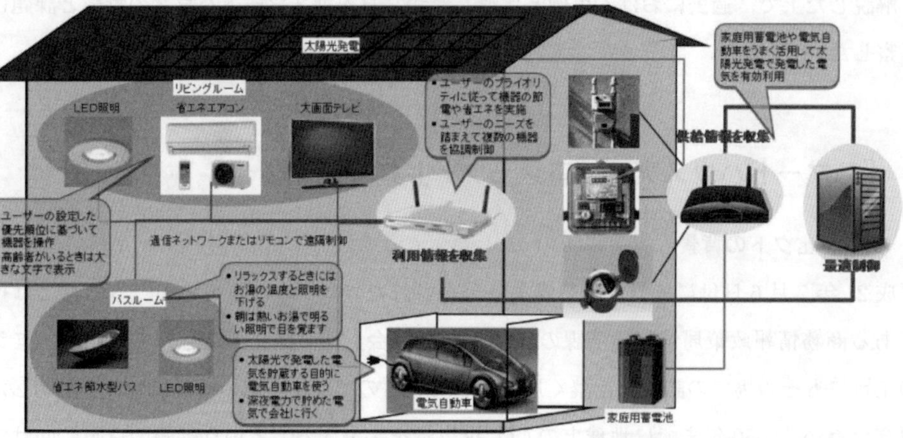

図1　経済産業省におけるスマートハウスのイメージ
出典：経済産業省 HP

2.3　プロジェクトの目標

目標については二つの項目が挙げられている。まず「ユーザーの多様なライフスタイルに応じ，家庭用太陽電池や蓄電池等のエネルギー機器，家電，住宅機器等について外部コントロールを可能にすることによって，住宅全体におけるエネルギーマネジメントを実現し家庭から排出される CO_2 を半減する」というものである。ポイントは「ユーザーの多様なライフスタイルに応じ」と「外部コントロールを可能にする」という点である。というのも住宅内におけるエネルギーマネジメントについてはこれまでも様々なシステムが提案されてきた。例えば家庭内の消費電力を見える化する手段としては(財)省エネルギーセンターが普及に取り組んでいる「省エネナビ」があり，対応した機器が各社から発売されている。2000年頃には住宅メーカーでも商品設定されていたが，基本的には電力センサと専用表示機という家庭内に閉じたシステムであり外部からの制御には対応していなかった。また画面も固定的であり，多様な家族形態やユーザーの好みに合った情報提供が難しく，使っているうちに飽きてしまうという点も指摘されていた。今回の公募ではエコサーバーという中立的なサーバーと双方向で接続し，収集したエネルギーデータを様々なサービスプロバイダが活用できるようにすることでその解決を図ろうとしている。

ただ，ここまでを読むと単にエネルギーのプロジェクトと捉えられがちだが，むしろ今回のプロジェクトの主旨は「接続された機器から得られる利用情報やユーザーが入力する好みの情報を活用した新たなサービス創出の可能性を検証する」という二つ目の目標にあるだろう。背景には海外におけるスマートグリッドにおいて，クラウドコンピューティングを推進するIT系企業やいわゆる“Web 2.0”系企業が積極的に参入している事実がある。

典型的な事例がGoogle Power Meterで，スマートメーター経由で収集した情報をユーザーにわかりやすく提示することで家庭内の消費電力の抑制につなげようとしている。しかし，これまで書籍のスキャニングデータの公開やGoogle MapsやGoogle Streetviewにて地図情報や街角の映像の公開を行ってきた企業である。エネルギー以外の家庭内の情報にも興味を示すと考えるのが自然だろう。近い将来Googleの検索サイトから収集したユーザー情報に，家庭内のエネルギー消費だけでなく家電等の使用履歴といった生活密着型の情報が加わる可能性がある。プロジェクトの公募主体が情報経済課であることを考えると，こうした動きを踏まえた新たな情報サービス産業の創出や国際競争力確保に軸足を置いていると解釈する方が自然だろう。

2.4　実施項目

実施にあたっては以下の3つのテーマに分けて募集がされた。テーマ1として，プロジェクトの全体の管理と事業化に向けたロードマップを策定する「スマートハウスプロジェクトマネジメント事業」，テーマ2として，創エネ機器類や家電・設備機器の最適制御や新サービス創出といったアプリケーションレイヤーの検討を行う「エネルギーマネジメントシステム及び新サービス実証事業」，テーマ3として，それらを実現するにあたり共通的に必要なシステムの構築，すなわち宅内に設置するホームサーバや情報収集・分析を行うセンター側のサーバーの開発を行う「共通システム開発事業」である。

なお，システムの構築にあたっては図2に示す構成に可能な限り留意するよう注記されている。

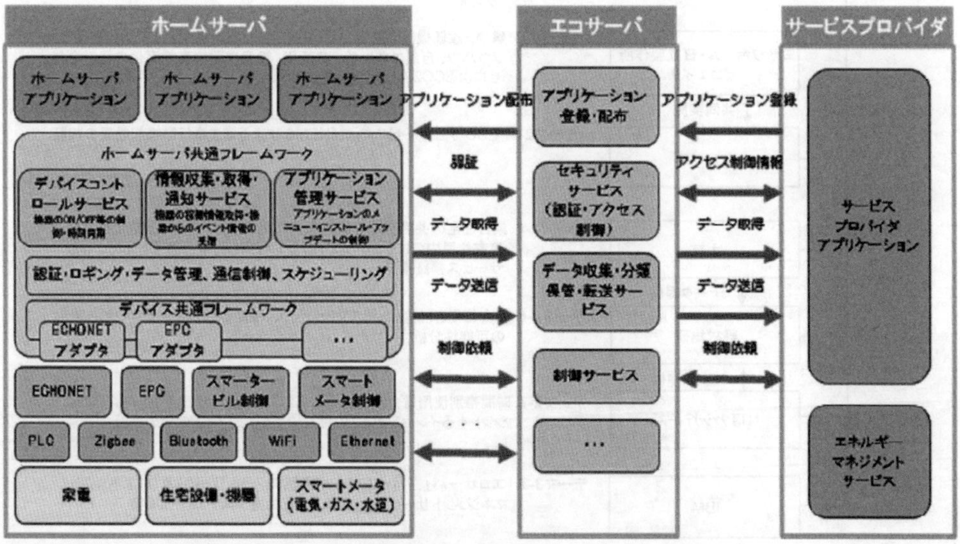

図2　スマートハウス実証プロジェクト システム構成イメージ
出典：スマートハウス実証プロジェクト公募要領

この図を読めばプロジェクトで想定しているシステム構成（アーキテクチャ）が理解できる。特徴的なのは，ホームサーバー内に共通フレームワークを搭載し，上位のアプリケーションと下位に接続される家電や設備機器の通信プロトコル（通信手段）や伝送メディア（有線LAN，無線，電灯線通信等）の違いを吸収させるしくみになっている点である。またアプリケーションについてはエコサーバから追加更新できる仕組みになっている。これは，現在プログラミングの主流になっているJavaやその共通フレームワークであるOSGi等の概念を踏襲したものであり，従来の家電の設計とは大きく異なる点となっている。

2.5　採択結果と実施体制

採択された提案を経済産業省側で調整し，図3に示す体制でプロジェクトが実施された。実施各社はプロジェクトマネジメント業務を受託した三菱総研と再委託契約を結び，テーマ2とテーマ3については可能な限り連携する形で開発が進められた。

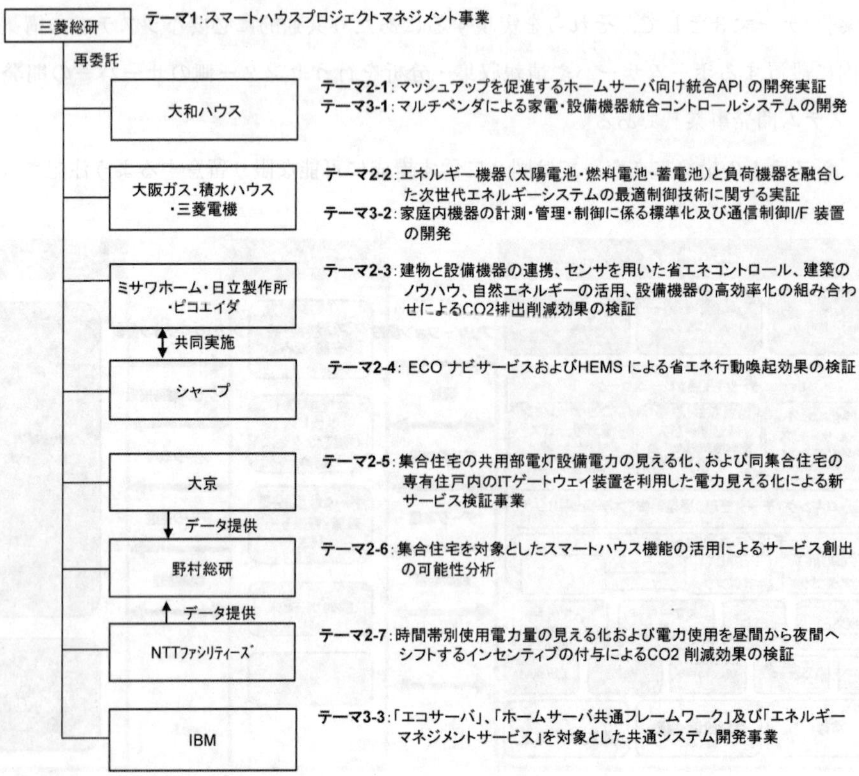

図3　プロジェクト実施体制

出典：スマートハウス実証プロジェクト成果報告書より筆者作成

2.6　各社の開発概要

報告書は10章約1000ページにわたり，この場で全てを網羅することはできないため，表1にて後述する日本型スマートハウスの特徴と課題に関連する項目を中心に整理をしてみた。他にも有用な知見が記載されているので，是非原本を一読して頂きたい。報告書はeSHIPS（スマートハウス情報活用基盤整備フォーラム）のホームページよりダウンロード可能である[5)]。

3　日本型スマートハウスの特徴と課題

以上，経済産業省スマートハウス実証プロジェクトの概要について紹介した。住宅・家電・通信・ガス会社にまたがる8チームによる実証であり，現状におけるスマートハウスの取り組みを概ね網羅していると思われる。以降は過去におけるスマートハウスへの取り組みを振り返った上で，本題である日本型スマートハウスの特徴と課題について考えを述べたい。

3.1　過去におけるスマートハウスへの取り組み

①　ホームオートメーション（HA端子（JEM-A））の時代～1990年頃

HA端子は日本電機工業会（JEMA）にて制定されたホームオートメーションの統一規格である。制御用，モニタ用の2本（4芯）の制御線を接続することで，容易に家電・設備機器の制御ができる。1990年頃のスマートハウスは，このHA端子に対応した白物家電・設備機器や，同じ接点信号で制御できるセキュリティーシステム等で構成された。当時のスマートハウスは1985年の電電公社民営化による新たな通信サービスの模索が推進力となっており，プッシュ回線を使って外出先からエアコンのON/OFFやお風呂のお湯張りをできる新規性が話題を呼んだ。また21世紀の住宅として大手住宅メーカーも興味を示し，モデルハウスの建設を行ったり商品への採用を進めていった。そのため新築住宅を対象とした建築設備として販売される事が多く，調光システム等と絡めてかなり高額になるケースが多かった。しかし携帯電話も無い時代で顧客ベネフィットが明確に示せなかったこと，バブル崩壊を受けコスト重視の商品仕様に見直す動きが広がったことなどから，次第に話題に上ることもなくなっていった。

②　情報家電（ECHONET規格）の時代～2000年頃

ECHONETとは大手家電メーカー，電力，通信各社によるコンソーシアムにて，「工事が不要で既築住宅に対応でき，多くの機器のコントロールを簡単にできる汎用的で標準的なシステム」として次世代のホームオートメーション規格として開発されたものである。従来のHAが有線専用線を中心とした建築設備的なものであったのに対し，電灯線（PLC）や無線を活用しユーザーが購入した機器でも容易にネットワークを構築できるよう考慮した家電的な取り組みにシフト

表1　スマートハウス実証プロジェクト 各社取り組み概要

	実施概要	成果及び課題		
		エネマネ開発・CO_2削減	新サービス創出	エコサーバーを含むシステム構成
大和ハウス	OSGiやECHONET，HA規格など既存の通信プロトコルを活用しマルチベンダで動作する制御ソフトウェアや，簡単な命令で家電や設備機器を操作できる統合的なAPIの開発及び検証	・TVや携帯端末，フォトフレームを活用した見える化画面を開発 ・省エネサービスの評価は高かったが，希望価格は無償が大半。	・既存の通信プロトコルとホームサーバーに搭載したAPIを活用し，家庭内の家電・設備機器を制御するソフトを自由に開発できることを示したことで，新たなサービス創出の可能性を示すことができた	・エコサーバーは管理系と情報系の二つに分けて考えることが必要。 ・ECHONETの仕様については，IP機器の普及やソフト開発のオブジェクト指向化をふまえた見直しも必要
大阪ガス	太陽電池・蓄電池・燃料電池と家庭内の設備機器を最適制御し系統への逆潮を安定化させるシステムや，その為の通信インターフェースの開発及び標準化について検証	・3電池による組み合わせにてCO_2を最大84%減らせる事を確認（シミュレーション） ・通常，地産地消，経済性重視の3つのモードを準備。結果，73%が経済性重視モードを支持	・新サービス創出には，エネルギー削減が明確な経済的メリットとして示せる料金体系の整備等が必要	・CO_2削減率の大半は宅内における創エネ機器の制御によるもので，エコサーバーの意義について検討の余地あり
ミサワホーム	既存住宅を対象に後付可能なPLCや無線機器を活用し，気象情報を用いた断熱ブラインド制御，PDCAサイクルによる持続的な省エネサービスを検証	・PDCAコンテンツによる使用電力削減効果が10%，断熱ブラインド制御や通風促進により10% ・電力削減効果として太陽電池＋燃料電池＋蓄電池で47%	・エネルギーマネジメントはスマートハウスの機能の一部，様々なサービスにも適用可能な共通的なシステム基盤を提供することが必要 ・TVのスーパーインポーズを積極的に活用した情報サービスが有効	・PLCやIEEE 802.15.4無線については概ね1%程度のエラー発生率だが，更なる通信品質の向上や現場設置ノウハウの蓄積が必要 ・コンテンツについては逐一センターと通信すると表示が遅くなるケースがある
シャープ	ユーザーの行動履歴や嗜好情報を収集分析し，個々の家庭にカスタマイズした形でTVに情報配信するアプリケーションサーバーシステムの検証	・見える化による省エネ行動喚起の方が制御よりも効果が高い ・家族が同じ部屋で過ごした結果の電力削減効果が高かった ・訴求効果が高いのは社会性よりも経済性	・TVによる機器制御，見える化は有効だが，手間のかからない操作方法の実現が課題 ・住宅プランを使った見える化画面は好評だが，機器のマルチベンダ化や住宅メーカーとの協業などが必要	・複数の通信プロトコルに対応するためにはホームサーバーに仮想IP変換機能の実装が有効 ・共通フレームワークとしてOSGiやWebAPIの活用が考えられる
大京	共用部に設置した太陽光や蓄電池の制御，ポイント付与による家庭内での省エネ効果の検証及びシステムを既築マンションに導入する上での技術的，制度的課題等について考察	・見える化による削減効果として前年同月比8% ・実証家庭ほぼ全員が見える化に関心を持つも，価格は無償との回答が9割	・外部からの機器制御はセキュリティー以外はあまり必要とされていない ・7割の家庭が電力使用データの外部提供を容認	・マンションには組合員の合意形成や太陽光設置面積不足，区分所有の考え方など技術以外の課題も多い
野村総研	電力使用データから家族構成やライフスタイルをパターン化できることの検証や，それを活用した妥当性の高い世帯間比較，新規サービスの可能性について検証		・電力使用データの特徴による世帯分類の最小単位は4区分であり，それぞれ生活者の暮らしぶりを反映させていることを検証した ・上記データの家電の買い替えや介護，セキュリティー等への応用が期待できる	・データの提供先，データ管理主体，セキュリティー確保が課題
NTTファシリティーズ	一括受電を行っているマンションにおいて，時間帯別料金設定による電力使用の夜間シフトや，省エネランキング表示によるCO_2削減効果等について検証	・使用電力の見える化にて，全国平均3.7%の削減 ・CO_2削減の上位者は主に熱を発する家電機器を夜間に利用することで達成 ・省エネ高度の促進には金銭的なインセンティブが最も有効だが，うまく設計しないと逆効果になることもある	・削減効果を電気代に換算すると約328円/月となり月額使用量の上限と考えられる，販売した場合は3年償却として13,000円程度となる ・見える化のみのサービスであれば，電力会社が設置するスマートメーターをサービス事業者が有効活用することが現実的	・電力会社の基幹系通信網と接続が容易で，サービス提供事業者がアクセスしやすいオープン性が必要
IBM	参加各社へのヒアリングに基づくホームサーバー，エコサーバー，サービスプロバイダ間の共通インタフェース仕様の策定及びシナリオに基づくシミュレーションによる妥当性の検証		・新規サービス事業者の参入には，契約や決済など一連の運用負担を軽減するしくみも必要 ・多様なサービスを同じホームサーバー上で提供することがコスト低減，普及に大きく寄与する	・通信における共通仕様の策定と，参加各社に適用したシミュレーションによる妥当性の確認ができた

出典：スマートハウス実証プロジェクト成果報告書を基に筆者作成

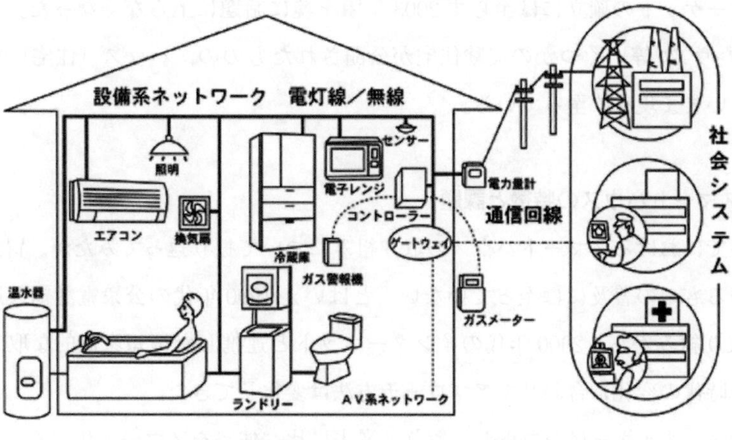

図4　ECHONETにおけるシステム構成
出典：ECHONETコンソーシアムHPより

している。2000年頃のスマートハウスはこの規格を採用した情報家電を中心に展開された。

ECHONETの名称はEnergy Conservation（エネルギー節約）and Homecare（在宅介護）Networkの頭文字をとったもので，現在のスマートグリッドやスマートハウスの動きに先駆けた取り組みと言える。想定しているシステム構成は図4に示すように現在とほぼ同じである。アプリケーションは，モバイルサービス，機器リモートメンテナンス，セキュリティーサービス，ホームヘルスケアサービス，快適生活支援サービス，エネルギーサービスと，生活関係全般をターゲットとしていた。その推進力となったのが1995年に始まったインターネットブームやITベンチャーの登場であり，インターネットの技術やサービスを住宅にも適用しようという動きが広まっていた。

しかし当時の住宅関係者の反応は鈍かった。マルチメディア住宅やIT住宅と呼ばれ，家電系の取り組みと受け取られたこともあるが，一番の理由は1990年代のホームオートメーションブームの後遺症である。期待度が大きかっただけに，結果的に普及しなかった事へのネガティブな印象が強く残っていた。またこの間通信インフラの規格がたびたび変化した事もマイナス要因として挙げられる。もともと渡り（バス）方式しかなかった住宅の配線設備だが，スター型の同軸ケーブルが普及しテレビも通信も同軸で対応できると言われた時期もあった。その後ISDNが登場し再びバス型配線を推奨したかと思えば，家庭内LANの普及により再びスター型配線が標準になっていった。こうしたことから，変化の激しい情報通信系の機器は住宅設備としてそぐわないという認識が広まっていた。

それでも2000年当初はこうした近未来住宅への取り組みは大変な話題を呼び，ECHONET対応の家電や設備機器が市販されインターネット冷蔵庫や電子レンジなども登場した。しかし情報家電というマーケットの確立には至らず2003年頃を境に話題に上らなくなった。また住宅分野ではJEITAハウス[6]等いくつかの実験住宅が公開されたものの，ハウス（住宅）としての取り組みは進まないまま現在に至っている。

3.2　日本型スマートハウスの特徴と課題

以上これまでにおけるスマートハウスの取り組みについて振り返ってみたが，冒頭述べたように注目は集めるものの普及には至っていない。とはいえ1990年代の公衆電話網と連携した次世代住宅的な取り組みから，2000年代のインターネットと連携した情報家電的な取り組みへと，過去の反省や時代の変化に合わせてアプローチ方法は変化してきた。

現在は環境・エネルギーにシフトしており，過去に比べ住宅をスマート化することへの必然性は格段に高いといえる。しかしその背景を考えると，温室効果ガス削減の国際公約，欧米におけるスマートグリッドの標準化戦略対応や国内産業の競争力確保，エネルギーセキュリティー問題などであり，直近的な顧客ベネフィットは示しにくい。顧客にとって追加コストを払ってまでスマートハウス化しようというインセンティブは働きにくいし，それは販売する側にとっても同じである。

仮にCO_2削減や電力系統の安定化を大前提においた取り組みを日本型スマートハウスと言うのであれば，課題はコスト負担の議論が先送りになっている点だろう。電力系統側で負担するというのであれば話は単純で，現在の電力メーターがスマートメーターに置き換わるだけである。顧客側で負担するというのであれば投資対効果を示す必要があるが，見える化による電気代削減だけでは説得力に欠ける。むしろスマートハウスの主旨はそうした一義的な議論ではなく，結果として構築できる通信システムや収集したデータを活用した新たなビジネス創出により解決しようという点にある。だからこそスマートハウス実証プロジェクトでは，従来の顧客と企業の一対一の関係ではなく，中間に中立的なサービス事業者（エコサーバー）を介在させて，多様な企業によるサービスやビジネスモデルの創出が求められていた。

こうした視点でプロジェクトの成果をふりかえると，CO_2削減の手段やその実証に偏っており，新たなサービス創出に向けた提案が弱かったように思われる。また新サービスといっても，収集したエネルギーデータを活用した省エネサービスが大半で，高齢者見守りや防犯など別の目的で活用するといった提案も少なかった。これはプロジェクトの主旨がエネルギー制御と捉えられたことにもよるが，それだけであれば別の取り組みや議論の場があるだろう。スマートハウスとは，様々な用途に活用できる宅内の情報インフラであり，エネルギー制御はその必然性の高いソリューションの一つと考えるべきと思われる。

ただその場合，日本のスマートハウスは過去の取り組みにもかかわらず核になるものを残せておらず，今回もその繰り返しになる可能性は否定できない。欧米においては2000年代のITバブルの際，ネットワークを前提とした新たなビジネスモデルやサービスを打ち出す企業が登場し，端末の開発やサポートも含めたビジネスの裾野が広がっている。Control 4など現在スマートグリッドに参入している企業の多くはそうした背景を持つ。日本においても仮に10年前のECHO-NETが普及していれば，消費電力収集やエアコンの温度設定なども可能であり，今頃スマートグリッドと騒ぐ必要もなかったはずである。

この差がどこからくるかと言えば，ネットワークする事の本質的な部分への対応を避けていたからではないかと思われる。2000年代のスマートハウスはインターネットの技術を住宅にも応用しようというものだったが，むしろ重要なのは技術ではなくその背景にある「オープン化 水平分業化」への対応だったと考えられる。例えば同時期に普及したイントラネットの本質も，Webブラウザを活用して割安な社内システムを構築することではなく，インターネットの思想を活用して垂直統合的な社内システムを改善することにあった。話題を呼んだ情報家電にしても，確かにインターネットの技術は使っていたが企業間ではクローズされており，サービスはシステムを供給する企業が提供するものという垂直統合の世界を守ろうとしていた。その点が顧客に受け入れられなかった要因ではないかと思われる。

現在のスマートグリッドの推進力はいわゆるWeb 2.0的な発想であり，その本質的な部分への対応は避けて通れない。すなわちユーザーや異業種も含めた水平分業を前提とし，コアな技術は死守しその間のインターフェースをオープン化し普及を促すというものである。また，これまでは提供するサービスを想定しそれを満たす最適なハードを開発していた。今の流れは逆に，サービスは想定できない（あるいは限定すべきでない）という前提に立っている。その上で柔軟に対応できる環境を作り，それがよい環境であれば爆発的に受け入れられる。いわゆるプラットフォーム戦略であるが，日本の携帯電話市場の流れをあっさりと変えてしまったiPhoneがそうであり，Androidでテレビや家電への展開も狙うGoogleも同じである。重要なのはこうした流れを理解した上で，日本の強みや得意分野をうまく入れ込んでいくことにある。日本のお家芸である家電・設備機器のノウハウや伝統的な価値観に基づいたエネルギー負荷の少ない生活スタイルを住宅という器に納め，世界に通用する新たなプラットフォームとして展開すること，それが日本版のスマートハウスのあり方ではないかと思われる。

文　献

1) http://www.um.u-tokyo.ac.jp/DM_CD/DM_TECH/BTRON/PROJ/HOUSE.HTM
2) http://www.itmedia.co.jp/news/0101/11/m_ehii.html
3) http://www.ennex.jp/
4) http://www.meti.go.jp/committee/kenkyukai/k_8.html
5) http://www.jipdec.or.jp/dupc/forum/eships/results/h21report_dl.html#a
6) http://www.eclipse-jp.com/jeita/

第3章　スマートグリッド，スマートハウスの業界動向

狩集浩志*

世界では今，温室効果ガス排出量の削減と化石燃料依存からの脱却を目指し，風力発電や太陽光発電などの再生可能エネルギーを大規模に導入する計画が急増している。米国は2025年までに，全電力供給量の1／4を再生可能エネルギー由来に転換する。欧州も2020年までに，すべての電力消費量のうちの20%を再生可能エネルギーで賄う計画である。

しかし，その目標値を実現するには，気象条件によって大きく変動する再生可能エネルギーの発電量を安定化する必要がある。導入量が小さいうちは，出力の変動を吸収できるが，多くの国で目標とされている20～30%という高い導入率を実現しようとすると，現状の電力網（電力系統）では持たなくなる。電力の周波数変動を招き，停電や電力品質の低下など，さまざまな障害を引き起こしてしまう。

変動しやすい再生可能エネルギーを大量導入していく際の解決策となるのが，蓄電池の導入と，需要側の機器をセンサ制御することである。風力発電や太陽光発電の出力を，蓄電地をバッファとして安定化させる。そして一般住宅や事業所／工場など需要側の電力要求（負荷）を，ネットワーク接続したセンサで監視・制御（負荷制御）する。発電側と負荷側を最適制御することで，周波数などの電力品質を安定化できる。

1　蓄電池技術を活用

こうした高機能な制御が可能な次世代電力網「スマートグリッド」への取り組みが，世界中の電力事業者や電力関連メーカーの間で，急速に進んでいる。

例えば，蓄電地では大規模な風力発電所や太陽光発電所ごとに，数MW級の蓄電施設を構築する。このほか，配電網ごとに，あるいは住宅やビル，工場に蓄電池を分散配置するといった手法が検討されている。

一方，センサ制御は需要側の負荷を制御することで，ピーク電力の削減や，電力網の安定化を実現することが可能になる。住宅の家電機器をはじめ，各種機器の電力消費状況をリアルタイム

＊ Koji Kariatsumari　日経BP社　日経エレクトロニクス　編集

で把握し，まずはユーザーに利用状況を提示する。将来的には，家電機器を無線や有線経由で制御して，電力消費を強制的に抑制することを目指している。

蓄電池やセンサ制御を積極導入する次世代電力網の到来は，電力システムの分野に膨大な新規需要を生み出す。従来の電力システムの延長線上の技術や製品だけでなく，これまでにない発想のシステムまで導入される可能性がある。このことが，世界中のエレクトロニクス関連メーカーがスマートグリッド市場になだれ打って参入しようとする理由である。

日経 BP クリーンテック研究所の試算によれば，世界のエネルギー関連市場（送配電網，太陽光発電などの再生可能エネルギー，蓄電池，次世代自動車など）は 2010 年に 45 兆円程度だが，2010～2020 年の累計では 180 兆円，2010～2030 年の累計では 3100 兆円に急拡大する[1]。この試算は，再生可能エネルギーの出力抑制をしない場合を想定しており，特に 2020 年以降は，蓄電池の投資額が全体の 50% を超える見込みである。

こうした中，日本メーカーの多くが蓄電池を用いたエネルギー管理システムの開発に期待を寄せている。蓄電池は日本メーカーが強みを持つ事業分野である。このため，いち早く蓄電池を積極活用したシステムを構築できれば，国際競争でも優位に立てるためだ。

電池メーカーも，こうした動きに歩調を合わせ積極策に打って出ようとしている。三洋電機やソニー，パナソニックなど大手リチウムイオン電池メーカーが大容量タイプの製品開発を急ぐほか，NEC やエリーパワー，東芝なども大容量製品の事業化を加速し始めた。電機メーカーや住宅メーカー，そして電池メーカーなどの実証試験も急増している（表 1）。

このうち，スマートハウス関連の製品・システムの市場について，富士経済では 2010 年の 2 兆 1486 億円から，2020 年には 18 兆 5293 億円に拡大すると予測している[2]。同予測は，スマートハウスを構成する上で必要な太陽光発電システム，燃料電池システム，定置用リチウムイオン電池，電気自動車（EV）／プラグイン・ハイブリッド車（PHEV），EV/PHEV 用充電器，ヒートポンプ式給湯器，V 2 G（Vehicle to Grid）／V 2 H（Vehicle to Home）向けシステム，HEMS，ネット対応家電など 14 品目を対象に調査している。

2　日本は太陽電池が末端に

日本では 2020 年には 2800 万 kWh,2030 年には 5300 万 kWh と，太陽光発電を急拡大で導入させる計画がある。しかも，政府の補助金政策などもあり，住宅の屋根など小規模な単位で太陽光発電が導入されるのが特徴である。

ただし，日本では太陽光発電の導入量が 1000 万 kWh を超えると，逆潮流による電力によって電力網に大きな影響を及ぼすと言われている。そこで，それぞれの建物ごとに蓄電池を設置し，

表1　日本における，蓄電池を建物に配置した主な実証試験
(出典：日経エレクトロニクス　2010年11月1日号「家から始まる蓄エネ時代」より一部抜粋)

対象	実施者	実施場所	蓄電池の種類	容量	実施内容
住宅	大阪ガス，積水ハウス	大阪ガスの西島実験場，積水ハウスの総合住宅研究所	鉛蓄電池	5.78 kWh	家庭用燃料電池と太陽電池を組み合わせた。蓄電池はGSユアサ製。経済産業省の「スマートハウス実証プロジェクト」を受託した三菱総合研究所からの再委託
	三洋ホームズ	全国各地	リチウムイオン電池	1.57 kWh	2009年11月に発売。3.78 kWの太陽電池を組み合わせた。蓄電池は三洋電機製。直流給電でLED照明を駆動
	JX日鉱日石エネルギー	横浜市港北区	鉛蓄電池	9.36 kWh	5.2 kWの太陽電池と750 Wの燃料電池を組み合わせたシステムを検証。蓄電池システムは正興電機製作所製
	住友林業	同社　筑波研究所	リチウムイオン電池	—	日産自動車が2010年12月に発売するEV「リーフ」に搭載したリチウムイオン電池を住宅で再利用する実証試験を開始。蓄電池付き住宅は2011年中に発売予定
	積水ハウス	同社　関東・住まいの夢工場	リチウムイオン電池	8 kWh	LED照明を用いたモデルハウス。蓄電池は三洋電機製
	大和ハウス工業	埼玉県春日部住宅展示場	リチウムイオン電池	6 kWh	5.1 kWの太陽電池と組み合わせた実証用住宅。蓄電池はエリーパワー製。2011年春に蓄電池付き住宅を発売予定
		メ～テレ八事ハウジング			
	トヨタ自動車	青森県六ヶ所村	鉛蓄電池	5 kWh	独立したグリッド内で10 kWの太陽電池とエコキュート，PHEVを組み合わせたHEMSを検証
		愛知県豊田市	鉛蓄電池リチウムイオン電池	数～10数kWh	70戸を販売し，2011年春から実証試験。太陽電池とエコキュート，充放電が可能なPHEVやEVと組み合わせる。蓄電池の最適な容量を検証
	パナソニック電工	青森県六ヶ所村	リチウムイオン電池	6 kWh (推定)	マイクログリッド内で太陽電池とPHEVを組み合わせ，HEMSを検証。住宅は積水ハウスが担当。独立グリッドに設置したNAS電池との連携を検証
ビル／工場／店舗	三洋電機	同社　加西事業所	リチウムイオン電池	1.5 MWh	1 MWの太陽電池と組み合わせた。蓄電池は三洋電機製。2010年10月末から実証試験を開始。工場全体で2480トンのCO_2削減を目指す
	JX日鉱日石エネルギー	岐阜県　クックラひるがの	鉛蓄電池	14 kWh	3.2 kWの太陽電池と750 Wの燃料電池，4.5 kWのガス・コージェネレーションを組み合わせたシステムを2010年6月に設置。岐阜県と1年間の実証試験を実施
	清水建設	新本社(東京都)	鉛蓄電池	150 kWh	年間84 MWhの発電能力がある太陽電池と組み合わせる。商用電力のピークを3%程度抑制することができ，契約電力を約70 kW低減できるとみている
	大和ハウス工業	ローソン　松山東石井六丁目店	リチウムイオン電池	10 kWh	2010年6月に新装開店。10.08 kWの太陽電池と組み合わせた。蓄電池はエリーパワー製
	東北大学	研究棟「エコラボ」	リチウムイオン電池	9.6 kWh	5.8 kWの太陽電池と組み合わせた。蓄電池システムはNECトーキンが担当，電池セルはNECエナジーデバイス製。直流給電などの検証を実施する「DCライフスペース」と研究棟のエントランスホールのLED照明にそれぞれ直流で供給

建物内でエネルギーの最適化を図るサービスに注目が集まっている。

こうしたサービスは，電力会社でなくても事業運営できることから，住宅メーカーや建設業者，電機メーカーなどさまざまな業種の企業が市場参入を狙っている。そのため，蓄電池に対応した住宅向けのエネルギー制御システム「HEMS（Home Energy Management System）」やビル向けのエネルギー制御システム「BEMS（Building Energy Management System）」の構築を各社が目指している。

実際，多くの住宅メーカーがスマートハウスとして位置付ける蓄電池付き住宅を2011～2012年にかけて販売する計画を明らかにしている。各社とも，太陽電池とリチウムイオン電池を組み合わせ，住宅内機器と連携可能なHEMSの構築を目指している。

先陣を切ったのが2009年11月に蓄電池付き住宅を発売したと発表した三洋ホームズである。2011年初めに全国20件ほどの物件で，蓄電池の実稼働が始まるとする。蓄電池には，三洋電機製の容量1.57 kWhのリチウムイオン電池を用いる。昼間に太陽電池で発電した電力を蓄電池に貯め，夜間に蓄電池から電力を直流のまま直流駆動のLED照明で利用する。

2011年春の発売を目指し，2010年7月に埼玉県と愛知県の住宅展示場にモデルハウスを建設して実証試験を開始したのが，大和ハウス工業である。埼玉県のモデルハウスには，出力5.1 kWhの太陽電池と容量6 kWhのリチウムイオン電池を組み合わせた。

住宅内の家電機器やLED照明などの電力を制御するHEMSも活用する。HEMSで太陽電池の出力や，蓄電池の充電状態，部屋ごとの電力利用量，エアコンやLED照明のスイッチ機能などをホーム・サーバーで管理する。

リチウムイオン電池には，同社が出資するエリーパワー製の大型セルを48個搭載する。太陽電池モジュールはシャープ製である。同社は，エリーパワー製のリチウムイオン電池を住宅だけでなく，工場や無電化地域で活用し，大量生産によるコスト削減につなげたい考えだ。

3　普及が見込める車載電池を活用

今後普及が見込める車載用電池を利用しようとしているのが，住友林業である。日産自動車が2010年12月に発売する電気自動車（EV）「リーフ」の車載電池を活用する取り組みを進めている。既にリーフのリチウムイオン電池を手掛けるNECグループと実証試験を進めてきており，2011年中に蓄電池付き住宅を販売する計画である。

さらに，EVで使用済みとなった車載用電池を住宅用蓄電池として再利用することで，より一層のコスト低減を狙うことも考えているという。再利用については，住友商事と日産自動車が合弁で設立したフォーアールエナジーと実証試験を開始すると，2010年9月に発表した。

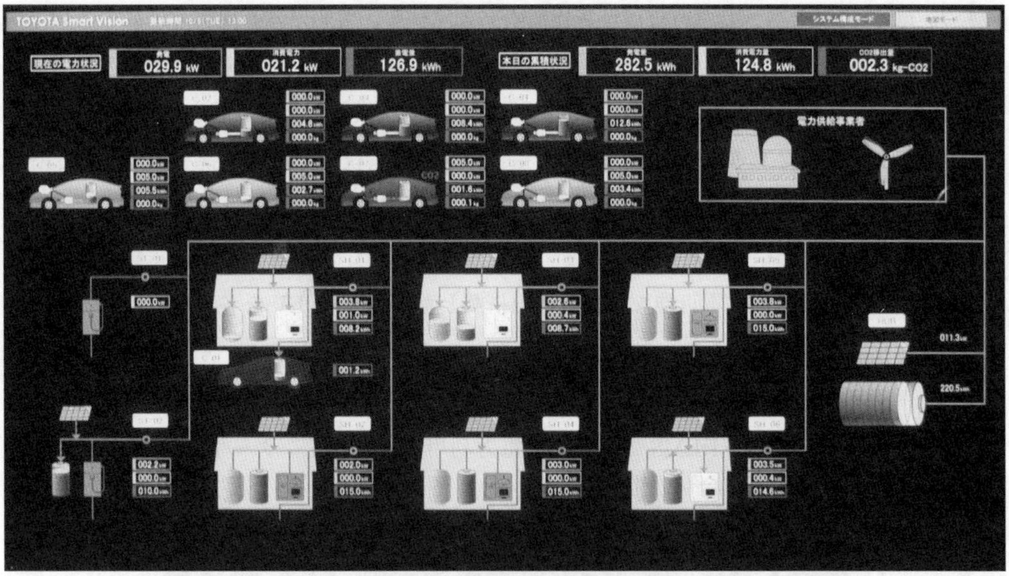

写真1　トヨタ自動車が開発したHEMS「トヨタ　スマートセンター（TSC)」
写真は集中管理画面の一例。

住宅と電動車両を連携させることで，蓄電池のコスト低減とCO_2排出量削減の一挙両得を狙っているのが，トヨタ自動車である。プラグイン・ハイブリッド車（PHEV）やEVといった電動車両向けの車載用電池と，住宅用蓄電池の電池セルを共通化することで，量産効果によるコスト削減を目指している。

一般家庭のCO_2排出量のうち，3割以上が自動車由来といわれている。トヨタ自動車は，一般家庭からのCO_2排出量を削減するには，住宅への太陽電池の導入と自動車の電動化が欠かせないとみて，自動車と住宅の連携を推し進める意向だ。

2010年10月には，トヨタ自動車の住宅事業部を子会社の住宅メーカーであるトヨタホームに統合し，デンソーやアイシン精機などトヨタ・グループ9社から新たに出資を募り，事業強化を図った。

さらにトヨタ自動車は，2012年に本格的な販売を計画するPHEVに合わせ，電動車両と住宅を一体となって統合制御するHEMS「トヨタ　スマートセンター（TSC)」を開発した（写真1)。TSCは，太陽電池の発電量と住宅の電力消費量，PHEVやEVなどの電動車両の車載電池の充電状態，住宅用蓄電池の充電状態，ヒートポンプ式給湯器「エコキュート」の貯湯量などを，一元的に管理できる。

居住者の生活パターンや気象予測データ，電力会社の時間帯別料金といった情報を複合的に考慮しながら，車載電池の充電をはじめ，住宅用蓄電池の充放電，エコキュートへの貯湯を最適制御する。既にTSCを導入した蓄電池付き住宅の実証試験を，青森県六ヶ所村で開始している。2011年には同住宅を，トヨタホームやミサワホームを中心に販売していくという。

トヨタ自動車の取り組みはこれだけではない。電動車両に搭載した車載電池の電力を住宅との間で相互融通する，いわゆるV2Hへの対応や，各住宅と系統電力との連携を制御するCEMSを構築するための実証試験を，愛知県豊田市で2011年から開始する。

実証試験では，実際に蓄電池付き住宅を一般消費者に向けて70戸を販売し，電動車両はトヨタ自動車が用意する。充放電可能な車載電池を搭載したPHEVやEVを各戸に貸与し，データを収集して検証する計画である。

70戸と電力系統の連携を図るCEMSについては，トヨタ自動車が専用のサーバーを設置してデータを管理する。各戸のHEMSで収集する電力利用データはインターネット網（TCP/IP）

写真2　パナソニックが展示した次世代分電盤「スマートエナジーゲートウェイ（SEG）」
直流380Vの出力端子を備える。

でトヨタ自動車が取得し，各住宅を制御する。HEMSはデンソーが，住宅用のゲートウエイ装置はKDDIが開発して提供する。

トヨタ自動車では，家の広さや家族構成，所有するPHEVやEVの利用方法などによって住宅に設置する蓄電池の容量は変わることから，その最適値を実証試験で検証する。ここで得た検証結果を基に，先進国や新興国など地域に合ったシステムを議論していき，将来的には自動車と住宅を統合制御するHEMSをグローバルに展開することも視野に入れている。

4　パソコン向け電池セルを利用

車載電池ではなく，既にパソコン向けなどに大量生産している円筒型セル「18650」を用いた住宅用蓄電池を導入しようしているのが，パナソニックである。2010年10月に開催された

(a) 1MWの太陽電池を設置した三洋電機の加西事業所

(b) エネルギーを見える化

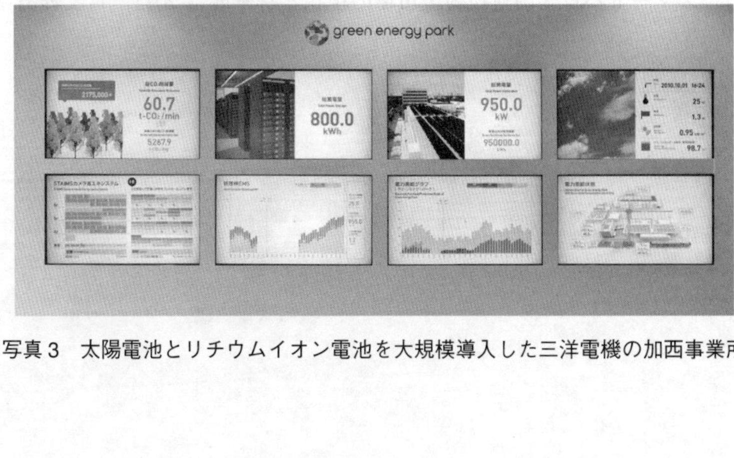

写真3　太陽電池とリチウムイオン電池を大規模導入した三洋電機の加西事業所

「CEATEC JAPAN 2010」では，次世代分電盤「スマートエナジーゲートウェイ（SEG）」を出展し，蓄電池に対応したHEMSをアピールしていた（写真2）。蓄電池は，容量1.6 kWhのモジュールを4台組み合わせ，6.4 kWhとしている。合計640個の18650セルを用いた。

同社のHEMSでは，太陽電池と蓄電池を組み合わせ，冷蔵庫やエアコン，洗濯機といったネット対応家電から消費電力などの情報を取得し，エネルギーを最適制御する。特徴的なのは，直流配線を組み合わせていること。太陽電池からの電力を直流のまま蓄電池に蓄えたり，直流駆動のLEDや火災報知機，換気扇などに供給したりできる。

18650セルを大量に用いた事例では，1.5 MWhという大容量のリチウムイオン電池を事業所に大規模導入した実証試験を三洋電機が2010年10月に開始した（写真3）。リチウムイオン電池には，同社が2010年春に販売を開始した18650セル利用の大容量電池システムを，約1000台導入した。

加西事業所に最大出力1 MWhの太陽電池を設置し，1.5 MWhの蓄電池と組み合わせた。これを工場や管理棟，厨房，売店向けといった複数のエネルギー管理システムによって制御することで，年間2480トンのCO_2削減を目指している。これは同工場の年間排出量の25%程度に相当する。

三洋電機でも，太陽電池や蓄電池の出力が直流であることから，管理棟でパナソニック電工が開発した直流配電を採用した。LED照明やパソコンなどに直流で供給するという。LED照明には48 Vで供給し，パソコン向けには48 Vと16 Vの直流コンセントを用意した。

文　　献

1）日経BPクリーンテック研究所，世界スマートシティ総覧，日経BP社（2010）
2）富士経済，スマートハウス関連技術・市場の現状と将来展望2011，富士経済（2010）

第4章　再生可能エネルギーを含む電力平準化技術

堀　仁孝*

電力の平準化といえば，通常夜間電力などの余剰発電電力を蓄電し，昼間に利用するという方法が理解しやすい。スマートハウスの場合，ハウス内に蓄電池を設置して余剰電力を蓄電する。蓄電池を使用することで，データセンタと同じようにエネルギー効率のよい配電システムを考えると，直流給電システムを前提に考える必要が出てくる。東北大学エコラボの場合，直流給電化途上のシステムということで，直流・交流のハイブリッドシステムで実験を行っている。

また，電力の平準化については，送電側の電力系統システム内での平準化という考え方と，需要側での平準化という考え方の両方があるが，スマートハウスの場合需要側での電力平準化という立場を取る。スマートハウスでは CO_2 削減のため，再生可能エネルギー（太陽電池など）を使用する。この再生可能エネルギー使用のためには，発電変動を抑えるため，やはり電力平準化技術が必要となる。

系統電力で議論される電力平準化と比較すると，少し議論の方向が複雑ではあるが，上記論旨に沿って話を進めていく。図1に，スマートハウス内の配電システムを示す。

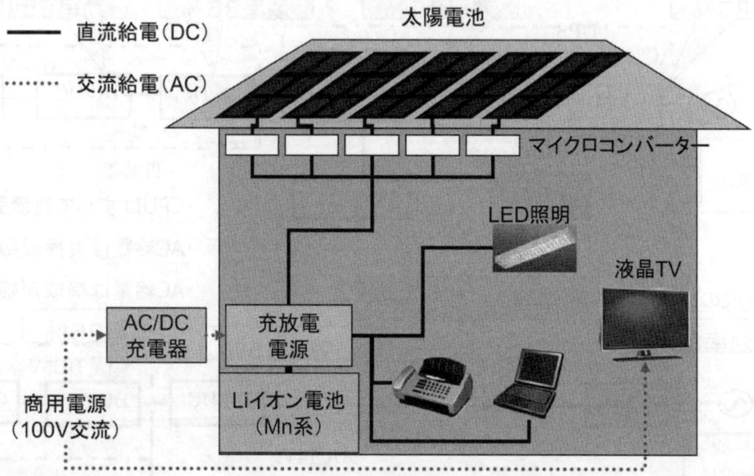

図1　スマートハウス内の配電システム

＊ Yoshitaka Hori　NEC トーキン(株)　新事業推進本部　統括マネージャー

1　直流給電システムについて

東北大学エコラボでは，直流給電システムを使用することを基本としている。直流給電は現在，データセンタなどで採用に向け検討が進んでいる。図2にデータセンタなどで直流給電が CO_2 削減に効果がある理由を示す。データセンタでは，電源バックアップが必須条件であるため，UPS による蓄電が行われている。このため，交流にて供給される電力が一旦，直流に変換され，UPS 内部で鉛電池に充電され，そこから放電されたエネルギーを直流から交流に置き換えて，最終的にはサーバーにてさらに直流に変換してデータ処理ボードに電力供給されるという風に，電力変換が非常に多くなっている。このため，電力変換を行うたびに電力ロスが発生し，熱として失う電力が多い。直流給電の場合，この電力変換を少なくできる可能性があるため，電力ロスを少なくし，CO_2 削減に効果があるといわれている。

スマートハウスにおける直流給電の考え方は，上記の考え方に比較して別の問題も解決していく可能性がある。現在の住宅には通常，蓄電池などは使用されていない。したがって，現状の住宅での配電システムと比較すると，（ア）電力平準化を需要サイドで行うなら，蓄電池を需要側におく必要がある。（イ）蓄電池を需要サイドに設置すると，データセンタと同じく電力変換ロスの問題が発生する可能性が高い。（ウ）データセンタと同じく，システム開発時点から直流給電を前提として考えるべきという風に，幾分風が吹けば桶屋が儲かるというような議論になるこ

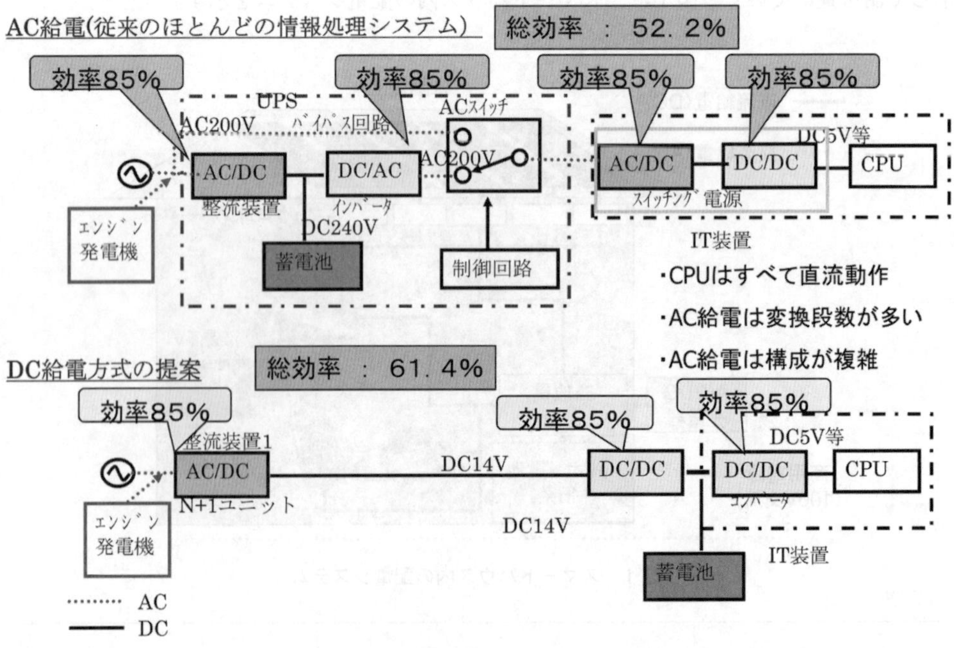

図2　直流給電システム（データセンタ）

と（データセンタと同一の理由）から直流給電技術が住宅などに必要と言っても，なかなか納得しにくい。

しかし，住宅・オフィス・マンションなどのエリアはデータセンタでは無い，小電力変換による電力ロスの問題があり，今後ますます問題は深刻化していくと思われる。例えば，(A) ノート PC 向け，携帯電話向け，無線 LAN など現状の住宅には AC アダプタで動作させる，小電力機器が増えている。(B) CO_2 削減のため，LED 照明が増えつつあるが現状の LED 照明には必ず AC/DC コンバーターが内蔵されている。(C) 電力の見える化などの要求により，住宅内にセンサネットワークが増えると，センサを動作させる AC/DC コンバーターが増えるなど AC アダプタと同程度（20 W 程度）の小さな電力変換のための電源が増えてくる。このような機器は，使用個数が多いこともあり価格競争が一番激しい市場になる。このためあまり高価な電源回路は使用できず，おのずと一つ一つの電力ロスは大きい（AC アダプタの場合，平均で 30% 程度の電力ロス。他も順ずると思われる）。

すでに，AC アダプタは電力ロスが問題視されており，現在 AC アダプタを標準化して同じ設計の AC アダプタを大量に生産することで，コストアップ無しに効率の高いアダプタを普及させようとの動きがある。直流給電システムは，これをさらに進めて複数の AC アダプタをひとつの DC/DC コンバーターにまとめ，電池の放電電力で省電力機器への電力供給を行うとのシステムであるため，さらにエネルギー効率が上がる可能性がある。

また，現在 CO_2 削減のために LED 照明が急速に普及しつつある。LED はその構造上，直流で動作するものであるが，現在の住宅内の配電システムが交流であるため，一つ一つに AC/DC コンバーターをつける必要がある。照明は住宅内で多くの個数を使用するため必然的に小電力コンバーター使用個数が激増する可能性が高い。また，急速な普及による大量生産で急激な価格低下が，すでに始まっており，電源品質の維持が問題になってきている。すでに，一部の海外製品では EMC などの電源品質問題が発生しており，エネルギー的に問題になる可能性は非常に高いといわざるを得ない。直流給電システムはこのような場合にも有効である。

2　直流給電システムでの電力平準化について

直流給電システムの進化については，①48 V の低電圧システムがまず普及し始める。②次に，標準化の活動を経て，300 V 系の中電圧が広まりはじめる（300 V 直流家電などが準備され，かなり大きな社会的動きになる）という風に進んでいくのではないかと考えている。

前項に記したように，初期の直流給電システムは，AC アダプタなどの小電力機器を統合するために使用されることが大きな目的になると思われる。このため，電圧は 48 V 程度と従来通信で使用されてきた電圧が中心になるだろう。

照明，ノートPC，携帯電話など小電力機器への電力供給ラインとして48 V系直流給電ラインが設置され，冷蔵庫・エアコンなど大電力機器は，商用電源から従来どおり交流電力が供給されるハイブリッド型の直流給電システムになると思われる。当然，太陽電池での発電電力利用や蓄電池への充電などもシステムに取り込まれるので，厳格に言えば電力平準化に寄与しているのだが，やはり電力量が小さいので，電力平準化というより省エネルギーの効果で使われるようになると思われる。図3にシステム図を示す。

基本的には48 V以下（主力は48 Vライン）で構成しており，これに合わせて太陽電池の発電電圧は50–60 Vが適当でないかと思っている。また蓄電するための電池はリチウムイオン電池が最適で，この時のシステムではまだ電池については分散して設置するほうが有利だからである。48 Vの低電圧は，感電などに関して安全で，配電のための機器もそろっているが，電線内部での電圧降下が問題で，あまり長い距離でシステムを組むことは苦手である（100 m以下と考えている）。

次に，300 V系直流給電であるが，この普及には電力平準化の観点がないと普及の必然性がなくなってしまう。データセンタでは，電力変換段数の削減による電力変換効率の大幅な改善が見

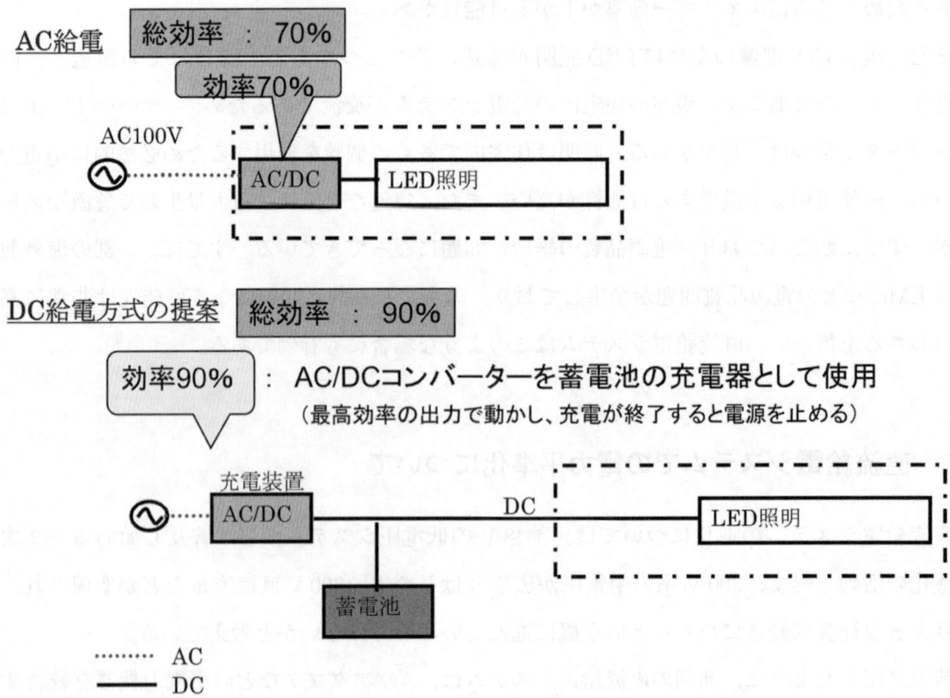

図3　直流給電システム（家庭を想定：LED照明）

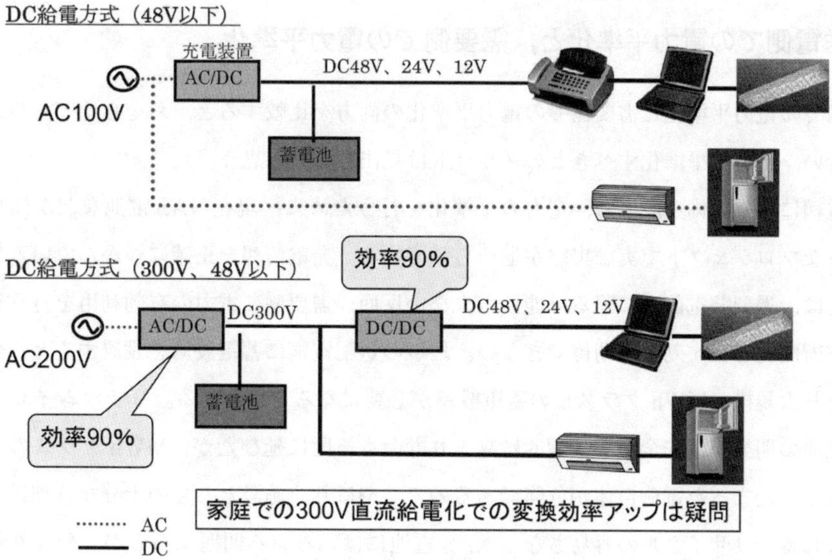

図4　300 V直流給電システム（家庭を想定）

込まれるため，多分300 V系直流給電システムが普及していくだろう。また蓄電池にサイクル特性が非常に改善されたリチウムイオン電池を使用していけば，非常時のバックアップ電力というだけでなく，通常時の夜間電力と昼間電力の平準化には大いに役立つ。現在は，非常に電力を消費する設備としてデータセンタは有名であり，発電・送電設備への負担もバカにならないが，データセンタが技術革新で夜間電力を集中的に使用するようになれば，地域にデータセンタがあることが，電力平準化に大きく有利に働くようになるかもしれない。実際には，データセンタの電力使用量が非常に大きいので，6 kVの特別高圧での契約が有利だと思われる。データセンタが300 V直流給電に変わるときは，6 kVの交流から300 V直流を作るようなシステムになると思われる。データセンタの直流給電化により，空調などが300 V直流で稼動し始めると，オフィス・工場などでのシステムの応用がやりやすくなってくる。300 V直流で空調・生産装置の稼動を行い，48 Vに降圧して，LEDなどの照明に利用していくというシステムが考えられる。

しかし，一般の住宅では電源のバックアップは全く行っていないので，300 V系直流給電システムに変更したとき，電力変換段数は大きく変わらない（図4参照）。やはり，太陽電池など再生可能エネルギーの利用拡大と合わせ，商用電力の平準化の機能が必要となり，電池による蓄電は必須と思われる。しかしながら，住宅用家電製品の300 V直流駆動化が進むこと，現状の100 V交流の住宅向け配電から200 V交流などの300 V直流に変換しやすい交流電圧への移行が進むことなど，300 V系直流給電システムの一般住宅への普及には越えなければならないハードルが大きく，そのCO_2削減の効果を考えるとなかなかすぐには普及しないと思われる。

3　送電側での電力平準化と，需要側での電力平準化

送電側での電力平準化と需要側での電力平準化の両方を比較すると，おそらくどちらか一方で蓄電を行い，電力を平準化すべきとのメリットは見出せないと思う。

送配電網に蓄電設備を設置し，電力の平準化を行うために，現在NAS電池などが開発され，いろいろなプロジェクトで実証実験が進められている。発電情報を正確につかんでいる側から蓄電を行えば，過剰蓄電能力に陥る可能性も少ない反面，需要側に電力の有効利用を行う行動，あるいは技術開発を促す効果は期待できない。地域の送配電網に蓄電設備を設置すると，変電所などにかなり大規模（MWhクラス）の蓄電設備が必要になると思われる。リチウムイオン電池は，車載用電池の開発で，安全性が飛躍的に高まり寿命も格段に延びたが，MWhクラスの大規模集積を行うと，たまった電荷自体が危険であるので，やはり，施設としての十分な管理は必要になると思われる。リサイクルの容易さなどNAS電池にはいろいろ問題はあるが，やはり規模が大きくなると低コストであることが絶対条件に近くなるので，NAS電池による蓄電が主流になるのではと思う。

需要側の蓄電による電力平準化は，需要サイドに電力の有効利用の行動を促す効果，これに伴う技術革新を促す効果など，良い点も多々あるが，蓄電設備を導入するかどうかは多くの電力需要者の自由意志に任される点，また現在需要側での蓄電情報を送配電側とリンクさせるシステムが無い点などが問題であると思われる。現在，住宅などに蓄電池を設置すると売電が許可されないが，たしかに太陽電池などとは異なり，一旦蓄電を行うと，①送配電側と連携していないと，いつ売電電力が系統に流れるかわからない（不必要な夜間に売電されても，電力は利用できない)。②夜間電力を充電して，昼間に売電すれば電気料金の差額が需要側に入るが，電気料金自体が，そのような行動を想定した価格になっていない，など送配電網が意図しない方向に利用が進む危険性がある。したがって，需要側の蓄電は本来の目的どおり，(a) 需要側に電力の有効利用を促すことを目的とした蓄電システム構築。(b) 送配電側（スマートメーター）との連携システム構築。(c) 電力料金体系と絡めた，需要サイドでの蓄電奨励と技術開発を進めていくべきではないかと思う。このときの蓄電池としては，リチウムイオン電池が最適であると思われる。まず，このような需要側で電力平準化のため蓄電が普及していく動機であるが，現在の太陽電池普及の動機が売電による利益であることを考えると，同じ動機では考えられない（売電は許可されていないため)。

需要側での蓄電普及の動機は，まず第一にCO_2削減目標がくると思われる。したがって蓄電の普及する市場としては，太陽電池のように一般住宅に急に普及していくのではなく，工場・オフィス・ビル・インフラ（通信・水処理・道路など）ではないかと思われる。以下に動機を示す。

①CO_2削減策として，太陽電池を設置し一部の電力をCO_2フリーにしていく。②商用電力（交流）と再生可能エネルギー（直流）のハイブリッド電力供給となり，機器に供給する電力安定化のため，蓄電が必要になる（交流・直流ハイブリッド給電が最適）。③直流給電部分で，LED照明など小電力の低効率AC/DCコンバーター増加を防げる。④直流給電につなげることで，センサ類の給電が容易になり，電力見える化および遠隔コントロール・遠隔メンテナンスなどが容易になる。

第一段階として，上記動機を元に蓄電の普及が始まるのではと考えており，東北大学エコラボでは，比較的小容量（200 Wh-500 Wh）の電池パックを基本単位にして，かなり自由に連結可能なシステムを開発中である。これは，蓄電のための電池を分散設置する必要性が初期には多くなるのではと考えているためであり，あくまで初期の需要側での電力平準化は再生可能エネルギーの電力平準化がメインになると思われる。

その後は，センサなどの技術で省エネルギーを目的に，スマート／マイクログリッド技術が普及し，スマートメーターとの連携ができたところで，売電による普及促進政策も含め数～数10 kWhの中規模蓄電池が一般住宅にも普及していくのではと思われる（先に政策的に，蓄電システムでの売電など一般住宅への普及策がとられた場合は別だが）。

4　再生可能エネルギーの発電電力平準化について

図5に，スマートハウス内の電力平準化システムを示す。このシステム内で電力平準化を考えなければならないのは，再生可能エネルギーから発電される電力の平準化である。現在，多くの住宅で普及しつつある太陽電池システムは，太陽電池セルを300 V（DC）程度の高電圧に直列接続し，DCでダイレクトに電源（パワーコンディショナー）に接続し，その発電した電力のほとんどを売電している。スマートハウスのように直流でハウス内での電力消費を行うことでシステムを作っていくと，上記のような現状の太陽電池のシステム流用ではうまくいかない。理由は以下である。①300 Vのような高圧には，現在安全性を確認された標準的な配電機器が無く，そのまま直流給電システムにはつなげない。②太陽電池など再生可能エネルギーは，電力変動が大きすぎて平準化回路なしに，ダイレクトに直流利用はほとんどできない。

再生可能エネルギーの発電電力の平準化および利用効率の両方を考えると，リチウムイオン電池など蓄電デバイスによる，蓄電機能は必須条件である。それに加え，東北大学エコラボにおいては，①太陽電池出力をいったんキャパシタに充電して，電力平準化を行う（リチウムイオン電池充電効率の向上を考えて上記回路を入れている）。②上記回路を，300 Wマイクロコンバーターで作成しており，このため太陽電池を300 Wで分割して，マイクロコンバーターを介在させ

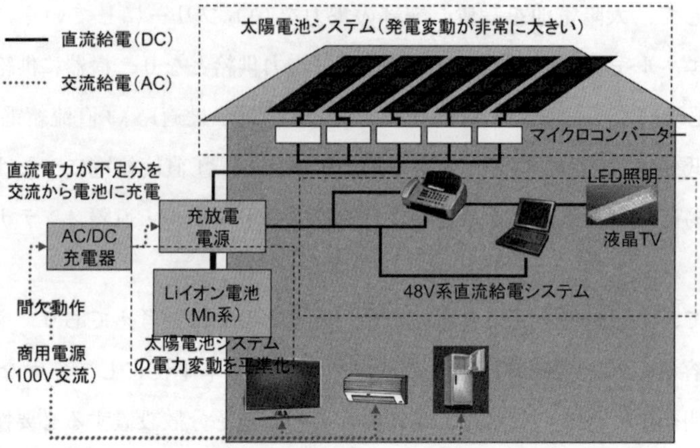

図5　スマートハウス内の電力平準化システム

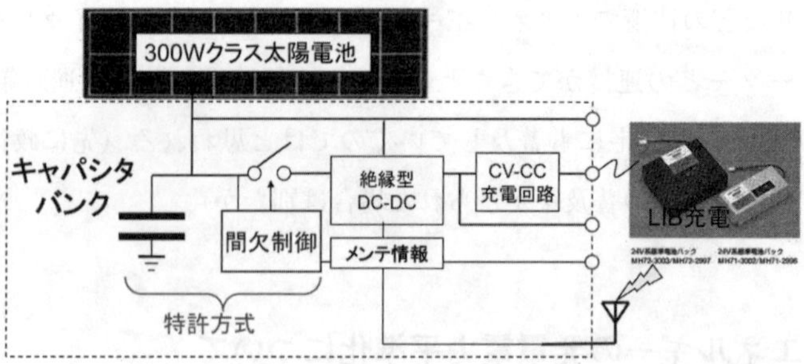

図6　当社開発中のマイクロコンバーター

ての並列接続を行っている，などの発電時点での電力平準化を行っている。図6にマイクロコンバーターの回路ブロックダイアグラムを示す。マイクロコンバーターを使用することは，一見電力平準化とは別問題への対策に見えるが，これは太陽電池が場所によって光の当たり方が異なり，発電状況がセル毎に異なることに対する対策で，セル間の発電差の平準化技術であると考えている。日本では，太陽電池メーカーがパワーコンディショナーを開発生産するか，パワーコンディショナーメーカーと非常にタイトなコラボレーションを行っているため，太陽電池とパワーコンディショナーをすり合わせ開発することで，問題の解決を図っている。但し，3 kW，5 kWと言った標準的な住宅向け発電システム以外，自由な規模のシステム設置は難しい。北米・欧州など世界の潮流は，標準的な太陽電池モジュールと標準的な電源を自由に組み合わせてのシステム開発が標準で，オープン設計が普通に行われている。このようなオープン設計では，セル間の発電差が最近問題になりつつあり，北米でマイクロコンバーターの開発が盛んに行われてきている。

第5章　スマートグリッド連携ホームエネルギーマネジメントシステムの展開

天野博介*

1　展開の背景

1.1　環境革新企業の実現

パナソニックの事業構成は，デジタルTVやデジタルカメラなどのAV家電，洗濯機や冷蔵庫・エアコンなどの白物家電，家やビルを建てるときの照明や電気設備・情報設備・住宅建材，産業用のデバイス機器といった構成であり，家の中で使われる電気機器を全て，家まるごとの提供をできる会社である。

さらに，サンヨーが加わり，太陽光発電，燃料電池からヒートポンプ，蓄電池までの創エネ機器・蓄エネ機器までを提供できる，世界でも数少ない会社となっている。

エナジー関連事業を核に，パナソニック・パナソニック電工・サンヨーの3社を統合した横断事業を推進し，「エレクトロニクスNO.1の環境革新企業」の実現を目指している。

1.2　スマートグリッド

地球の平均気温がどんどん上昇してきており，特に95年以降の平均気温上昇が激しく地球温暖化対策が待ったなしの状況となっている。この待ったなしの温暖化対策に，各国とも太陽光発電や風力発電といった再生可能エネルギーの活用拡大を活発化している。

再生可能エネルギーの活用の拡大にともない，従来の火力や水力や原子力といった集中発電から，必要なところで再生可能エネルギーで発電する分散発電が拡大している。集中発電から分散発電に発電方式が変化すると，発電のマネジメントも集中管理から分散管理へと変化する。このような集中管理から分散管理への変化は，90年代にコンピュータのメインフレームからパソコンへの変化や固定電話から携帯電話への変化が起こった情報通信革命と同様に，大きな電力革命が起こると考えられる。

多様なエネルギーのネットワークと情報通信のネットワークが，家やビルなどの建築や設備，そしてそれらから構成される都市を変える。従来の集中発電・集中管理と優しく連携する自立分散型のマイクログリッドやコミュニティグリッドが拡大すると考えられる。このような分散型の

---

* Hiroyuki Amano　パナソニック(株)　エナジーソリューション事業推進本部　理事

エネルギーマネジメントでは，家のエネルギーマネジメントシステムや街のエネルギーマネジメントシステムが重要となる。このようなスマートグリッド（賢い送電網）には，各家庭に双方向通信機能付きの電力量計，スマートメータが設置され，全体制御を行い，電力の安定供給と効率供給を実現する。このスマートメータの設置がEU各国で着実に進んでいる。南ヨーロッパから北ヨーロッパ，そして中央ヨーロッパへ設置が進むと考えられ，EUの環境向上活動「20・20・20」の取り組みから2020年に向けてスマートメータの設置が進む。

1.3　スマートECOシティ

一方，もう一つの大きな変革が，人口の変化である。日本の人口は減少傾向だが，グローバルの人口は爆発的増加傾向にある。新興国を中心とした人口の爆発的な増加は，同時に人口の都市への集中化につながる。新興国の経済成長によって，産業構造が1次産業から2次・3次へと推移し，人口が農村から都市へ移動すると考えられる。この人口の増加と都市への集中化によって，都市インフラの整備需要，電力・水・交通などの都市インフラの整備が急務となる。同時に，その拡大する都市は環境対応が求められ，新しい環境都市づくりも活発化している。建設が活発化するスマートシティ・ECOシティは，スマートグリッドを社会基盤に整備し，再生可能エネルギー活用，電気自動車などの交通システム，水処理，リサイクル処理から，HEMS搭載のECOマンション，BEMS搭載のグリーンビルなど都市機能全体を環境配慮型にした都市創造であり，スマートグリッド連携のHEMSやBEMSなどの機能が重要になる。

パナソニックは，スマートグリッドやスマートエコシティで重要になるホームエネルギーマネジメントシステム（HEMS）を日本，欧州，中国で展開している。

2　ホームエネルギーマネジメントシステム（HEMS）の日本での展開概要

日本で展開しているHEMSのシステムの概要が図1である。ホームネットワークシステムの核になるホームパネルと，新開発の新電流センサを搭載した分電盤と，簡単操作のコントロールパネルの3つの機器から構成されるシステムである。このHEMSに，ネットワイヤレスセキュリティシステムや，ネットコントロールシステムがつながり，トータルソリューションを構築する。これにより，家の中では専用のコントロールパネルやパソコンで，外出先からでは携帯電話やスマートフォンから，エネルギーマネジメントやホームセキュリティやホームコントロールが利用できるようになる。

このHEMSは，日本の北海道で行われた洞爺湖サミットにて設置されたゼロエミッション住宅に搭載され，日本を代表するIT省エネ技術として世界に紹介された。また，グリーンIT推

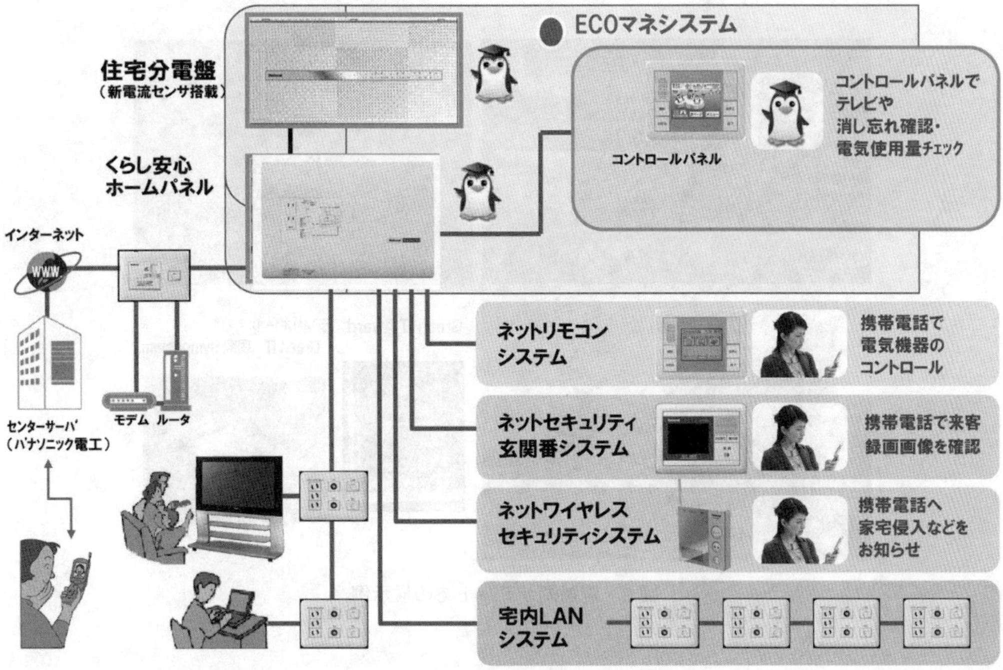

図1　日本で展開のHEMS概要

進協議会のグリーンITアワードにおいても賞を受賞しているシステムである（図2)。

次に，日本で展開しているシステムの具体的な6つの機能を紹介する。

①　きめ細かな「電気の見える化機能」

超薄型化を実現した電流センサの搭載により，きめ細かな電気使用量の測定を可能にしている。従来では，大きな変流器，直径20から30 mm程度を1個ずつブレーカに装着する必要があったため，小回路の分電盤か家全体の電流測定しかできなかった。したがって，家庭での電気消費の管理も家全体のドンブリ管理が限界だった。今回の新電流センサーの開発により，使用機器別，使用部屋別（分岐ブレーカ別）の電気使用量が把握できるようになり，電気消費のどこに無駄があるかの「見える化」が可能になり，「無駄取り」ができるようになった。計測データを3秒に1回送信するため，リアルタイムな実績が把握できる。現在の電気使用量を個々の機器別・部屋別（分岐ブレーカ別）にモニタリングし，リビングやキッチンやバス・トイレや寝室・子供部屋でのエアコン・床暖房などの電気の使用状況や使用量をリアルに把握でき，きめ細かな省エネ管理を図ることができる（図3)。

②　楽しく省エネ推進支援機能

ホームエネルギーマネジメントシステムを飽きずに推進してもらうために，アニメのペンギン表示で楽しく省エネできる工夫をしている。例えば，省エネ推進がうまく進んでいるときには，

図２　洞爺湖サミットでの展示例

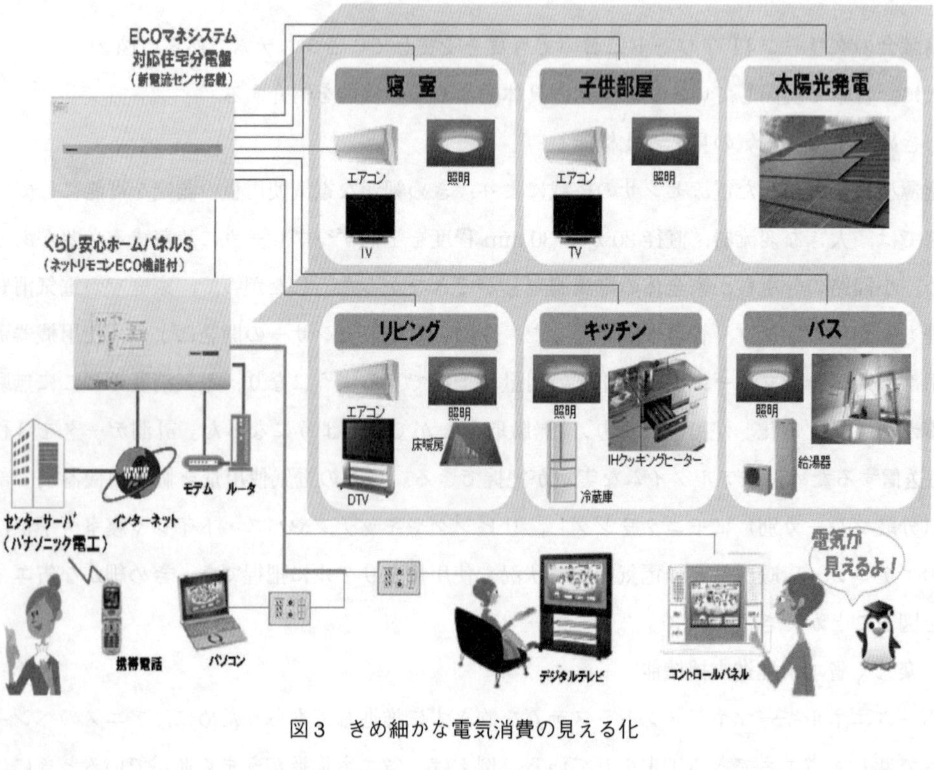

図３　きめ細かな電気消費の見える化

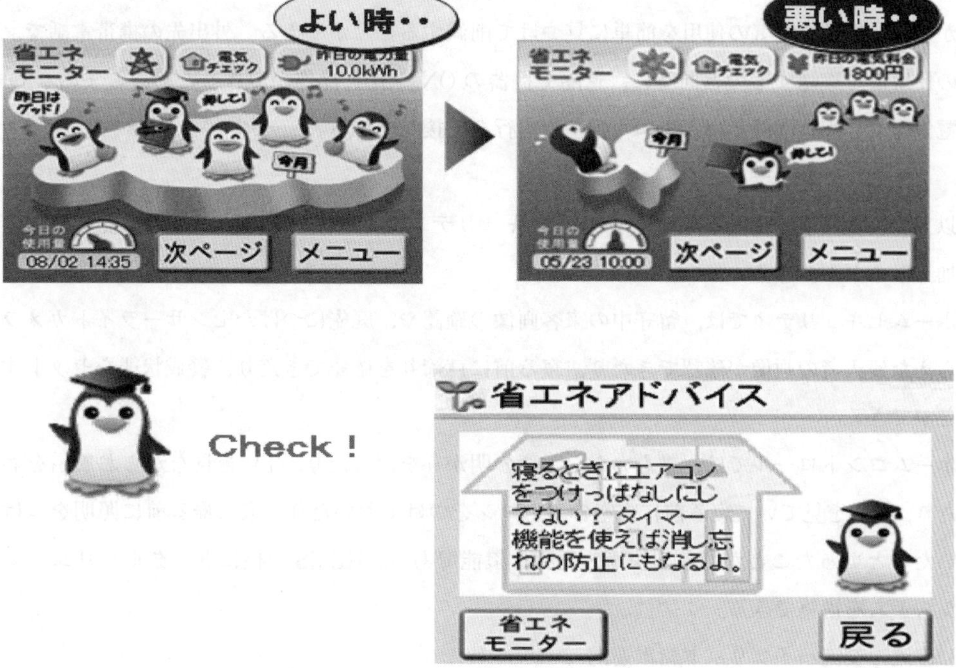

図4　ペンギンアニメで楽しく省エネ

ペンギンが乗っている氷の島の面積が大きくなり乗っているペンギンの数も多くなるが，うまくいっていないときには，氷の島の面積も小さくなりペンギンも海に落っこちているといった具合だ。またうまくいっていないときには，真ん中にいる博士帽をかぶった博士ペンギンを押すと，うまくいっていないことに対するアドバイスがでてくる。このように，子供でも一目で省エネ推進がうまくいっているか，うまくいっていないかがわかる工夫をしている（図4）。

③　太陽光発電との連携

リアルタイムに発電状況，売電状況，発電実績の推移などがモニタリングできると同時に，CO_2 削減状況もモニタリングできるため，太陽光発電による創エネと HEMS による省エネの相乗効果が期待される。

④　賢いコントロール機能

電気の使い過ぎのお知らせと賢いコントロールのピークカット機能，デマンドコントロール機能がある。一時にたくさんの電気製品を使うと「電気の使い過ぎです」と知らせる。また，優先度の低い機器，例えばエアコン等を一時的に OFF にしてまた復旧するといったピークカットコントロールマネジメントを実現している。

⑤　電気のチェック機能

外出前や就寝前には「電気チェック」ボタンが活躍し，家中の電気の使用状況を細かく知ることができ，無駄な電気の使用を簡単に見つけて削減することができる。外出先の携帯電話で，電気の使用量を確認するのと同時に，遠隔で機器のON／OFF操作ができるため，こまめなOFFや電気の消し忘れ削減という省エネの基本実行を支援している。

⑥ トータルソリューション

以上のような機能をもったHEMSに，セキュリティやホームコントロールの機能を簡単に付け加えることができる。

ホームセキュリティでは，留守中の来客画像の確認や，庭先につけたセンサーライトカメラがとらえた侵入者の画像が確認できたり，寝る前に戸締りを確認できたり，警戒状態をセットすることができる。

ホームコントロールでは，誰もいない書斎の明かりを消したり，TVを見ながらお風呂をわかしたり，TVを見ていて寝る前に寝室のエアコンをつけておいたり，家に帰る前に照明をつけておいたりといったことができる快適・便利な機能である。HEMSを核にトータルソリューションシステムを構築できる。

⑦ 直流・交流ハイブリッド給電連携

今後の展開であるが，大きな電力の変革，直流給電の変革に対する連携である。今現在の電気の世界は，交流の電気の世界である。ところが，世界初の配電システムはトーマスエジソンが発明した直流の配電システムだった。しかし，後にジョージ・ウエスティングハウスなどが交流の配電システムを提案し，直流と交流の電力戦争が起こった。最終的には，交流の世界になっているわけである。

ところが再生可能エネルギーの活用拡大では，太陽光発電や燃料電池などは直流給電であり，端末のLED照明なども直流である。再生可能エネルギーでの現状の交流給電システムでは，直流発電を交流に変換し，また直流に変換するという効率の悪い給電システムとなっている。直流は直流で給電する方が効率がよく，直流給電は環境に優しい給電方式と考えられてきており，交流から直流へと電力給電システムの大きな変革が進む可能性がある。このような大きな可能性を秘めた直流配線だが，交流配線がふさわしい機器は交流配線で，直流配線がふさわしい機器は直流配線でといった交流配線と直流配線のハイブリッドな配線システムの展開連携が必要であると考えている。

3　ヨーロッパでの展開概要

3.1　ミッシングリンク

EUでは，2020年の「20・20・20」を目指してスマートグリッドの推進，スマートメータの設置が進むが，スマートメータの設置・運用が始まると新しい課題が出てきている。それは，電力会社と家庭の間のスマート化・ネットワーク化はスマートメータでつながるが，家の中とはつながっていないということだ。スマートグリッド・スマートメータが家の中の電気機器とつながっていない課題を「ミッシングリンク」とよんでいる。

家全体の電気の消費量などは把握できるが，家の中の個々の電気機器の電気の消費の状況や制御などとなると，家の中の電気機器とスマートメータとをつなげる必要がある。家の外のスマート化に加えて，家の中のスマート化が必要になると考えられる。このようなスマートメータと家の中がつながっていない課題，「ミッシングリンク」を解決するのがホームエネルギーマネジメントシステムである。

3.2　スマートグリッド連携HEMS展開

欧州の展開では，このような背景から，スマートグリッド連携のHEMS展開を進めている。

デンマークの電力会社のSEAS–NVE社との連携展開である。SEAS–NVE社は，デンマークの第2位の電力会社で，デンマークの電力事情は，デンマーク全ての電力が，Nord Pool（ノルウェーの電力取引市場）で売買取引される。Nord Poolでは，デンマーク，ノルウェー，フィンランド，スウェーデンの全ての電力が取引される。SEAS–NVE社もNord Poolで電力の売買取引を行っている。デンマークの電力会社は，発電・送電・配電と分かれており，デンマークに電力会社が75社も存在する。SEAS–NVE社は送電と配電を担当する電力会社である。また，デンマークは，再生可能エネルギー活用，風力発電の活用での先進国でもある。

SEAS–NVE社が送電・配電・スマートメータを設置して，パナソニックのHEMSで連携するコラボレーションである。電力消費量のモニタリングや家電機器の遠隔制御，センサーによる自動制御などを行う（図5)。昨年の12月にデンマークでCOP 15が開催されたが，その際に，このコラボレーションをコペンハーゲンの近郊でデモ展示した（図6)。また今年の「Meteiring EU & Smart Home 2010」展において，欧州での展開内容が認められ“Customer Excellence Award”を受賞している。日本と欧州での受賞となった。

次期展開としては，このスマートメータ連携HEMSと太陽光や，ヒートポンプや蓄電池をネットワークにつなぐ展開を進める。家電機器の電力消費パターンをHEMSによって把握し，これらの機器の最適制御を行うシステムへ展開を進める。

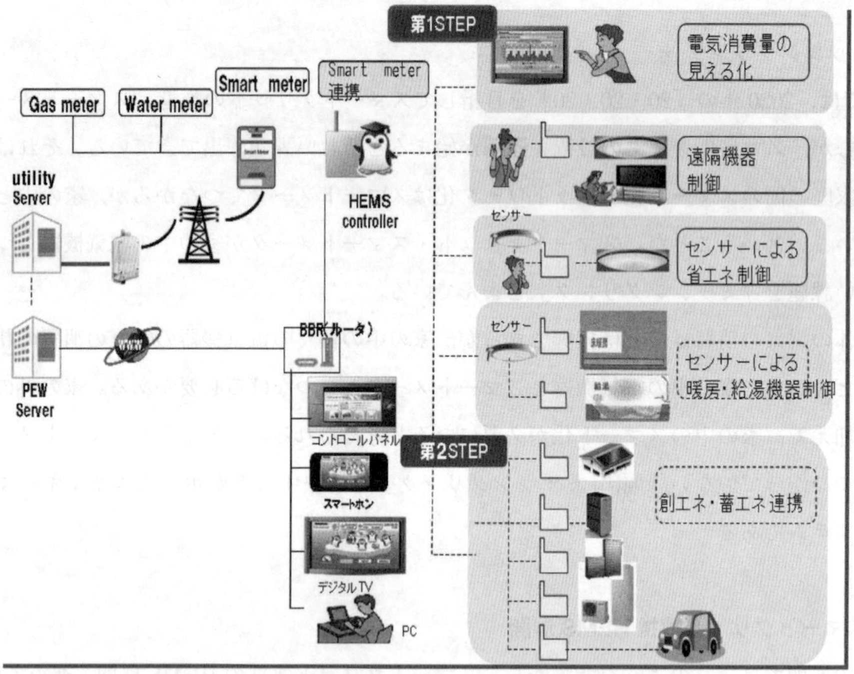

図5　欧州でのスマートグリッド連携 HEMS 概要

図6　デンマークコペンハーゲン近郊での COP 15 にあわせてのデモ展示

4　中国での展開概要

中国の展開としては，中国の天津ECOシティに代表される環境都市づくりへの提案展開である。スマートグリッドを社会基盤に整備し，HEMSやBEMSを搭載した建物による都市機能全体を環境配慮型にした都市創造「ECO–CITY」の展開が活発化している。中国全土では，13のECOシティプロジェクトが推進中だ。

中国でのECO–CITYの展開の代表が天津ECOシティ（中心天津生態城）である。2020年までに，人口35万人の人工環境都市づくりが進む。グリーン建築比率100%，グリーン交通比率90%以上，再生可能エネルギー比率20%以上などの環境都市としての先進性を目標にした投資総額3.5兆円のプロジェクトである。このようなECOシティに対して，HEMS機能を搭載したECOマンションシステムの提案を推進している（図7）。

図7　天津国際生態城市博覧会でのHEMS展示

5　今後の展開

ECOマンションシステムに加え，ビルのシステム，店舗のシステム，施設（学校・病院など）のシステム，エリアのマネジメントシステムへと展開を進める。

5.1　ビルのマネジメントシステム

BEMSを搭載したグリーンビルのシステム展開である。様々なセンサーのセンシングにより設備機器を制御し省エネを実現するシステムである。人がいるかいないかをセンシングする人感センサー，温度をセンシングする温度センサー，明るさをセンシングする照度センサー，さまざ

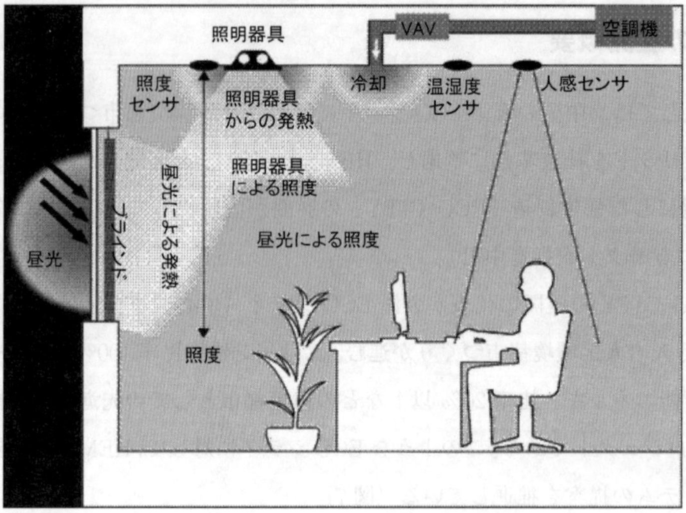

図8　省エネビルシステム概要

まなセンサーのセンシングによって，空調機器や照明機器を効率よく運転することにより，省エネを実現するシステムだ。電工大阪本社ビルでの経済産業省 NEDO の実証実験で，29.4% の実証実験効果があがっており，世界トップクラスの省エネ効果を実現している（図8）。

5.2　エリアのマネジメントシステム

このマネジメントシステムを広域のエリアに展開したのが，「エリアマネジメントシステム（AMS）」である。2008 年の 8 月に中国の北京で開催された北京オリンピックで実現したシステムだ。メインスタジアムの「鳥の巣」を中心とした 1.4 km × 2.4 km の広大なエリアに，外灯照明器具約 18,000 灯を世界初の IPv 6 技術でネットワークにつないだシステムである。広域のエリア照明制御マネジメントシステムで，ネットワーク技術と省エネ制御技術の融合による先進性が高く評価された（図9）。

5.3　分散電源システム

以上のようなエネルギーマネジメントシステムをメガソーラ・メガ蓄電池の分散電源システムと連携し，地産地消のシステムを実現する。

このような ECO-CITY の展開として，中国の天津で開催された「国際 ECO-CITY 博覧会」で，ECO マンションシステム・グリーンビルシステム・エリアマネジメントシステムを展示した。天津 ECO-CITY の現場では，中国・アジアを代表するデベロッパーがすでにマンション建築を活発化している状況だ。

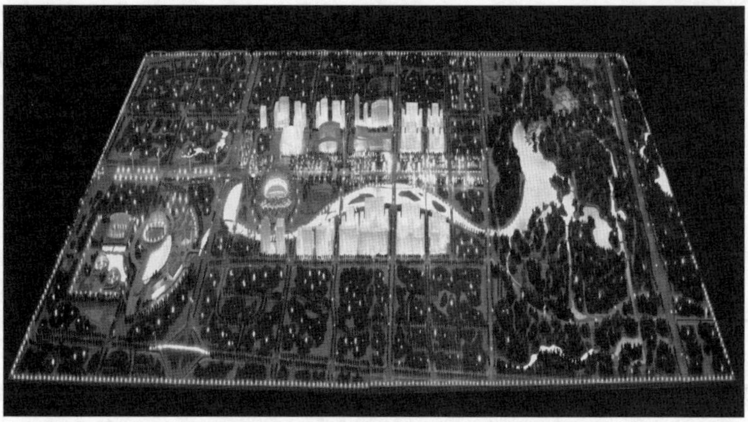

図9　エリアマネジメントシステム概要

5.4　ECO-CITY へのトータルソリューション展開

このような活発化するECO-CITY建設に対して，①家のエネルギーマネジメントシステム，②ビルのエネルギーマネジメントシステム，③店舗のエネルギーマネジメントシステム，④施設のエネルギーマネジメントシステム，⑤エリアのエネルギーマネジメントシステム，⑥分散電源システムなどのシステムのトータルソリューションを展開する。

5.5　グリーンライフスタイルの実現

以上の展開により，家から，ビルから，そして街へ広がるエネルギーマネジメントを核にエネルギーソリューションを市場に提供し，新しいライフスタイル，「グリーンライフスタイル」の実現を目指す。

第6章　ICTを活用したスマートハウスの背景と目的，その進展

池田一昭*

1　スマートハウスを通じた家庭エネルギー対策の必要性

日本のCO_2排出量の推移を見ると，産業部門や運輸部門が減少しているのに比較し，家庭部門は依然として増加しており，家庭部門の対策を抜本的に設計・実施することが求められている。

他の章で述べられているように，家そのものの性能向上，家に導入設置されている機器のエネルギー効率向上などが有効とされ，メーカー固有の技術による製品・サービスを基に国・自治体・企業・各家庭で対応が先行している。しかしながら，低炭素社会の実現に向けては，製品そのものの技術革新による貢献に加えて，需要側のエネルギー利用形態を変化させていく，つまり『需要者の参加による全体エネルギー利用量の削減』が欠かせない。

本章では，メーカー固有の製品・サービス等の上記の取り組みに加え，オープンな枠組みで多くのステークホルダー（参加者）による知見と協働が活用されるということを前提として，以下の観点，取り組みを取り扱う。

・家に設置された家電や太陽光発電，燃料電池，蓄電池，住宅設備機器等を組み合わせたスマートハウス単体のグリッドに対して，家の外とつながり連携するシステムは，家や機器の単体性能を超えて，社会全体から見て全体最適なエネルギー利用を進める。

・需要家にとっては，自分の判断行動が，エネルギーの供給者やさらには社会全体にどう影響を及ぼすかを知ることで，自分が何をするべきかを知ることができる。

・住宅内の情報を家庭のコントロール下で家の外（宅外）とつなぎ，地域・社会と共有することが可能となる。需要家や政策実行者がエネルギー情報を基に行動を可能にする参加型の仕組みを実現することで，社会全体で必要なエネルギー利用を最適化することが期待される。

・数多くの宅内のエネルギー利用情報や利用者の行動様式にかかわる情報が集まり，エネルギーの需要・供給情報と合わせると，その時々に応じて，参加していただきたいグループの需要家が把握できるようになり，エネルギーがさらに賢く使用・制御される。

・さらに，宅内と外部がネットワーク化されることで，パソコンや携帯電話，スマートフォン等

---

*　Kazuaki Ikeda　日本アイ・ビー・エム(株)　未来価値創造事業　社会システム事業開発　部長

に加えて，家の中のさまざまな機器でサービスが実現できる。
・これらを実現するためには，スマートハウス共通基盤を構築し，機器もサービスも共通の接続様式でつながることが求められており，エネルギー問題の解決だけに留まらず，日本の競争戦略上重要な施策となる。
・世界的に多くのパートナーと IBM が実施しているソリューションの開発を紹介する。

2　スマートグリッドがもたらす変化

世界的にスマートグリッド（賢いエネルギー網）の展開が進んでいる。従来，エネルギー網は，電力会社等が運営する火力，水力，原子力等の電源から電力が提供されている。一方，太陽光，風力，蓄電池，電気自動車やプラグインハイブリッド車が電力ネットワークの一員として登場すると，発電，蓄電が電力会社等のエネルギー供給会社のみならず多種多様な形態で行われることから，エネルギーの流れは一方向ではなく，双方向または多方向になると共に，エネルギーの供給ならびに需要を制御するための情報のやりとりが双方向または多方向になる。つまり，創エネから省エネまでのエネルギー需給バリューチェーンに，新エネ，省エネ単体等の新たな要素が加わりつながるエネルギー社会システムを構成するためには，よりリアルタイム性の高い，双方向かつ複雑なエネルギーの流れと情報の流れを制御する必要があり，ICT を活用した情報制御と意思決定支援を行うことが求められる。この情報制御には，エネルギー供給者だけではなく，エネルギー関連機器を設置・運用する事業者，生活者を含めたエネルギーを利用する需要家，政府や自治体など多くのステークホルダーの参画を可能とする「スマートグリッドに対して情報やサービスを提供する情報系インフラ」の構築が必須となる。

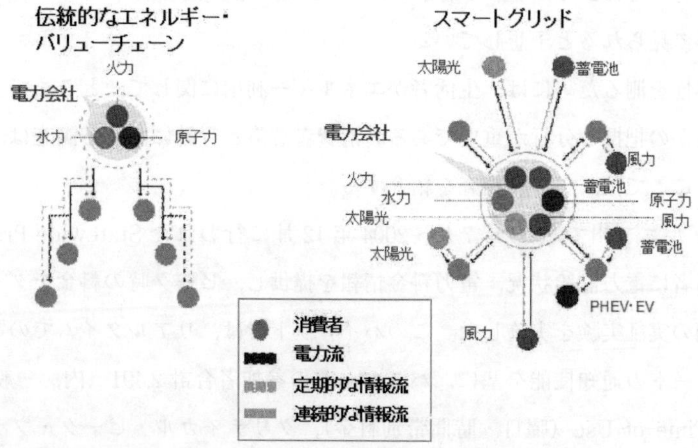

図1　スマートグリッド概念図

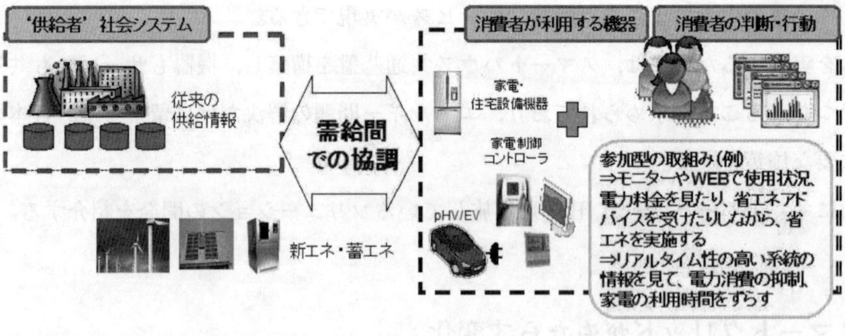

図2　消費者が参加することで実現する需給協調

スマートグリッドの1つ目の特徴をサマリーすると，『スマートグリッドとは，エネルギー網に新たな創蓄省エネルギーの構成要素を加えた近代化された電力供給システムのことであり，ネットワーク上で相互に接続された要素を監視・運用することで，網全体を従来に比べてリアルタイムかつ自動的に最適化する。そして，スマートグリッドは，自動化され，広範囲に張り巡らされた電力供給ネットワーク上で，電力と情報が双方向にやりとりされる』という特徴を持つと言うことができる。

スマートグリッドの二つ目の特徴は，低炭素社会に向けて，情報とエネルギーの双方向ネットワークにより，需要家がより意識の高い行動をとることができるようになることである。

消費者がエネルギーの最適利用の実現に積極的に参画するかといった観点について，IBMでは，継続的にエネルギー業界の方向性を示唆する調査を行っている[1)]。

これらの調査結果に基づき，IBMはエネルギー業界の将来に最も影響のある二つの要因は，技術進展と消費者の主体性・自主性（主導権）にあると分析している。これらの二つの要因の進展度合いの組み合わせにより，4つの業界モデルに分類でき，近い将来ではこれら4つのモデルの混合体が業界で見られると予想している。

消費者の主体性を測るためには，生活者がエネルギー利用に関して，どこまで意識的に行動するつもりがあるかの把握と分析が重要である。消費者意識と行動に関する調査は，多くの地域で行われており，ここでは，三つの調査を紹介する。

米国カリフォルニア州で2003年7月～2004年12月に行われたStatewide Pricing Pilotを例に取ると，生活者に電力需給状況，電力料金情報を提供し，ピーク時の料金をダイナミックに変動させる料金制の実証実験を実施した。このパイロットでは，リアルタイムでの電力使用量の取得と電気料金レートの通知機能を基に，パイロットの参加者合計2,491（内，一般家庭は1463＝約59%）に，Time-of-Use（曜日・時間帯別料金），クリティカル・ピーク・プライシング（需給状況に応じた電力料金）などの情報を提供し，電気料金に対応して電気使用量を自ら制御（間

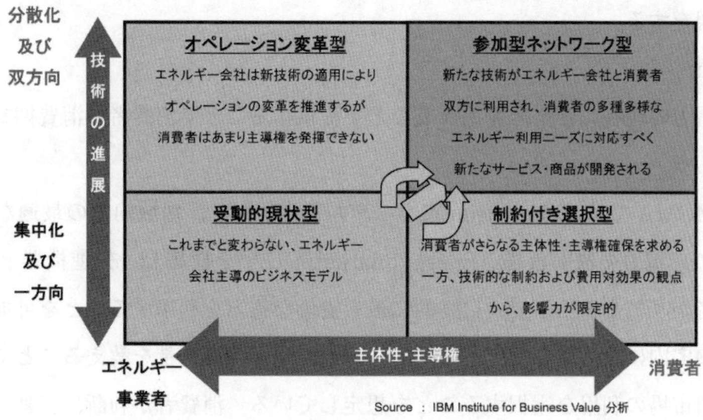

図3　エネルギー業界の4つのモデル

接制御）する形をとった。結果は，一般家庭のピーク期間の需要を，14%削減し，70%超の参加者が，メーターに追加月額料金を払うことになっても，継続したいと回答した[2)]。これは，顧客に対するメリットを明示すれば，生活者が主体的にエネルギー施策への貢献をする受容度が高いことを示唆している。

次に，生活者との需給協調について，欧州ドイツでの消費者による積極的な参加の事例を紹介する。ドイツでは，以下に記述する六つのモデル地域で参加企業がコンソーシアムを形成し，ICTを用いた次世代ソリューションを構築している。

① eTelligence

電力の生産者，消費者が電力売買を行う取引市場（マーケットプレース）を提供。マーケットプレースを通じて，地域内の需要と供給を自動で最適化する。

② E-DeMa

スマートメーターを用いた電力消費のコントロール，リアルタイムデータ収集，消費情報のプロビジョニングなど，スマートメーターを用いた省エネの促進をする。

③ MEREGIO

発電（太陽光，CHP：コンバインド・ヒート・アンド・パワー）や，PHEVによる蓄電などを組み合わせて，地域内のエミッションの最小化を目指す。

④ MOMA

再生可能エネルギーや分散型電源が大規模に設置される都市エリア内で，需給を自動制御し，地域内需給最適化を目指す。

⑤ RegModHarz

地域内の再生可能エネルギー発電の発電量，蓄電，消費データを用いた域内電力状況の予測と最適利用の実現をする。

⑥ Smart Watts

供給される電力の現在の価格，発電構成などを提供することで消費者の消費抑制，消費パターンの変更をねらう。

この中で，MOMAでは，Mannheim市をモデル都市として，地域内での最適な電力消費を可能にするための，電力の取引市場（Energy marketplace）を構築し，先進機器と組み合わせることで，消費者がリアルタイムで，自動的に最も安価な電力を利用することを可能にするとしている。消費者の宅内に設置されたディスプレーが色で現在の価格帯を教えることで，消費者の視点から電力取引市場の利用を選択することを想定している。消費者が判断，行動する例を以下に示す。

・午前3時：最も電気料金が安い時間帯にパン焼き器でパンを焼く設定をしておく。

・午後4時：昼より安い時間帯になったため，冷蔵庫はオレンジジュースを3℃まで冷やす。次に冷やすのは6℃以上になったとき，あるいは次に安い時間帯になったとき。

・コーヒーは，その時に飲みたいので，現在の料金は気にしないでコーヒーを入れる。

・洗濯機は料金が安い時間になり次第，開始するように設定しておく。但し，乾燥機を夜の安い時間帯に使いたいため，乾燥機の時間を考慮して洗濯が終わるようにしておく。

上記のシナリオは，消費者が，エネルギーの供給状況と連動したエネルギー料金を知ることと機器の利用タイミングを自ら設定することを可能にすることで，各家庭がエネルギー供給にどの程度貢献できるかを見ていき，コミュニティ全体のエネルギー利用をマクロ的に捉えることを可能とする枠組みとなっている。コミュニティ・レベルでどの機器がいつ使われるかの設定情報をマクロ的に捉えることができれば，エネルギーの需給最適化に向けてさらにどのような施策を打つべきかがわかるようになる。つまりは，消費者にとっても供給者にとっても，参加意識の高い無理のない制度設計とその実行を勧めているといえる。

北米や欧州の先進国に比べて，日本では，エネルギー供給者側が安定供給を確実に実施しており，エネルギーの全体系の維持を供給者に依存している。しかしながら，需要家としての消費者が好きな時間に好きなだけエネルギーを使い，エネルギー供給者が懸命に供給を行う時代が長く続かないことは容易に理解できる。生活者としてよりよいエネルギー利用のために何ができるかという多くの選択肢の提示，例えば生活者の家庭での各機器のエネルギー使用量を把握することで，エネルギーの使い方を見直すことや夜間等使用が少ない時間帯にシフトすることや導入が進められつつある再生可能エネルギーが多く発生している時間帯に機器をうまく使用する等，賢いエネルギー利用が求められる。日本では，平成21年度スマートハウス実証プロジェクトにおいて，HEMS（Home Energy Management System）の導入により，単一の家庭において20%程

表1　ユースケース例

ねらい・機能分野	想定ユースケース（分かりやすくするために利用シーンを含む例示）
公益企業の検針・料金請求業務の効率化	電力，水道，ガスの使用量を遠隔から検針し，料金計算・請求処理に使用する
	電力，水道，ガスの使用量の計測を，標準に基づく共通仕組み・インフラで実施することで，エネルギーの計測に関する計画・設計・開発・導入・維持・運用・更新に関わるコストの最適化を図る
	スマートメーターを遠隔で停止・停解（開栓・閉栓）することにより，現場へ出向く作業を軽減する
省エネ機会の拡大	使用量を計測し消費者に見せること（見える化）により，省エネ推進をはかる
公益企業の安定供給・機能強化	停電の管理を機器・場所単位で行う（ガス・水道も同様）
自然エネルギーの最大取り込みを実現する系統安定化対策	太陽光発電の逆潮流制御（系統側電圧上昇時）の信号を消費者側の制御機器に伝える（これにより需要と供給の同調をはかり，再生可能電源取り込みの為の社会システムインフラコストを最適化することで，本来集中制御ベースでかかると想定されるコストを低減する）。 系統側が逆潮流を受け入れられない場合，インバーターで遮断ではなく，エコキュートやEVの充電，蓄電池，蓄熱式床暖房などへの充電など，宅内の蓄エネ式機器を稼動させて，再生可能エネルギーを無駄なくとりこむ。 系統側信号をつたえることにより，デマンドレスポンスを行う（ピークカットを目的にする）。 系統最適運用のためのピークシェービングを可能とするよう，多様な料金メニューを作る（消費者側機器の作動時間を間接制御する）。例.「おまかせボタン」で系統側が需要をずらしたい時間に食洗機，洗濯機等を作動，EV充電もピーク時は高く，夜間は安くするなど。

度の効果があることを報告している。リアルタイム性の高い事実に基づく情報を元に，消費者のより良い判断を支援する仕組みを実現すれば，生活者による主体的な行動を促し，大きな効果が実現できるといえる。さらに，地域レベルや社会全体でまとまって取り組むことで，全体最適の観点からの集計・分析，知見・経験の集約などによりさらに大きな効果も期待できる。

消費者をはじめとして，多くのステークホルダーの理解を促進する方法として，ユースケース（実現すべき利用シーン）を提示して，ステークホルダーの賛同・参画を得るということが盛んに行われている。ユースケースの作成・提示は，次の社会の実現イメージを示す上で，非常に有効であるため，世界的に積極的に活用されている（表1）。

3　スマートハウスの社会システムICT基盤の共通化の必要性

前節で述べた枠組みは，多種多様の機器が情報を提供するだけではなく，相互に接続することで，家一軒だけに留まらず，地域全体の最適制御を図るものである。また，地域特性や家族構成や生活パターンが年々変化することを踏まえ，家ごとに求められるサービスが違うことに応える必要がある。具体的には，家のエネルギー利用実態に伴いアドバイスを行うエネルギーアドバイ

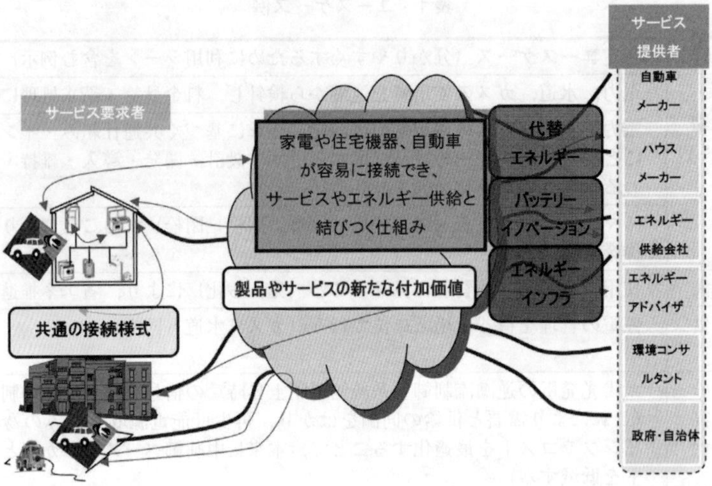

図4　スマートハウス，スマートコミュニティの共通インフライメージ

ザーがサービスを提供することを想定すると，そのアドバイスは，独身宅なのか独居老人宅なのか，大家族なのか，また子供はいるかといった家族構成や生活パターンにより異なる。また，秋田県と高知県では考慮すべき項目が変わる可能性が高い。つまり，取るべき情報は基本的に同じであるため，機器としては接続様式が同じであることが，コストの観点，普及の規模とスピードの観点では望ましいが，取ったデータをきめ細かく生活者に役に立つ情報にどう加工するかは，サービス提供者のサービス戦略そのものである。生活基盤の異なる生活者としては，当然のことながら均一的なサービスよりも自分にあったサービスを数多く選択できることを望むはずである。つまり，多種多様の機器を多種多様のサービスと結びつける基盤が必要となる。

広く機器メーカー，情報収集代行事業者，サービス提供者などが協働することにより，1社ではなしえない高い普及効果・実現効果が期待できる共通の枠組み・基盤が必要と記したが，従来から一部のメーカーが独自で実施している「一企業が提供するサービスをそのメーカーの利用者が利用するモデル」で散見される課題点を整理する。

現行家庭向けに提供されているサービスを分析すると多くの場合以下のことが言える。

・サービス個々にネットワーク化されている。
・単独で存在しているためサービスが孤立化しており，他のサービスと共通のインターフェースが存在しない。
・自社または他社による新たなサービスを追加していくシナジーがない。
・サービスの構築・維持・更新にかかわるサービスコスト。
・新規追加，拡張の要件に対して，非常に複雑。
・普及が困難なことから加入数が限定的なため，サービス料金をある程度取れるか，サービス以

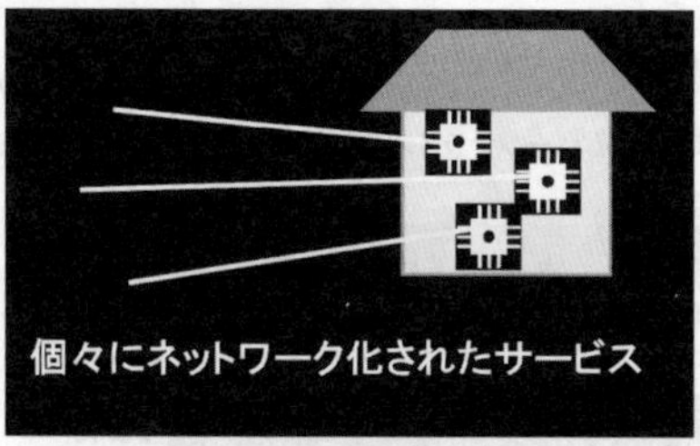

図5　現在の家に対するネットワークイメージ

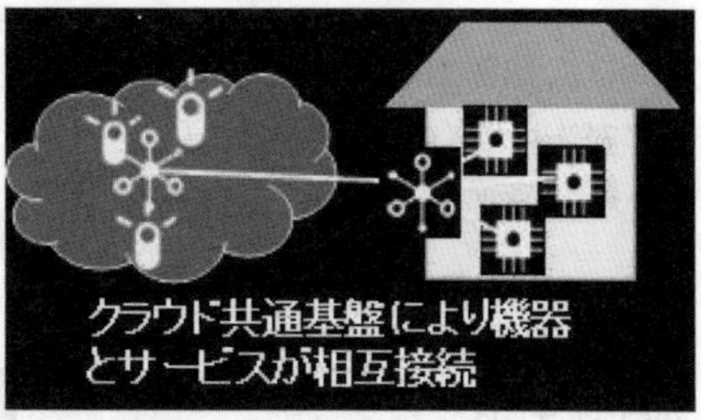

図6　クラウド共通基盤によるサービス提供イメージ

外で費用を充当できる企業のみ，サービスの提供・継続が可能。
・自社の機器と消費者との直接的な関係の構築をした経験が少ない。
・他のサービス提供者による新たな消費者サービスと協業できる枠組みがない。
・データが集まっても，次のビジネス展開に生かすための分析と最適化を推進することに弱い。

これらの課題により，家庭のある機器に対してネットワーク化されたサービスを行っている企業は限られており，また大きな成功を収めている企業はさらに少ない。ネットワークの囲い込み戦略を目指して機器やサービスを提供するビジネスは未発達であり，加入している一部の利用者がメリットを享受しているだけで，サービス利用者ならびにサービス提供者とも市場の拡大とメリットの拡大が必須となっている。つまり，家と外部との接続を図るスマートハウスの実現には，「一企業が提供する限られたサービスをそのメーカーの利用者が利用するモデル」ではなく，オープンな枠組みでステークホルダーが自らの能力に応じてサービスを提供し多くの参加者を招き入れることが望ましい。

逆の見方をすると，広く普及を可能とし多くの機器やサービスがつながる環境を想定すると，以下の要件を解決していく必要がある。
・サービスの追加と組み合わせを実行する高い柔軟性。
・数多くの機器が接続する住居内での管理を実現する統一性。
・各参加者が独自ですべてを行うより，普及と運用を圧倒的に早く安くできる効率性，ビジネススピード。
・消費者が自由に選択できるオープン性。
・生活者のニーズ，嗜好や利用環境にあわせて適切なサービスを，その成果が具体的に見えるかたちで提供する継続性。

これらの要件を実現するための取り組みを紹介する前に，家と外部がつながることに対する消費者の意識について調査結果を紹介する。米国において2009年11月17日～2009年12月27日に実施された消費者との対面と電話によるインタビュー調査結果（Envisioneering research）に

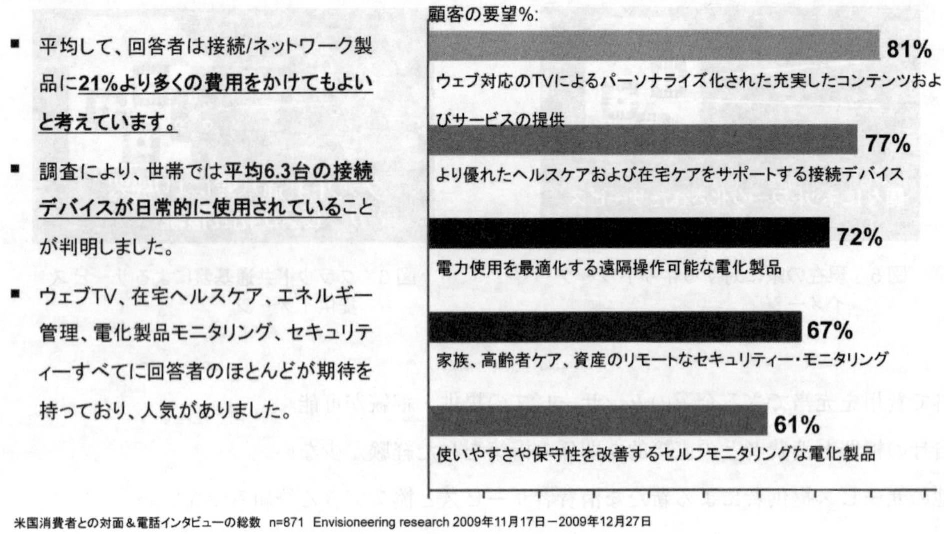

図７　つながる家に関する消費者意識

よると，消費者はよりスマートなデバイスを介したより充実したサービスとより良い経験を求めており，家とつながる新たな接続サービスに期待している。昨今，スマートフォンやi-Padなどの登場により，家にいるときに外部と接続する，特に機器と外部が接続されることが普通のことであると考える消費者が増えていることから，日本においてもこの動向は進むと考えられる。

4　スマートハウス社会システムICT基盤の共通化に向けての活動

これまで見てきたように，北米や欧州で進められている家と外部をネットワーク化することでエネルギー需給の最適化をする試みは推進されてきているところである。特にNIST（米国立標準技術研究所）は2010年1月，スマートグリッドの標準化に向けた枠組み「NIST Framework and Roadmap for Smart Grid Interoperability Standards, Release 1.0」を正式発表した。この中で，広義のスマートメーターとアグリゲータ，サービスプロバイダなどが定義され，多くのステークホルダーの参画により，本枠組みを構築・運営することが提言されている。

日本においても，平成21年度に，財団法人日本情報処理開発協会の次世代電子商取引推進協議会（ECOM）では，近未来バリューチェーン整備グループ　スマートハウス整備WGを立ち上げ，ICT共通基盤によるスマートハウスの枠組みの実現を検討してきている。経済産業省では，「スマートコミュニティ関連システムフォーラム」を設置し，新しい社会システムである「スマートコミュニティ」の情報プラットフォームを含めシステム化パッケージ化を軸にしたインフラからサービスまでのあり方や実現性等の検討を進めている。また，平成22年度からは，

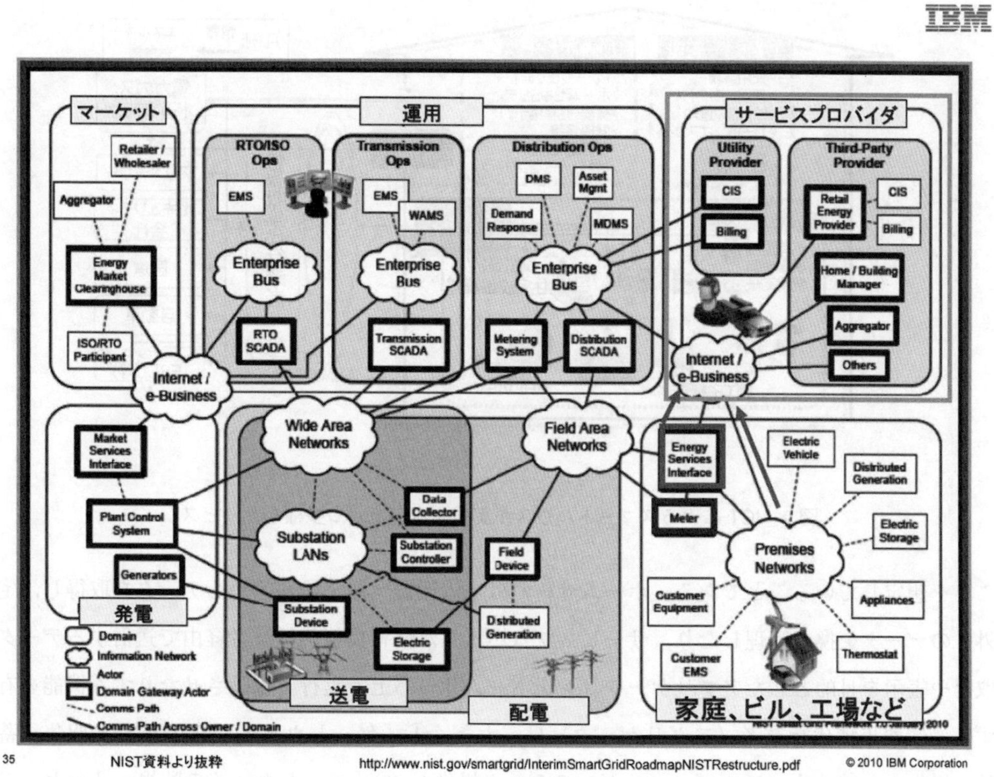

図8　NIST におけるスマートグリッドでの住宅，サービスプロバイダ

官民連携によるスマートコミュニティの構築に向けた協議会として「スマートコミュニティ・アライアンス」の設立がされ，ECOM から発展した「スマートハウス情報活用基盤整備フォーラム」(eSHIPS) がスマートハウス WG として活動している[3]。

昨年度の成果ならびに平成 22 年度の活動計画も公開されており，今後の進捗への期待も含めて参照されたい[4,5]。

世界的な動向ならびに日本の活動を踏まえ整理すると，家のエネルギーマネジメント，住宅向けのホームオートメーション，ホームセキュリティ，家電トレーサビリティ等のサービス，ビルエネルギーマネジメントシステム (BEMS)，地域エネルギーマネジメントシステム (CEMS)，電気自動車やプラグインハイブリッド車向けの充電インフラ，蓄電池システム等がつながる世界では，いずれも複数の企業が協力しあい機器が相互接続され，情報を収集し，その情報を活用してサービスを提供することが求められる。

これらの枠組みで共通なことは，宅内の機器をつなぐためにホームサーバ (ホームゲートウェイ) を設置し，外部との通信回線を通じて情報集積代行業者 (アグリゲータ) とつなぎ，サービスプロバイダにデータを提供することで参加者の役割を明確にし，全体の協働モデルを構築する

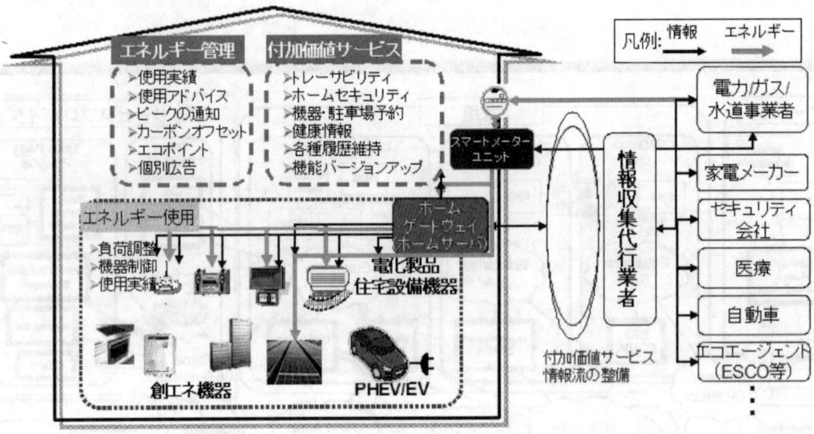

図９　ICTによるスマートハウスが実現する広範かつ多様なサービス

ことを想定していることである。ホームサーバは宅内機器・住宅設備等からデータを取得し，宅外とのデータ交換を管理したり，サービスプロバイダが情報集積代行業者経由で送信するデータ取得や表示を目的としたアプリケーションをホームサーバ上で実行・稼動させたりする機能を有する。情報集積代行業者（アグリゲータ）は，大きく①「ゲートウェイからのデータ収集・蓄積・提供」と②「サービスプロバイダへのデータ提供」，③「ゲートウェイの監視，メッセージ通知やアプリケーションの配布」の機能を提供する。サービスプロバイダは利用者の要望に応えるサービスの提供を行う。

これらを共通プラットフォーム上で実現することで，各参加者が行なうべき役割分担が明確になり，各ステークホルダーがやらなくてもよいことを排除することができるため，よりよい住宅や地域でのエネルギーマネジメントサービスを，より迅速・より安価に提供可能となる。本プラットフォームを活用して，電力・ガス等の公益事業者，通信事業者，住宅メーカー，ICTベンダー，家電メーカーなどの事業者が参画すれば，おのおのの果たすべき負担が軽くなり，各事業者は事業の採算ラインが下がると共に事業の開始スピードが速くなり，追加サービスが行いやすくなる。生活者にとっては，多種多様なサービスが容易に利用できるようになるため，ライフスタイルに合ったサービスを選択できると共に，提供されたデータが新たなサービスを創出することで，より多くの価値をより安価に得られるようになる。このように，スマートハウスの目指す参加型の枠組みに基づく推進は，宅内ならびに地域エネルギーマネジメントシステムの実現を極めて現実にする枠組みといえる。

5　スマートハウス ICT 基盤の実現のポイント

スマートハウスの ICT 基盤実現に向けてのポイントを整理する。

(1)　ホームサーバ，アグリゲータ，サービスプロバイダ間の標準化とそれに準拠した機器・サービスがどの程度，どのぐらいのスピードで実現していくか

先に紹介した eSHIPS でのマルチベンダー要件の整理や運用ガイドラインの策定，サービス創出やセキュリティ，展開ロードマップなどに関する議論などが進められており，スマートハウスでのビジネス展開を具体的に検討している企業は，参加されることをお勧めしたい。

経済産業省では，地域エネルギーマネジメントシステムに関する標準化等調査事業を実施し，ホームサーバ，アグリゲータ，サービスプロバイダ間の標準化を推進しているところであり，その成果が期待される。また，北九州，けいはんな，豊田，横浜の 4 地域と地域共通のチームが合わせて地域エネルギーマネジメントシステム開発事業でシステム開発を進めていることから，そ

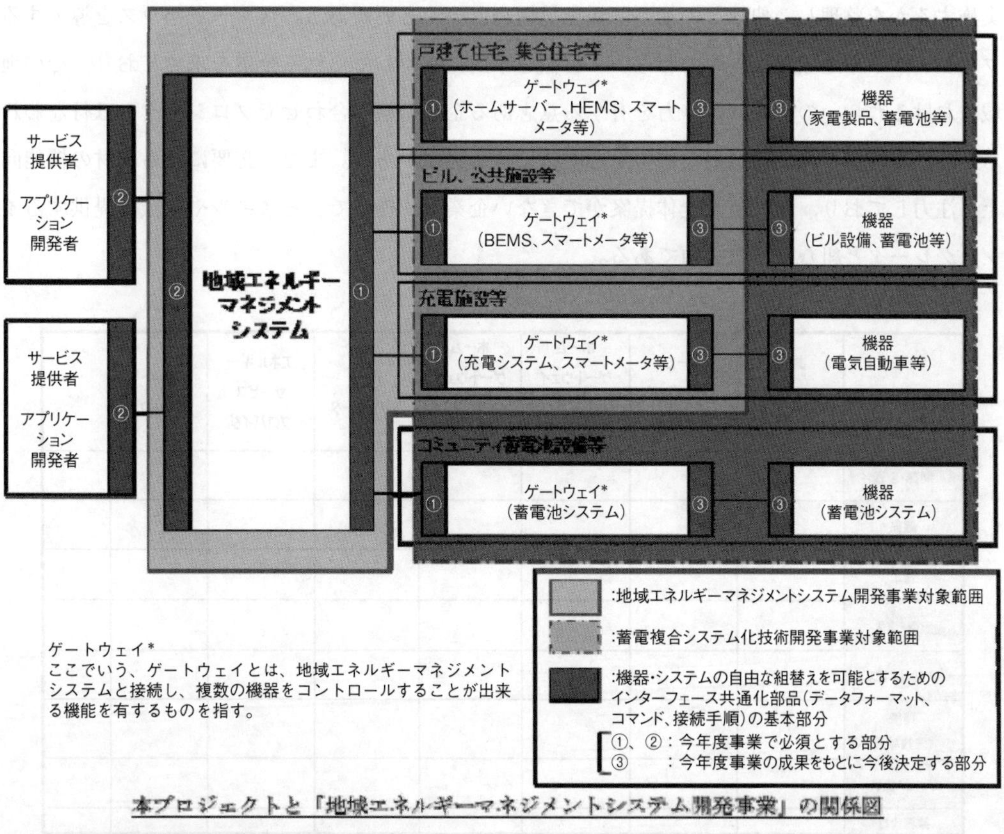

図 10　経済産業省地域エネルギーマネジメントシステムに関する開発事業，独立行政法人新エネルギー・産業技術総合開発機構（NEDO）の蓄電複合システム化技術開発事業の共通インターフェース

の成果が4地域のみならず，日本ならびに世界のコミュニティに日本発のシステムが展開されることを期待したい[6]。

また，経済産業省が実施する地域エネルギーマネジメントシステムに関する開発事業と独立行政法人新エネルギー・産業技術総合開発機構（NEDO）の蓄電複合システム化技術開発事業では，図10の関係図を使い，スマートコミュニティを構成する各種機器が共通仕様で相互接続することを共通認識した上で新たな社会システムの構築を目指していることが理解できる。

(2) 自社の事業ドメインを明確化し，選択と集中ができるか

スマートハウスは，多くの企業が参加し実現できる枠組みである。すべてを一社で行うことは，現実的ではないため，各企業はスマート市場の全体図（商材の分布）の中で，自社がエネルギープロバイダーになるのか，インテグレータになるのか，部材の提供者になるのかを決めていかなくてはならない。図11は，企業がどこの領域を自社のビジネスとするかを検討するために作成したものである。スマートハウスでは，各構成要素において開発・製造，販売，施工，設置・導入，アフターサービス，運用，サービス，業務代行などが必要となるが，自社がその中でどこを実施するかを整理し，他社との補完関係を見極めていく必要がある。スマートハウスを導入するプロジェクトや地域では，そのねらい・目標を早期に実現してくれる企業を求めており，その地域におけるねらいの実現に競争力を有する意志ある企業の組み合わせでプロジェクトは行なわれるため，自社がどの役割を果たすのかを明確にする必要がある。また，必要になる部材の機能向上に注力しており，システム全体提案ができない企業は，提案できるスキルや組織を提供するインテグレータと組むことが必須である。

	共通システム・仕様	ホームゲートウェイ接続機器	ホームゲートウェイ（ハード・ソフト）	ホームゲートウェイアプリケーション	データアグリゲータ	エネルギーサービスプロバイダ	ネットワーク	・・・
開発・製造								
販売								
施工								
設置・導入								
アフタサービス								
運用（監視など）								
サービス提供								
業務代行								

図11 スマートハウス，スマートコミュニティでの役割整理表

(3)　セキュリティやプライバシーに関する法的な認識や運用が間違った方向に行かないか。また，この議論に時間をかけすぎないか

多くの関係者は，複数のステークホルダーが関与するスマートハウスの枠組みで，セキュリティやプライバシーの課題を指摘する。スマートハウスでは，情報の所有者である生活者の許可なく，第3者がその情報を扱うことはできないと考える。資源エネルギー庁スマートメータ制度研究会第5回において，いわゆる個人情報保護制度，省エネ法等での対応の整理がされており，法制度の正しい理解を踏まえた議論を行うことが求められる。つまり，エネルギー利用に関する情報を所有しているのは消費者であり，消費者の許可を得て，第3者はそのデータを活用するという原則である。その観点で，各企業では，通常のビジネス同様，法の遵守とビジネス倫理に基づく行動と運用が必要となる。

(4)　スマートハウスがもたらす新たな明るい社会が生活者に提示できるか

スマートハウスは，これまで日本企業が苦手としてきた水平分業での大きな価値を創造する枠組みである。スマートハウスの構築・運用には，自社の強み・弱みを踏まえて自社が選択したビジネスドメインに注力し，多くの企業とのコラボレーション（協業）をしていく必要がある。この協働スキームがもたらす大きな価値を生活者に明確に提示できるかどうかが，最大のポイントであろう。

6　スマートハウス実現に向けてIBMが進めていること

最後に，これまで整理してきたICTによるスマートハウス実現に向けての観点，論点を踏まえて，IBMが実施している内容について紹介したい。IBMは，本領域に関して，大きく3つのことを行っている。1つは，政策に関わり，政策と実行の融合を図ることである。このため，政府の研究会や協議会，スマートコミュニティ・アライアンスなどに積極的に参画している。2つ目はオピニオンリーダーとして，世界に向けて知見や視点を提示・提言することである。そのため，業界や消費者ニーズを捉え，動向分析を公開している。また，講演，論文やインターネットでの情報も積極的に公開している。3つ目は，プロジェクトオーナーや参加企業に貢献するソリューションの開発やインテグレータ，プログラムマネジメント機能を提供することである。

世界的には150以上のスマートグリッド・プロジェクトに参画している。その内，50程度のプロジェクトは外部に公開可能なプロジェクトである。スマートグリッドでは，需要者との需給協調ができるかどうかが，非常に大きなテーマであるため，多くの公開されているプロジェクトで，このテーマを扱っている。先に記述したドイツの事例に加えて，以下の事例を紹介したい。

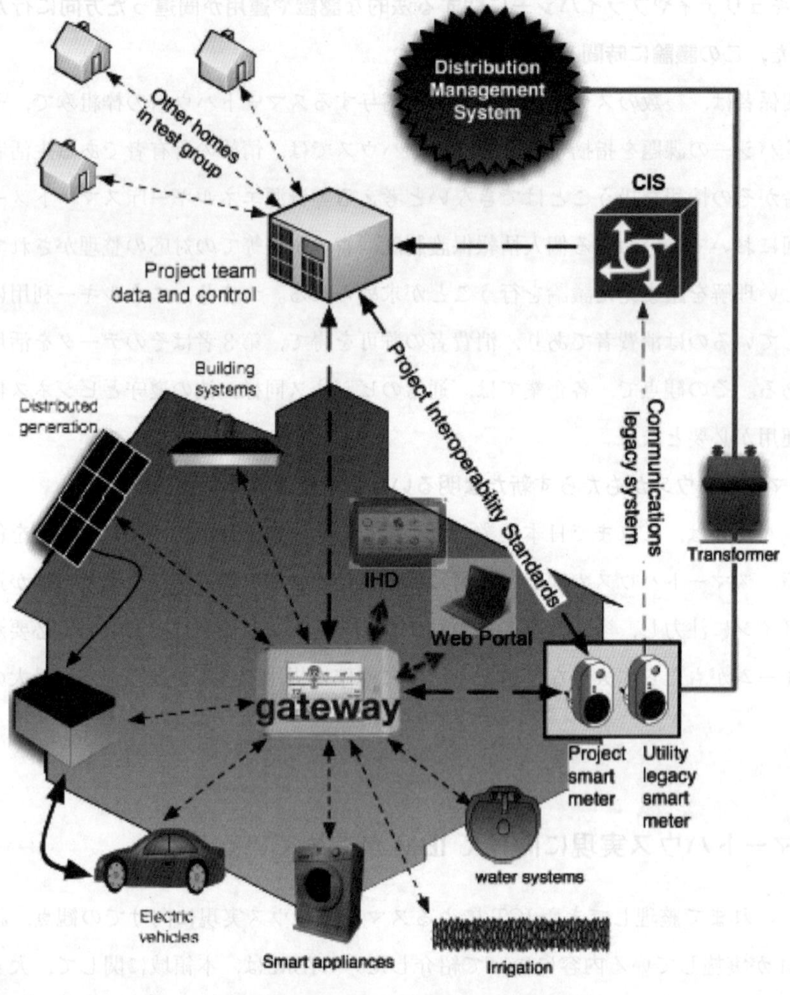

図12　Pecan Street Project 概念図

・Pecan Street Project

Pecan Street Project Inc，Austin 市，Texas 大学，Austin Energy，IBM，Oracle，Cisco などで構成された Austin 市の Muller 地区で今後5年にわたり実施されるプロジェクト。メールマガジン，ホームページ，You Tube などでの情報公開を始めとして，住民参加型の開かれたプロジェクト。宅内ゲートウェイから各種デバイスを管理する仕組みの中で，サービスプロバイダ側が新たな事業体として事業運営していくモデルを想定している。宅内サービスに関しても実証実験を進めていく予定で，近々 RFP が出され，各ベンダーからの提案を受けて，宅内サービスに関しても実証実験パートナーを決定する予定である。また電力に代わる新たな収益モデルの検討も行っていく予定であり，宅内ゲートウェイから各種デバイスを管理する仕組みの中で，サービ

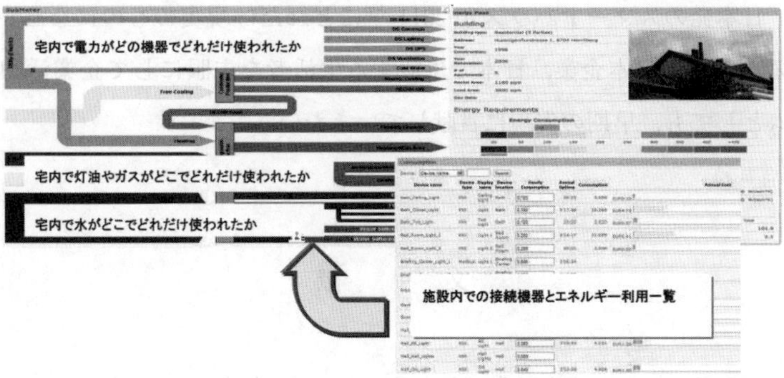

図13　宅内のエネルギー関連情報全体の見える化

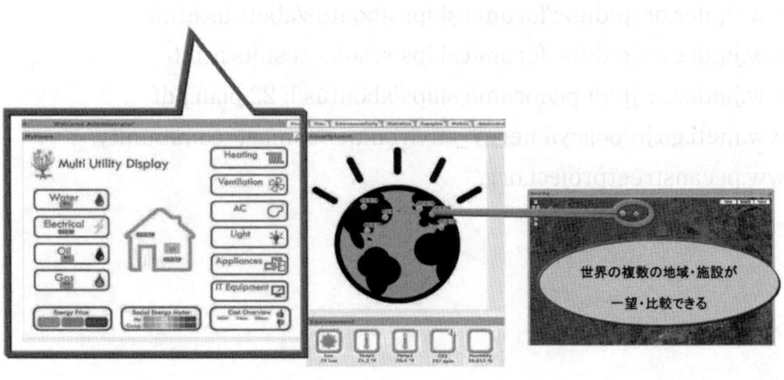

図14　宅内だけではなく，地域との連携をクラウドで実現

スプロバイダ側が新たな事業体として事業運営していくモデルを想定している（通信会社のように2年間契約にて月額料金を支払うと，機器は無償で設置するというモデルをイメージ）[7]。

スマートハウス（IBMではスマートホームと呼んでいる）のコンセプトや多くの機器と多くのサービスが実際に相互につながることを示すため，クラウド環境でシステムを構築し，世界17ヶ国のIBMソリューションセンターで展示している。スマートハウスやスマートコミュニティでのビジネスを検討している企業，施策検討をしている政府・自治体のリーダーの方々が多く訪問されている。このソリューションセンターは，世界中で進めている開発プロジェクトから，公開できる内容を用意しており，プロジェクトの推進に伴い今後とも更新されていく予定である。

日本においては，先に述べた経済産業省の地域エネルギーマネジメント事業，独立行政法人新エネルギー・産業技術総合開発機構（NEDO）の蓄電複合システム化技術開発事業でシステム化開発の提案を行い，採択された。これにより，ホームゲートウェイに搭載される共通フレームワーク，情報集積・情報提供機能を構築し，多くの機器メーカー，サービスプロバイダが参画することができる環境を提供していく予定であり，現在協業により，多くの企業と連携を図っているところである。世界的な動向を見ると，日本で進めるスマートハウスのプロジェクトが世界をリードするには，日本発のスマートハウスが2011年にどれだけ現実のものになるかがポイントになると思われる。日本と日本企業，日本で生活する生活者を主眼にして企業活動を行う日本アイ・ビー・エムとしても，早期の実現に貢献していきたい。

文　　献

1) http://www-06.ibm.com/services/bcs/jp/industries/e_u/indexreport.html
2) Statewide Pricing Pilot, Shadow Bill Results, WG 3 report, June 9 (2004)
3) http://www.jipdec.or.jp/dupc/forum/eships/aboutus/aboutus.html
4) http://www.jipdec.or.jp/dupc/forum/eships/results/results.html
5) http://www.jipdec.or.jp/dupc/forum/eships/aboutus/h 22 plan.pdf
6) http://www.meti.go.jp/policy/energy_environment/smart_community/
7) http://www.pecanstreetproject.org/

第7章　自然を生かしたスマートハウス

木村文雄*

1　はじめに

低炭素社会の実現に向け住宅用太陽光発電パネルの設置が急速に進みつつある。更に電気自動車などの蓄電池を搭載した自動車が主流になる日もすぐそこにきた。化石燃料に依存しない再生可能エネルギーで作られた電気が住宅や自動車に供給される新たな時代が到来し，住宅と自動車はプラグで結合されることになり，装備された蓄電池に蓄えられることになる。また情報家電の普及も進み，それらは情報ネットワークで結ばれ電力利用の最適化や情報管理が可能となる。すなわち住宅と自動車が単なる結合ではなく融合することになるであろう。たしかに今日，低炭素化を目指さなくてはならないことは否定出来ない。私たち一人ひとりに突きつけられたこの課題をどのように解決すれば良いのか真摯に考えなければならない切羽詰まった状況にあることは間違いない。しかし，我々普通の生活者はCO_2削減の為だけに生きているわけではない。スマートハウスの目的を，単にエネルギー問題の解決策に留めるのではなく，生活者が安心して快適に暮らすためのサポート役としての情報システムを備えた住宅と定義するべきではないか。

そこで本稿では，生活者はこれからの住まいに何を求めていくのかを“スマート”という視点も含めて考察してみる。またその考え方を基に実践した一つの例として東京国立市に建設した実験住宅「サステナブルデザインハウス（SDH)」を紹介する。

2　これからの日本の住まいはどうあるべきか

我々は衣食住が足りてこそ豊かさを実感することができる。住居は雨風をしのぐだけでなく，家族との団欒や心身ともに安らいでこそ明日へのエネルギーになることは言うまでもない。しかし近年は少子高齢化の影響で少家族世帯や単身世帯の増加は留まる様相はなく，とりわけこれからは高齢者の独り住まいが急激に増えてくる傾向にある。これらの傾向に対して私たちは，どのように備えれば良いのか。人と人との繋がりはどうあれば良いのか。人は住まいに何を求めてい

---

*　Fumio Kimura　積水ハウス(株)　総合住宅研究所　所長；芝浦工業大学　客員教授；一級建築士

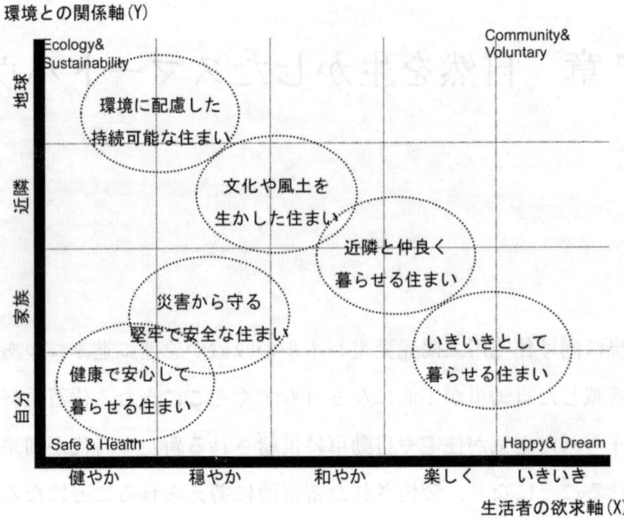

図1　ウェルバランス・ライフマップ（WBM）

るのか。これを解く糸口としてアブラハム・マズローの欲求段階説を引用して整理してみた。マズローは人の欲求を5段階に分類している。まず《生理的欲求》から始まり，順に《安全安心欲求》⇒《親和欲求》⇒《尊厳欲求》⇒《自己実現欲求》となる。この欲求段階説を応用して筆者が作成した“ウェルバランス・ライフマップ（WBM）”を図1に示す。マズローの5段階を生活者の欲求の段階として平易な言葉に置き換えてｘ軸にとり，ｙ軸には自らを取りまく環境（関係）軸として設定した。《自分自身》に近い関係性から《家族》,《近隣》,《地球》とした。先ずマズローの“生理的欲求”を“健やか”と読みかえた。家族や自分が健康であり続けたいと願う気持ちは誰しもが同じであろう。そう考えれば健康を害するような建材を使用してはならないのは当然であるし，空気が汚れないように適度な換気，通気も必要である。また“安全安心欲求”を“穏やか”と読み換えた。住まいが地震や台風や火災などの災害に強いことや，容易に外部から他人の侵入を許さない家であることで安心して暮らせるというものである。更には家の中でつまずいて怪我をしないような配慮があってこそ，穏やかな暮らしが実現する。

次にマズローの“親和欲求”を“和やか”とし“尊厳欲求”を“楽しく”と平易な言葉に置き換えた。家族や友人達と仲良く楽しく暮らすことは素晴らしいことであるし，またご近所の住人とも程良い関係でいたいと願うものである。しかし最近はご近所付き合いも希薄になり，挨拶もろくにしないなどという話をよく耳にすると，とても寂しくやるせない気持ちになる。人は他者から愛され，或は存在を認められてこそ，生きる力が湧き幸せを感じることができるのではないか。

最後にマズローは“自己実現欲求”と言っているが，これを“いきいき”と言い換えた。自分に合ったライフスタイルを見つけて実践し，楽しく，いきいきと暮らすことができたら最高に幸せではないか。また地球環境にとって良い事とは，やはり低炭素社会を目指し，生物の多様性を大切にすることであろう。WBM上では左上に位置する。これらの事を，バランス良く住まいの設計に織り込むことで，人にも環境にも優しい住まいが作れるのだと思う。

3　サステナブルデザインハウス（SDH）の試み

2006年春に東京都国立市に建設した実験住宅を紹介する（写真1)。これは前述のWBM上で考え方を整理し建設した実験住宅である。WBM上では左上の“エコロジーな住まい”に軸足を置き全体をバランス良く設計した住宅であり，これからの持続可能社会に相応しい住宅の一つのプロトタイプとして提案したものである。SDHは3つの基本コンセプトを掲げて設計した。1つ目のコンセプトはできるだけ自然の風や光，熱，水などを上手く取り入れる設計をすることで電気エネルギーをなるべく無駄に使わずに生活できる住まいである。2つ目のコンセプトは日本の四季折々の変化に合わせて生活を楽しむ暮らしが実現できる住まいであること。3つ目は“経年美化”という言葉を掲げ，住むほどに味わいが増し愛着が湧く住まいであること，更には近隣と優しく関われるような設計のしかたや，家をいつまでも長持ちさせる考え方などを織り込みバランスの取れた設計にしている。次にその主な特徴を紹介する。

3.1　プランの特徴

3.1.1　平面計画

間口7m奥行き11mの2階建住宅である（図2)。各階の南側全面に幅2m長さ11mの縁側空間を設計した。この縁側空間は全面をガラス窓で覆っており，必要に応じて窓開閉ができるようになっている（写真2)。またペントハウスには外に吹く自然の風の力を利用して排気する通気天窓を備えた（写真3)。この2つの特徴により四季を快適に過ごすことができる。また中心には螺旋階段を設け地下室から最上部のペントハウスまで連続させることで風や光の通り道とした（写真4)。

写真1　南東側より見る

3.1.2　パッシブデザイン

パッシブデザインとは自然環境に適応しながら自然

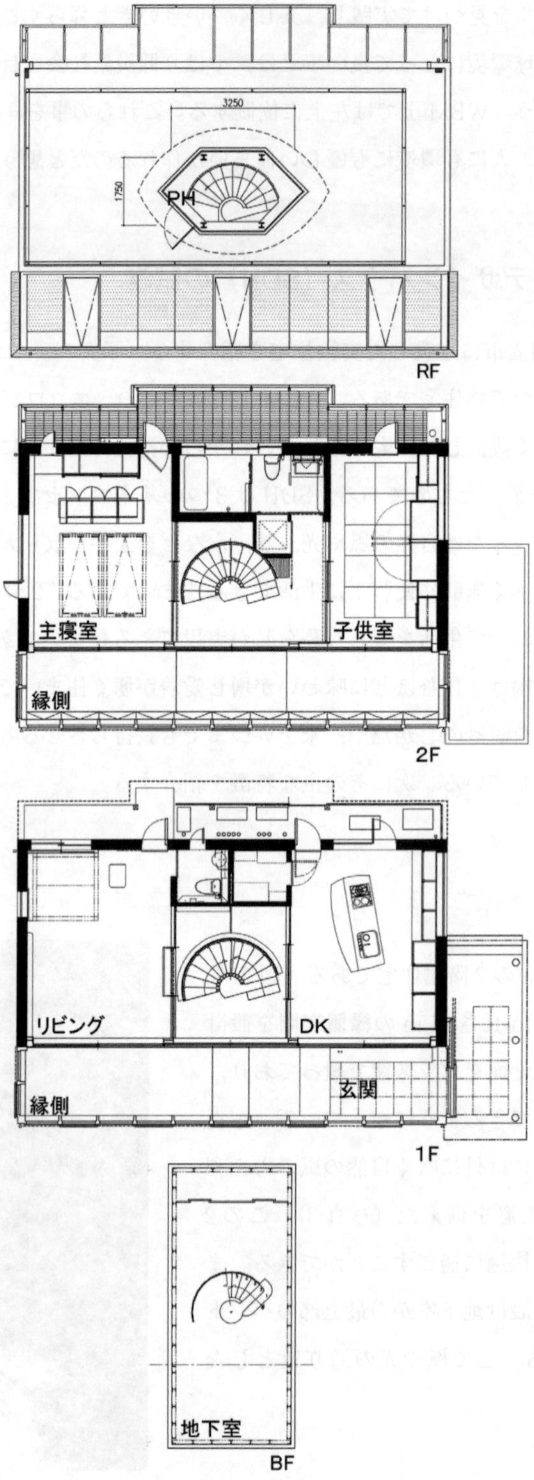

図2　サステナブルデザインハウス平面図

写真２　全面ガラス窓の縁側空間

写真３　自然の風の力を利用して排気する通気天窓

写真４　地下室から最上部まで連続した螺旋階段

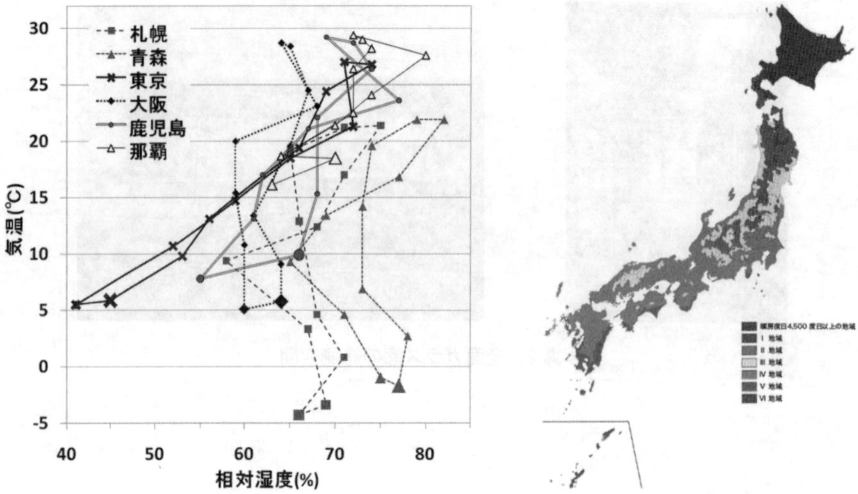

（各地の気候）　（省エネ基準による地域区分図）

図３　日本各地の気候

のポテンシャルをうまく活用しようとする仕組みであり，季節の変化に合わせて太陽の光や熱，風を積極的に取り入れることで，できるだけ電気エネルギーに依存しない居住環境を実現しようというものである。しかし日本は南北に細長く，地域によって随分と気候風土の違いがあるため，それぞれの土地に合わせた設計が必要となる（図3）。古来，日本の各地にあった住宅（ヴァナキュラー建築）はパッシブデザインであった。その地域の気候風土に合わせて工夫（設計）した家で暮らしていたわけだが，近代になって潤沢な化石燃料由来のエネルギー供給と，それに伴う設備技術の進歩が，そのころの日本人が持っていた住まうことの知恵や工夫を過去のものとして

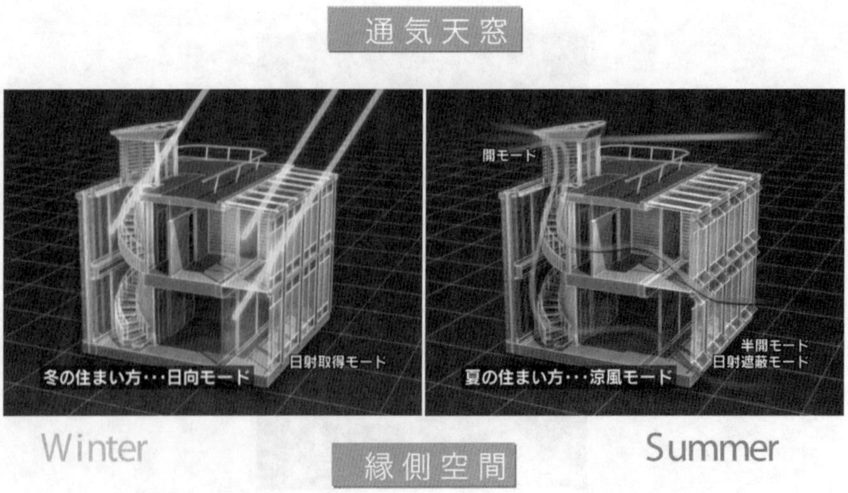

図４　縁側空間と通気天窓によるパッシブデザイン

置き去りにしてしまった。このSDHでは縁側空間と通気天窓でパッシブデザインを実現している（図4)。今あらためて低炭素社会に向けてパッシブデザインの良さを再認識していくべきではないか。

3.1.3　縁側空間～外と内の緩衝空間～

できるだけ自然の風や光を取り入れるための空間であり且つ，外と内を緩やかに繋ぐ役割を果たしている（写真5)。この空間は家の中でありながら外を身近に感じることができる。我々は，もともと四季の移ろいを楽しみ自然と共に生活をしてきたわけで，環境共生を実践してきた筈であるにも拘らず，先人の知恵である縁側空間が現代住宅で殆ど見られなくなってしまったことは残念である。自然を身近に感じられる生活をしてこそ環境に優しい心が育まれるのではないか。

この縁側空間は季節や時間帯に応じて窓の開閉や日除けの開閉などを行なうことができる機能を備えており，夏季は2階縁側の天窓やペントハウスの通気天窓から熱気が排出され，縁側空間などの窓から空気が流れ込むことで，心地良い気流を感じることができる（写真6)。

一方，冬季は縁側で日射をふんだんに受け止める。陽だまりが暖房機では得られない心地良さ

写真5　自然の風や光を取り入れ且つ外と内を緩やかに繋ぐ縁側

写真6　夏季の縁側空間

写真７　冬季の縁側空間

写真８　風の力だけで開閉する窓

であることは多くの人が経験的に知っていることであろう。エネルギー的には昼間に暖気を居室側へ流入させておいて日没後の暖房負荷を低減させている。また縁側空間と居室との間には太鼓張りの障子を設けており日没とともに閉めることで暖気を溜めておくことができる仕組みになっている（写真7）。

これらの工夫によりエアコンを出来るだけ使わずに電力消費を抑えることができている。

3.1.4　通気天窓～自然の風力で換気する～

屋上に登るためのペントハウスには風の力だけで開閉する窓を装備しており，外気風によるWAKE（渦巻き）効果を利用して電力をまったく使わず室内の空気を排出することができる（写真8）。階段が各部屋と通じ，その頂部にペントハウスがあることで建物内の空気を積極的に換気している。温度差による重力換気に加え，外に吹く風による風力換気の有効性を確認することができた。この結果，夏季はエアコンをあまり使わずに快適な暮らしができる。

3.2　季節に合わせたパッシブな生活～自ら心地良い場所を探す～

季節の変化や一日の時間の移ろいなどによって，縁側との間の障子を開き可動家具を気持ちの良い場所へ移動させ生活を楽しむ工夫をした。リビングには二帖ほどの畳の下にキャスターを取

写真９　リビングの畳を動かして夕涼み

写真10　浴槽を動かして露天風呂や行水

り付けていて，縁側まで簡単に出すことができ，夏は気持ちの良い風の中で夕涼みができる（写真９)。また浴槽をバルコニーに押し出すと，ちょっとした露天風呂になり，夏には行水で涼を取り暑さを少しでも和らげる先人の知恵である（写真10)。また冬は陽だまりに文机や置き畳を移動させ，暖かく過ごすことができる（写真11)。

3.3　炎のある生活

エアコンの普及で家の中の各居室を暖めることが可能になった今日，室内で炭や薪などを燃やして暖を採る家はほとんど見受けられなくなった。炎の周りに家族が寄り添い食事や会話を楽しむということは無くなり，各自の部屋に分散する家族が増えてきてしまった。暖を採る行為は家族の間の気持ちを繋げる役割があったのだと思う。SDH では炭が入れられる食卓やペレットストーブを設置した（写真12)。炎は身体だけでなく心まで暖める効果があると思う。また炭や木質ペレットはカーボンニュートラルなので温室効果ガスの増加には繋がらないし低炭素社会に相応しい。仮にその家がオール電化であろうと，生の炎の良さは別であることを認識した方が良い。

写真 11　陽だまりで暖かく過ごす

写真 12　炎のある生活

3.4　近隣と仲良く暮らす工夫

その家に長く住み続けるためには，近隣の方々と仲良く暮らすことが大切だと思う。外に対して拒絶するような家の設計よりも，家人が心を開いていることを表現する方が良いのでないか。SDH では門扉を竹一本だけにした（写真 13）。これだけでも人は勝手に入ってきたりはしない。日本人には相手（家人）を察するという感覚が備わっているという証である。また最近の住宅はバリアフリー化が進み玄関の段差が小さくなり，昔のように腰掛けることが出来なくなってしまった。やはりご近所の方と僅かの間でも会話ができるようなしつらいが必要なのではないか。部屋の奥まで入っていただくのではなく，玄関土間の脇に腰掛けられるよう低めの下駄箱を設計してみた（写真 14）。

4　スマートハウス化の意義

ICT は住まいにとって，あくまで裏方であり生活者をアシストするものだと思う。すなわち

写真 13　竹一本だけの門扉

写真 14　腰掛けられる下駄箱

人間にははっきり見えないものや感じられないことを肩代わりして“見える化”をすることには役立ちそうである。SDH では屋内外の温湿度や CO_2 濃度などをセンシングして，より良い室内環境にする手助けができる家ナビシステムを開発し搭載した。例えば屋外の方が温熱的に快適であれば窓を開けることを生活者に促し，自動的に開閉することも可能である。ダイニングの炭テーブルに火を入れて，もしも部屋の空気が汚れてきたら部屋の CO_2 濃度をセンシングして自動的に換気することも可能である（写真 15）。エネルギー消費の度合いも一目で見えることから，少しは省エネを心掛けようという意識にもなるであろう（写真 16）。SDH では更に就寝中の心拍，呼吸，体動を非接触，非拘束でリアルタイムに測定できる生体センサーを開発したことで，生活者が望む快適さに自動で調整することも可能になると同時に，健康状態や安否を遠隔で確認できる時代も遠くない（写真 17）。その意味でスマートハウス化は単にエネルギー問題に留まらず，快適な生活を実現する為のシステムとして位置づけることで意義がある。更にはリアルな人間関係が深まるようなサポートシステムであって欲しい。

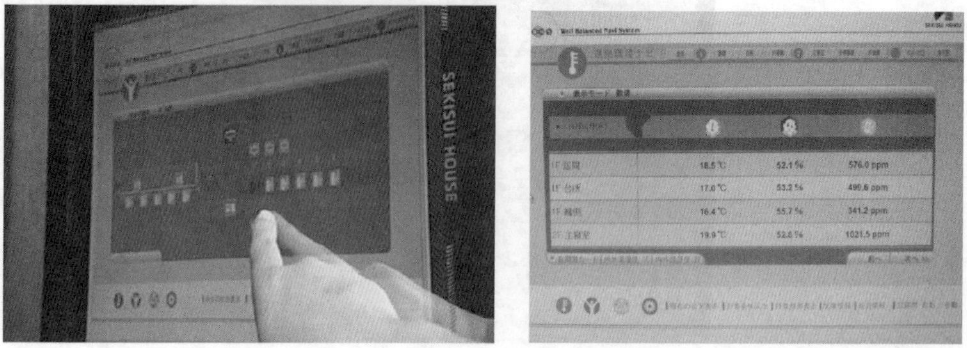

写真 15　家ナビシステム

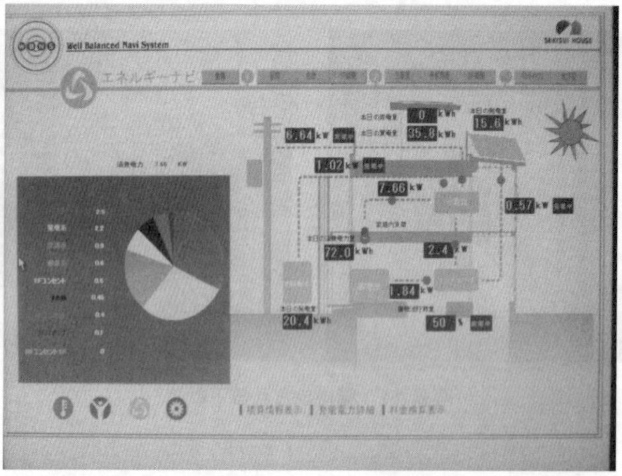

写真 16　エネルギーナビ

写真 17　生体センサー

5　未来の日本の住まい

吉田兼好は徒然草の中で「家の作りようは夏を旨とすべし」と書いた。近年の技術革新で建物の性能は上がり冬寒くない家が出来た。すなわち兼好の言葉とは逆に冬を旨とした家を作ってきた結果である。それらの性能技術の多くは北欧などに学んできた。今後は私たち日本人の心の奥にある，自然を慈しみ環境と共に生きたいという素直な気持ちに応えられるような，もっと自然と接近した住まいを建てていく必要があるのではないか。またできるだけ本物の材料を用いる事で，住むほどに味わいが出て“経年美化”することで自分の家に愛着が持てて，家族も近隣とも仲良く暮らせるような家を，多くの人が望んでいるはずだと思う。日本の家は欧米に比べて寿命が短いと言われるが，決して耐久性が劣るということではないし世界に誇れる性能を有している。これからの住宅は，良質な住宅を作り適切な手入れを施しながら長く住み継いでいける住まいや環境作りが必要である。しかし今日，良質な住宅地が相続などで細かく切り売りされ環境が劣悪になる様を目にすることが多く残念でならない。このような事態を防ぐ法律すら無いのが現状であり，ひとつひとつ解決して乗り越えていかなければならない。エコやサステイナブルというキーワードは我々の社会を大きく変える可能性を秘めていると思う。今まさに，将来の住環境のあるべき姿を思い描く必要がある。その為にもスマートハウスやスマートコミュニティといった潮流を好機と捉え，決して目先の利便性の追求だけではなく，快適で優しい暮らしを実現するための足掛かりになることを願いたい。

第1章　スマートハウスの取り組み（HEMS，太陽光発電，他）

太田真人*

1　スマートハウス取り組みの背景

地球温暖化の問題は深刻の度を強めており，温室効果ガス排出量の削減要請は今後さらに強まるのは必至の状況にある。政府は，わが国の温室効果ガス排出量に関して2020年までに，1990年比で25%の削減目標を掲げている。そうした中で2009年11月から，太陽光発電の新たな電力買取制度がスタートするなど，太陽光発電システムの普及が本格化し，2020年には，わが国全体で570万棟の住宅に太陽光発電が搭載されることが想定されている。

ただし，温室効果ガス削減に貢献する一方，再生可能エネルギーの急激な普及は，系統電力の安定を妨げる要因になることも懸念されている。従来からの系統電力と再生可能エネルギーを情報通信技術（以下，ICT）により適切に組み合わせ，エネルギーの安定供給とCO_2排出量の抑制を両立することが，今後の新しいエネルギー社会を構築する上で必要不可欠である。

また，高効率給湯器やエアコン，照明などの家電は，個別の省エネ性能が向上している一方で，宅内における性能を活かしたエネルギーのさらなる効率的な活用法には，まだ改善の余地があるのが実情である。

ICTを利用し家庭内で利用するエネルギーの「見える化」や「制御」を可能にするHEMS（ホーム・エネルギー・マネジメント・システム）は，新しいエネルギー社会を構築する要素の一つであり，次世代型住宅（スマートハウス）の中核技術となり，今後，利用者にとっても価値のあるシステムとなる。

2　セキスイハイム・スマートハウスの特徴[1)]

太陽光発電累積搭載実績No.1の積水化学がHEMS領域で研究・蓄積してきたノウハウと，ICT No.1のNECが持つ高度な技術やクラウド構築の実績を組み合わせ，家庭内のエネルギー利用の見える化を図り，クラウドを利用したHEMSの普及とHEMS搭載住宅で10%以上の省エネを目指す。来春太陽光発電搭載のセキスイハイムと組み合わせ販売を開始する計画である。

---

*　Masato Oota　積水化学工業(株)　住宅カンパニー　技術部　課長

2.1　太陽光発電＋HEMS

家庭にあるパソコンを利用し，太陽光発電＋オール電化住宅のエネルギー需給を一元管理（エアコンや高効率給湯器等の消費量や光熱費の目安を見える化）するため，利用者自身による効率的な省エネが可能となる。今後，特に消費者から要望の多かった太陽光発電稼働状況の診断（設備見守りサービス）や省エネ診断（光熱費コンサル）など，セキスイハイムのオーナーサポートも強化できる。

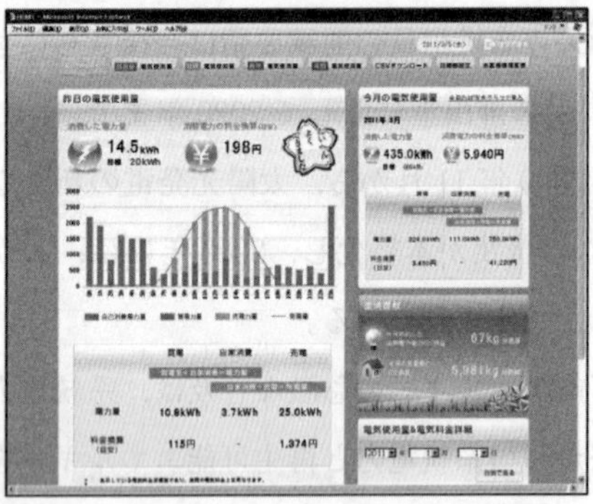

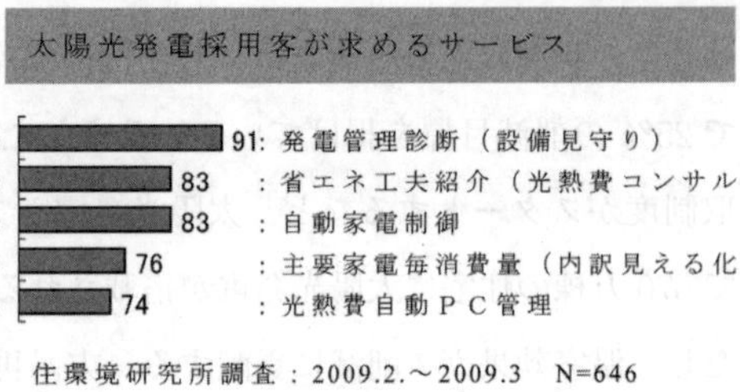

図1 「見える化」イメージ
本画面は開発中の画面であり，変更の可能性あり。

2.2　シンプルで低価格

電力測定装置と情報収集装置で構成する，シンプルで低価格なシステム。専用モニターを持たず，家庭内でネット接続できるパソコンで「見える化」を実現。また，データも外部サーバーに蓄積するため，低コストでの提供が可能で，10万円以下の普及価格を計画している。

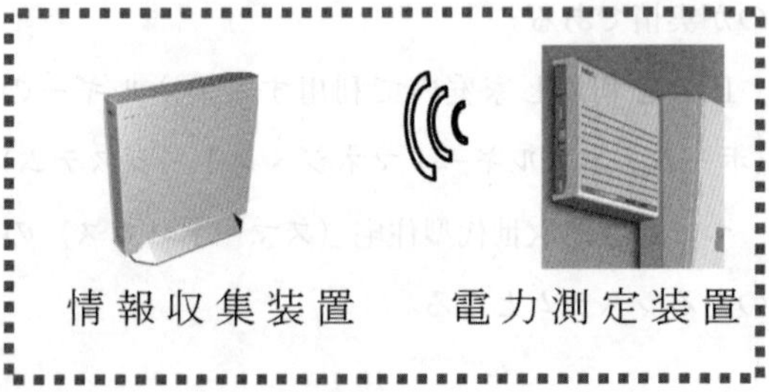

図2　低価格なシステム

2.3　高い拡張性

将来は蓄電システムとの連携や，各種家電の制御などへの応用も考えられる。エネルギーの削減や利用時間のシフト（平準化）が期待でき，より一層の光熱費削減や快適性の向上が図れる。また，入居者の健康管理や防犯サービスなど，より安全・安心・便利な生活支援で，高齢社会への利用価値も期待できる。

2.4　大きな社会メリット

今後，再生可能エネルギーを利用した際に発生するエネルギーの安定供給問題に対して，ICTを駆使しエネルギー全体の最適化をおこなうスマートグリッドの実現が期待されている。クラウドを利用したHEMSは実現要素の一つであり，エネルギー需給の最適化に役立つであろう。

また，太陽光発電や電気自動車などによるエネルギー利用の複雑化に伴うエネルギーの最適管理，また高齢化や医療・防犯サービスなど情報サービスの高度化に役立つことが期待されている。

環境エネルギーへの対応の中で，住宅はスマートハウス化していくと考えられている。スマートハウスとは，太陽光発電だけではなく蓄電池，燃料電池などを搭載し，それらをHEMSにより最適に管理，制御することで健康，快適，安心を提供する，これからの住まいである。ただし，コスト面や技術面など本格的な普及にはまだまだハードルがあり，スマートハウスの中で普及が始まるのは，その中核技術となるHEMSからと考えている。

2.5　HEMSの機能

積水化学は，太陽光発電＋HEMSがスマートハウスの始まり，つまりポストソーラー住宅時代の幕開けのスタンダードとなるものと考えている。

HEMSの機能は主に3段階あり，①エネルギー需給自体を表示「見える化」，②その情報をデータセンターで集積管理する「マネジメント」，③将来的にさまざまな家電をコントロールし省エネを促進する「制御」がある。今回，弊社は一気に第二段階まで実現する。家庭のエネルギー需給をICTの活用で把握管理するということは，極めて重要になってくると考えている。

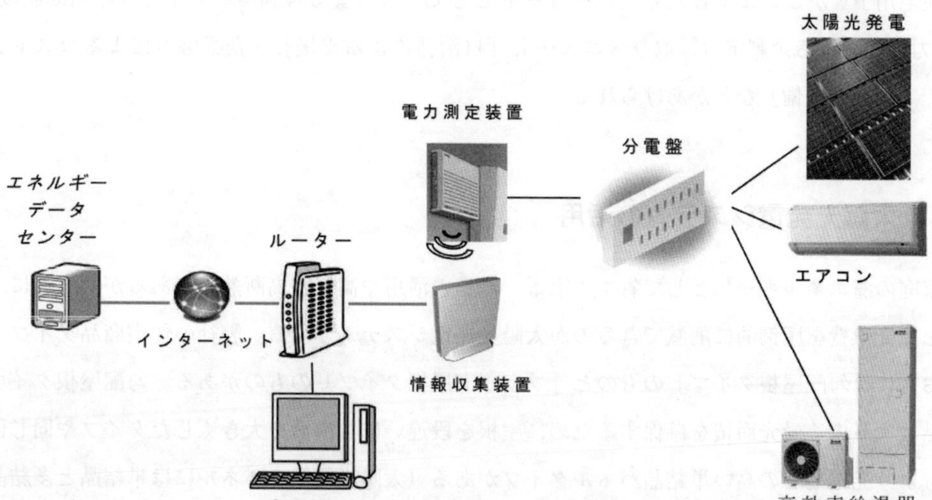

図3　クラウド型HEMS概略図

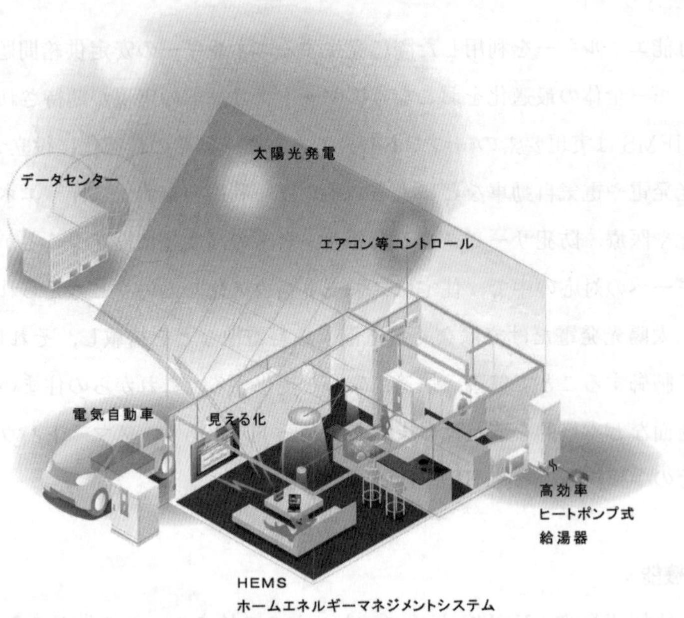

図4　スマートハウス・HEMS（ホームエネルギーマネジメントシステム）の将来イメージ

3　日本における住宅用太陽光発電の概要

日本に導入された太陽光発電（以下PV）システムの約8～9割が住宅向けであり，日本の国内市場における住宅用PVの役割は極めて大きい。

住宅用PVがここまで普及したキーワードとして「官による規制緩和・住宅への補助制度」，「電力会社による余剰電力買取りメニュー」，「自治体による支援」，「企業努力によるコストダウン」，「流通の整備」などがあげられる。

4　太陽光発電システムの活用

家庭の省エネルギー化として省エネ家電，設備の活用や高気密高断熱化があるが，それにプラスして光熱費を圧倒的に削減できるのが太陽光発電システムである。弊社の住宅商品タイプとしておもに「勾配屋根タイプ」のものと「フラット屋根タイプ」のものがある。勾配屋根タイプの商品はより広く受光面積を確保するために屋根を段違いにし南面を大きくしたタイプや同じ面積でもより発電効率の高い単結晶パネルタイプがある（太陽光発電のパネルには単結晶と多結晶のシリコンを使ったタイプがあり一般的に単結晶のパネルの方が発電効率が高い）。住宅は敷地の条件や間取りによって，屋根の高さや幅が違うがその屋根全面に太陽光パネルを載せられるようなモジュール（パネルの決められた幅や高さ，割り付けのこと）の開発を行った。

また当社は屋根がフラットなタイプの住宅が販売割合の半数を占めている。フラット屋根タイプは全面に太陽光パネルが載せられるため，比較的床面積が小さい（同時に屋根面積も小さい）日本の住宅にも大容量のPVが載せられる（消費者にとってはより多く太陽光発電パネルを載せたほうが発電量や売電量が増加しコストメリットが大きくなるため長期的に見れば有利となる）。

鉄骨系 フラット屋根
木質系 勾配屋根
屋根全面を活用したシステム
南面屋根を最大化できる屋根システム

図5 屋根のタイプに適した太陽光発電システムの開発

ここ数年，新築時の太陽光発電システム搭載率（図6）はほぼ50%前後で推移している。当初はまだ搭載率は低かったが先ほどの屋根全面に載せられるシステムを開発してから飛躍的に搭載率が伸びた。また図6にはないが09年度は補助金の復活などにより搭載率は70%を超えた割合で推移している。また搭載の平均容量は近年4kW強で推移している。一般的には3kW前後が平均搭載容量と言われているがこれも屋根システムの改良が大きく寄与しているものと思われる。

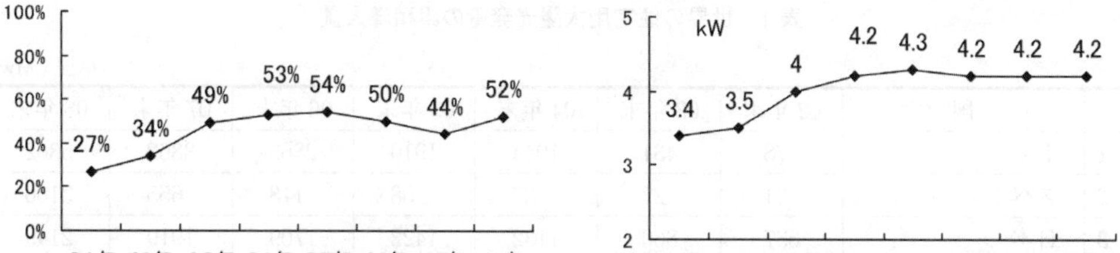

図6 新築時の太陽光発電システム搭載率と平均容量

5 光熱費ゼロ住宅について

これまで述べてきた太陽光発電システムに加え，住宅の高断熱高気密化，省エネ機器の選択，そして，ユーザー一人一人に合わせた最適な設計と選択により，光熱費ゼロ住宅は生まれている。図7に示しているのは，地域が東京都，床面積が139 m^{2}という平均的な住宅をモデルにして，光熱費とCO_2の排出量を試算したグラフになっている。一般的な住宅（在来工法で断熱性も普通）に比べ，高断熱高気密化することにより，冷暖房費が削減出来ていることがわかる。

次に，オール電化契約をし，エコキュート（高効率給湯器）を備えることで，安い深夜電力で効率良くお湯を沸かすため給湯費が大幅に削減している。さらに太陽光発電システムを搭載することによりすべての光熱費が賄え，年間で光熱費ゼロ（図7ではマイナス100円）を達成している。

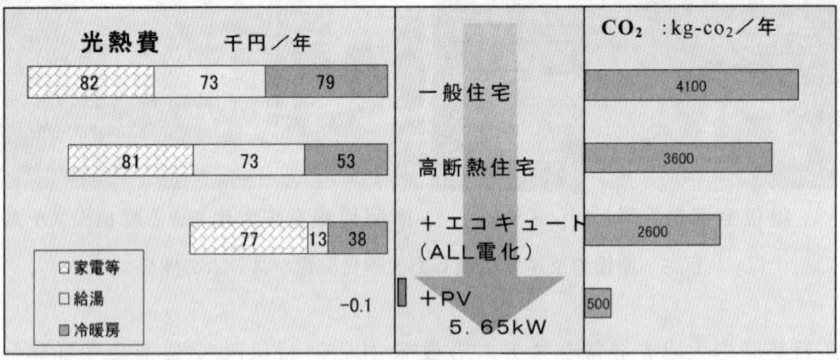

※敷地条件，プラン，生活スタイルによって変わる

図7　光熱費ゼロモデルシミュレーション

太陽光発電システムにおいては09年度より先述したように様々な政策により採用率が現在80%に近付いており今後も採用率の向上が期待されている。

また弊社の太陽光発電システム併用住宅の販売実績は現在累積で9万棟を達成（2010年9月

表1　世界の住宅用太陽光発電の累積導入量

（単位：Mw）

	国	02年末	03年末	04年末	05年末	06年末	07年末	08年末
1	ドイツ	278	431	1044	1910	2863	3862	5362
2	スペイン	21	27	37	58	118	655	3166
3	日本	637	860	1132	1422	1709	1919	2149
4	アメリカ	212	275	376	479	624	831	1173
5	イタリア	22	26	31	38	50	120	378
6	韓国	5	6	9	14	35	88	362
7	セキスイ	58	89	125	161	192	215	242
8	フランス				33	44	75	121
9	オーストラリア	39	46	52	61	70	83	83
10	オランダ	26	46	50	51	53	55	55

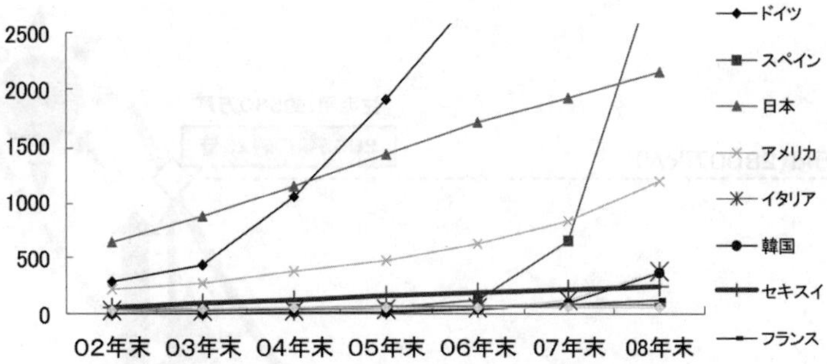

図8　世界の住宅用太陽光発電の累積導入量の推移

末現在）しており，現在メーカーの中では弊社がトレンドリーダーになっている。今後は新築時に搭載するだけではなく，リフォーム時に太陽光発電システムを搭載するスタイルが伸びていくと考えられている。

一方，もう一度日本や世界に視点を戻してみると，住宅用太陽光発電の累積導入量は年々増加している。その中で弊社の割合は現在15％程度（シェアトップ）である。ただし，これを世界的に見てみると日本は2004年にドイツ，2008年にはスペインに累積導入量で抜かれてしまった。冒頭で述べたように今後，官民一体となって日本が導入量を伸ばし世界を牽引していくことを期待している。

6　住宅用PVシステムの今後の取り組み

2008年度のPV市場の劇的な変化は現在も続いている。2008年度後半にサブプライム問題から世界的な経済危機への対策として，2009年4月9日に首相より，「新たな成長に向けて」の方針が発表された。

『＜骨子＞

・経済の成長戦略として，2020年までに伸ばすべき産業分野を明確に示す。

「低炭素革命」として，太陽電池，電気自動車，省エネ家電といった分野に注力する。

・低炭素革命の分野で，2020年に約50兆円の市場と，140万人の雇用の創出を考える。

太陽光発電の規模を，2020年までに今より20倍にする（目標引き上げ）。

・家庭で生まれる太陽光の電力を，電力会社が現在の2倍程度の価格で買い取る新たな電力買取制度を創設する。この制度により，太陽光パネルをつけた御家庭は，国や地方自治体の支援を合わせると，約10年程度で利益が出ることになる。』

このように，環境対策だけでなく，経済成長対策として，太陽光発電システムへの期待が出さ

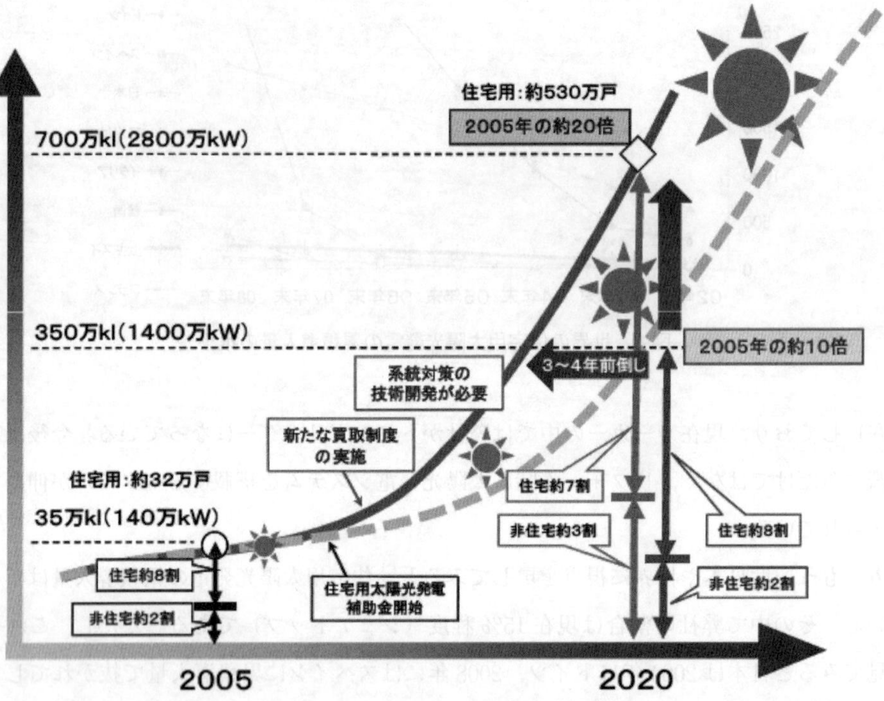

図9　太陽光発電の導入シナリオ（出典：経済産業省　資源エネルギー庁　2009年）

れ，具体的な住宅用PVへ追加普及施策が明言された。また，前年に出された数値を上方修正されたあらたな目標が，導入のシナリオとして明記された。このような方針が引き続き，更に強力に打ち出されたことで，2009年度以降も，継続的な住宅用PVの市場拡大が期待できる。

実際，太陽光発電の普及促進と産業発展に注力する社団法人太陽光発電協会（JPEA）でも，2008年度の政府の普及拡大策が発表されて以降，加盟団体数は増加しており，PVの普及拡大策が，産業の裾野を広げると確信している。

文　　献

1）http://www.sekisuiheim.com/info/press/20101001.html

第2章　太陽電池の基礎知識

沓掛健太朗[*1]，宇佐美徳隆[*2]

太陽光発電は，太陽電池を利用し，太陽光の光エネルギーから電気エネルギーを得る発電である。化石燃料に依存した従来型のエネルギー源とは異なり，太陽光を利用した再生可能なエネルギー源である。また更に，次のような特徴を有し，これらの点からもスマートハウスに適したエネルギー源と言える。①機械的な可動部がなく，安全・安定な発電である。②騒音・排ガス・排水などの環境負荷がない。③任意の規模で設置できる。④消費場所に近いため送電のコストが抑えられる。

しかし一方で，次の欠点・課題を抱える。①発電量が天候に左右され，夜間は発電できない。②現状の発電コストが他の発電方法に比較して高い。③直流発電である。これらの課題に対して，蓄電システムの開発，高効率・低コスト化への研究開発，DC給電システムの開発など様々な取り組みが活発に行なわれている。これら最新技術の解説については，本書の他項にゆずる。

本章では，太陽電池の特徴を理解する上で欠かせない基礎知識として，太陽電池の動作原理を半導体バンドの観点から解説した後，太陽電池のエネルギー変換効率の定義と意味を説明する。

1　太陽電池の動作原理

太陽電池とは，半導体の動作を利用して太陽光の光エネルギーを電気エネルギーに変換する装置である。太陽電池の動作は，入射した光によるキャリアの励起，励起されたキャリアの輸送，半導体接合におけるキャリアの分離からなる（図1）。ここでキャリアとは，原子核の束縛を離れ，結晶内を自由に動くことができる自由電子または自由ホールのことを指す。各動作過程の詳細を以下に述べる。

1.1　キャリアの励起

半導体にバンドギャップエネルギーよりも高いエネルギーを持つ光が入射すると，フォトン1

＊1　Kentaro Kutsukake　東北大学　金属材料研究所　助教
＊2　Noritaka Usami　東北大学　金属材料研究所　准教授

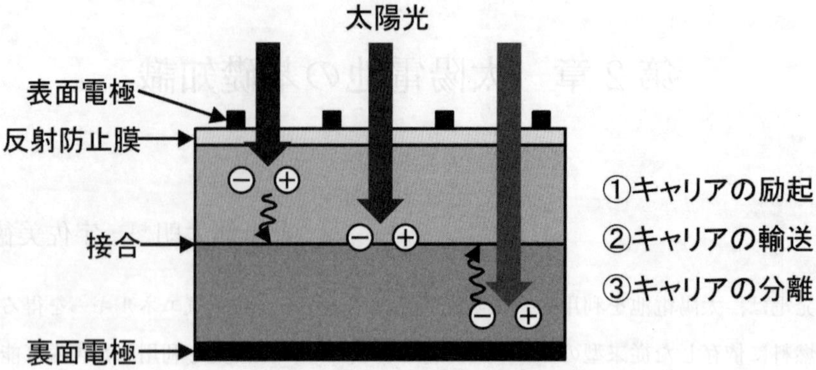

図1　光の入射方向に水平な断面での太陽電池模式図

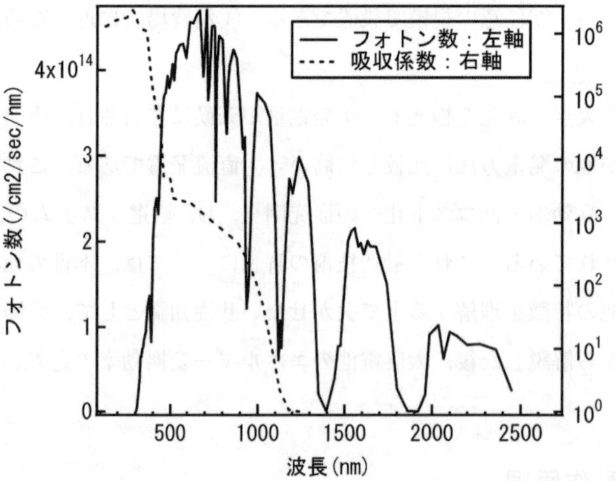

図2　地表での太陽光スペクトル（AM–1.5）（左軸）とSi結晶の光吸収係数（右軸）

コに対し1コの電子が価電子帯から伝導帯に励起され，自由電子となる。また同時に，価電子帯から励起された電子の位置に1コの自由ホールが生成される。つまり，自由電子と自由ホールは常にペアで生成される。

この自由電子–ホール対の励起は，光の波長によって決まった一定の確率で起きるため，厚さxの物質を透過した光の強度は，$\exp(-\alpha x)$で減衰する（＝吸収される）。ここで減衰率を表すαを光吸収係数と呼ぶ。図2に地表における太陽光スペクトル[1]とSi結晶の光の吸収係数[2]を示す。一般に半導体の光吸収係数は，エネルギーが低い，すなわち波長が長いほど小さくなる。この傾向は大まかには次のように理解できる。光によってキャリアが励起される確率は，励起される元の価電子帯の電子密度と励起した先の伝導帯の状態密度の積に比例する。このため，バンドギャップエネルギーに近い範囲（つまり価電子帯の上端および伝導帯の底付近）では，電子密度

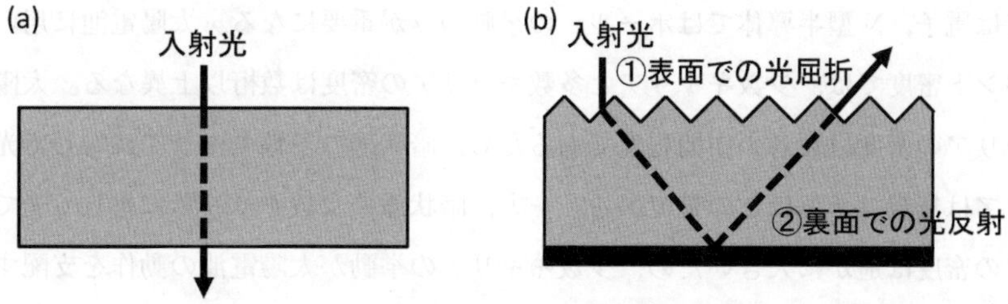

図３　光路長を伸ばす工夫
(a)何もない場合。(b)表面テクスチャと裏面光反射膜ありの場合。

および状態密度が小さいために励起される確率が低くなり，光吸収係数が小さくなる。

光吸収係数が小さい，波長の長い光に対しては，十分な量の光を吸収するためには半導体基板の厚さを厚くして，半導体中を通る光の経路を長くする必要がある。しかし，実用上は半導体基板の厚さには限りがあるため，図３のように，光が入射する基板表面に凹凸のテクスチャを形成して光の入射角度を変えることや，基板裏面での光反射率を上げる等して，半導体基板中を通過する光の実効的な経路を長くする工夫が行なわれている。

さらに波長の長い，バンドギャップエネルギーより低いエネルギーの光は吸収できず，半導体を透過してしまう。この透過した光は，エネルギーとして取り出すことができないため，太陽光スペクトルを有効に利用する目的で，バンドギャップの異なる半導体を積層した太陽電池（タンデム型太陽電池）も開発・実用化されている。また近年は量子効果を利用して，バンドギャップ以下のエネルギーの光を利用する工夫が提案されている。

また，直接遷移型の半導体（GaAs，アモルファス Si など）は，間接遷移型の半導体（Si，Ge など）に比較して，100 倍程度の高い光吸収係数[3]を持つ。薄膜系の太陽電池が薄い厚さで十分なキャリアの励起（吸収）を行なうことができるのはこのためであり，逆に言えば，結晶系 Si の太陽電池が厚い Si 基板を必要とするのは，Si が間接遷移型の半導体であるためである。

1.2　キャリアの輸送

励起されたキャリアは，半導体中を自由に動き回れる自由キャリアとなり，ランダムウォーク（拡散）する。このランダムウォークの過程で，次項で説明するキャリア分離を行なうための接合までたどり着いたもののみが，エネルギーとして取り出せる。

先の説明のようにキャリアの励起では，自由電子と自由ホールは常にペアで生成される。このとき，お互いに静電引力によって引き合い，励起子を形成する。

Si などの励起子の束縛が弱い半導体では，電子とホールは室温では励起子の束縛を離れて互いに自由に動き回る。このとき，キャリアが接合に到達するまでは，少数キャリア（すなわちP

型半導体では電子，N 型半導体ではホール）の挙動のみが重要になる。太陽電池に用いられるようなドーパント密度では，少数キャリアと多数キャリアの密度は数桁以上異なる。太陽光で励起されるキャリアの密度は両者の中間程度であるため，暗状態の多数キャリアに対して光で励起されたキャリアは無視できるほどの量である。一方，暗状態の少数キャリアに対して光で励起されたキャリアの密度は遥かに大きいため，少数キャリアの挙動が太陽電池の動作を支配することになる。

一方，有機半導体など励起子の束縛が強い半導体では，室温で励起子が分離することはなく，励起子のまま接合まで拡散することになる。

ここで，光によって励起された電子とホールは，平衡状態のキャリア密度から外れた過剰なキャリアである。つまり，過剰な電子とホールはいずれ再結合して元の状態に戻ろうとする。キャリアが励起してから再結合するまでの平均時間を（過剰少数）キャリアライフタイム τ とよび，キャリアライフタイム中に拡散する距離を（過剰少数）キャリア拡散長 L と呼ぶ。キャリアライフタイムとキャリア拡散長には，次の関係がある。

$$L = \sqrt{D\tau} \tag{1}$$

ここで D は，キャリアの拡散係数である。接合に到達するまでに，励起された電子とホールが再結合してしまうと，エネルギーとして取り出すことができない。したがって，キャリア拡散長は，エネルギーとして取り出せるキャリア励起の空間的な範囲を表す指標である。太陽光は基板の表面から入射し，接合も通常は基板表面に平行に存在するため，キャリア拡散長は，太陽電池動作に寄与する基板の厚さの指標と考えることもできる。基板の厚さを厚くして，たくさんの光を吸収したとしても，キャリア拡散長以上の厚さでは効果がほとんどないことを意味している。

一般に半導体中の不純物や結晶欠陥は，キャリアの再結合を促進するサイトとして働き，キャリア拡散長を低下させる大きな原因となる。すなわち，太陽電池の変換効率の向上に対しては，不純物や結晶欠陥を減らした良い結晶を得ることが肝要である。

また，キャリア拡散長はバルク中のキャリア再結合の影響を表わす指標であるが，太陽電池の表面・裏面においてもキャリアの再結合は促進される。そこで，太陽電池の表面・裏面を不活性化するためのさまざまな工夫が行なわれている。

1.3 キャリアの分離

同一の半導体の P 型と N 型を接続した PN 接合や，異種半導体を接続したヘテロ接合など，電流が一方向に流れやすい整流作用のある接合において，キャリアの分離がなされる。接合における電流の整流性を定性的にバンドダイアグラム（図 4）で説明する。ここでは PN 接合を例に

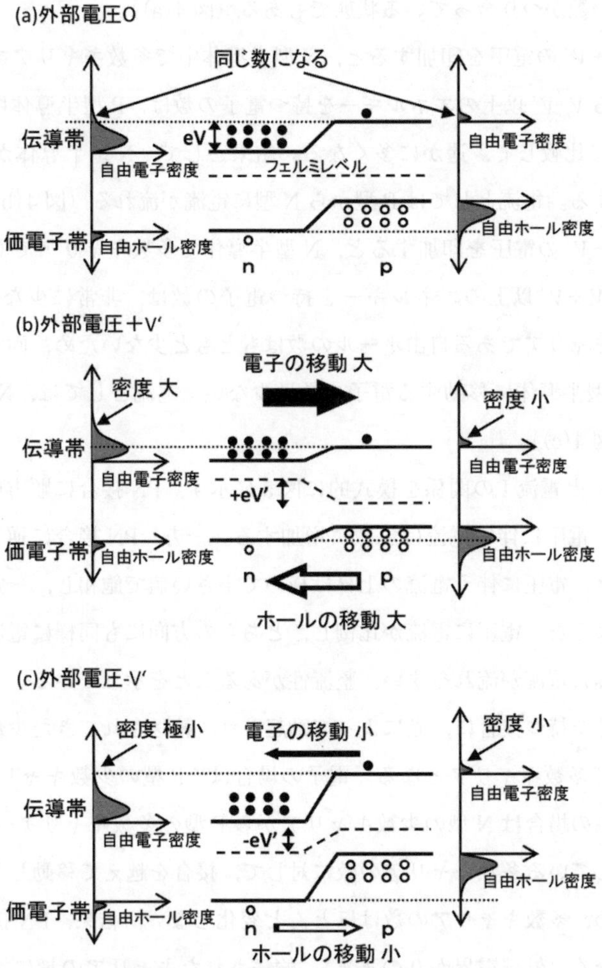

図４　PN 接合のバンドダイアグラム
光は水平方向に左もしくは右から入射する。(a)外部電圧 0,
(b)外部電圧＋V'，(c)外部電圧－V'。

用いる。

PN 接合に外部電圧がかけられていないとき，P 型と N 型の半導体のフェルミ準位を合わせるように，伝導帯の下端および価電子帯の上端には PN 接合を挟んで電位差 V の段差が生じる。別の見方では，N 型の半導体中の多数キャリアである自由電子の中で，伝導帯の上端から eV 以上のエネルギーを持っている自由電子の数と，P 型の半導体中の少数キャリアである自由電子の数がつり合い，どちらにも電流が流れない状態である。なお e は素電荷である。また，同様のことがホールについても成り立ち，P 型の半導体中の多数キャリアであるホールのうち，価電子帯の下端から eV 以上のエネルギーを持っている自由ホールの数と，N 型の半導体中の少数キャリアであるホールの数がつり合っている状態でもある（図 4(a)）。

ここに外部から $+V'$ の電圧を印加すると，N 型半導体中で多数キャリアである自由電子の中で伝導帯の下端から $V\text{–}V'$ 以上のエネルギーを持つ電子の数は，P 型半導体中で少数キャリアである自由電子の数に比較して，遥かに多くなる。結果として，N 型半導体から P 型半導体に濃度差で電子が移動する。電流としては P 型から N 型に電流が流れる（図 4(b)）。

一方，外部から $-V'$ の電圧を印加すると，N 型半導体で多数キャリアである自由電子の中で伝導帯の下端から $V+V'$ 以上のエネルギーを持つ電子の数は，非常に少なくなる。しかし，P 型半導体中の少数キャリアである自由ホールの数はもともと少ないため，両者の濃度差は小さく，P 型半導体から N 型半導体に移動する電子の数は少ない。電流としては，N 型から P 型に流れる電流は小さい（図 4(c)）。

以上の印加電圧 V と電流 I の関係を模式的に図 5 に示す。PN 接合に順方向（P 型側が＋）の電圧を印加すると，電圧に伴い電流は急激に増加する。一方，PN 接合に逆方向（P 型側が－）の電圧を印加すると，電圧に伴う電流の上昇は極めて小さい値で飽和し，一定になる。このことは，通常の金属のような，電圧に電流が比例し，どちらの方向にも同様に電流が流れる導体とは異なり，一方向のみに電流が流れやすい，整流性があることを示している。

このような整流性を持つ接合に，光によって励起され，輸送されてきた少数キャリアが到達すると，接合を越えて多数キャリアとなる。電子の場合は，P 型の少数キャリアから N 型の多数キャリアへ，ホールの場合は N 型の少数キャリアから P 型の多数キャリアへ移動する（図 6）。この時，元々存在している多数キャリアの数に対して，接合を越えて移動してくるキャリアの数は遥かに少ないため，多数キャリアの数はほとんど変化しない。結果，PN 接合が持つ内部電界 V の値には変化がなく（外部電界が 0 のまま），輸送されたキャリアの量に対応する電流が流れ

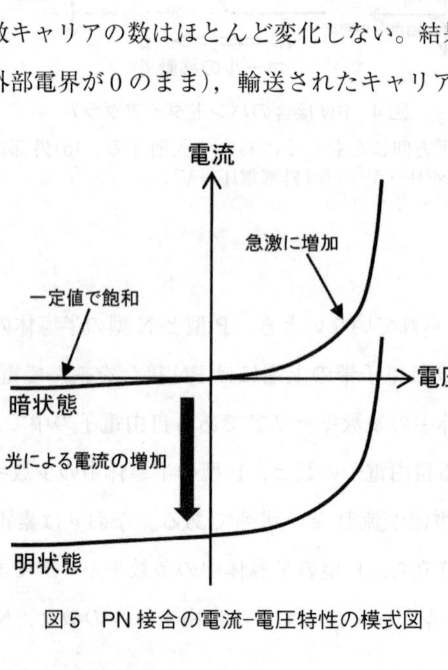

図 5　PN 接合の電流–電圧特性の模式図

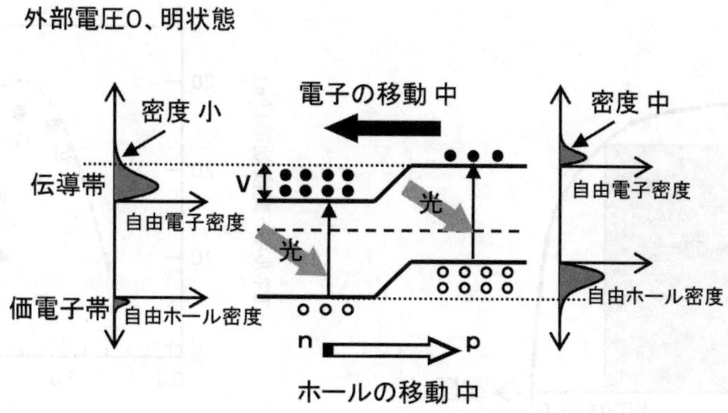

図６　外部電圧０，明状態のときのPN接合のバンドダイアグラム

る。これらの多数キャリアに加わったキャリアは，通常の半導体に電流を流すことと同様に，多数キャリアの流れとして電極まで輸送され，電極から外部に取り出される。ここで，電流が流れる方向は，N型からP型であり，PN接合の整流方向とは逆である。図５に表すと，明状態（光を当てた状態）の電流−電圧曲線は，暗状態（光を当てていない状態）の曲線をマイナス方向に平行移動したものとなる。

2　太陽電池のエネルギー変換効率

2.1　エネルギー変換効率および各パラメータの定義

図５では，PN接合の順方向を電流の＋にとりグラフをプロットしたが，太陽電池に光が当ったときに流れる電流の方向は逆であるため，太陽電池の特性を表す時には，慣例で，PN接合の逆方向を電流の＋にとり，グラフをプロットすることが多い。図７に太陽電池に光が当っている時の電流−電圧曲線を示す。ここで，外部電圧が０の時の電流値 *Isc* を短絡電流（単位面積当たりの場合は，短絡電流密度 *Jsc*）と呼び，電流値が０の時の電圧値を開放電圧 *Voc* と呼ぶ。太陽電池が外部に行なう仕事は，電流×電圧で決まり，図７中では，影付き四角で囲んだ面積に相当する。ここで影付き四角が最大になる時の面積と，*Isc* と *Voc* の積との比を曲線因子 *FF* と定義する。

太陽電池のエネルギー変換効率 *Eff* は，入射する光のエネルギー *Ein* に対して取り出すことのできる最大のエネルギーとして次式で定義される。

$$Eff = \frac{Isc \times Voc \times FF}{Ein} \tag{2}$$

この式において入射する光のエネルギーは，太陽光のエネルギーとするのが理にかなっている。

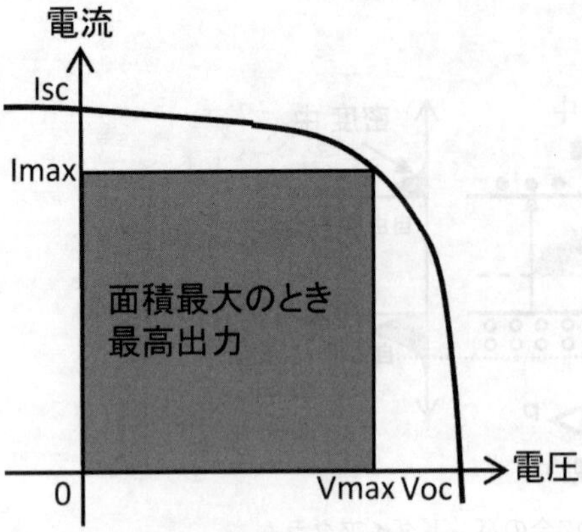

図７　太陽電池の電流−電圧特性の模式図

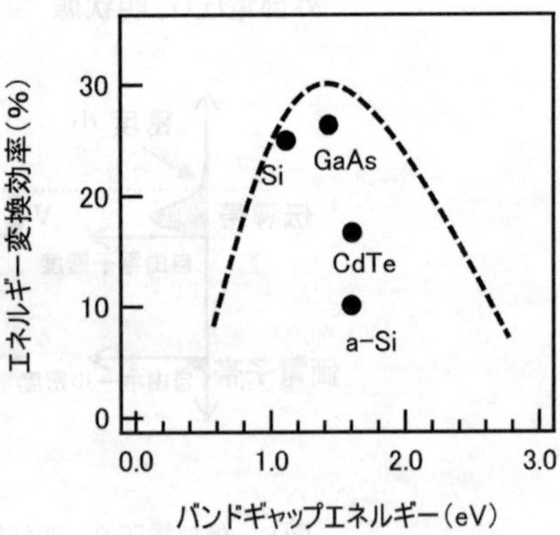

図８　太陽電池の変換効率の理論限界とバンドギャップエネルギーの関係

図中の点は，研究段階の太陽電池で現在報告されている最高変換効率。

しかし，図１の太陽光スペクトルで示したように太陽光は幅広い波長領域の光から構成されており，部分的に大気の吸収が存在している。また，地表のどこで測定するかによっても，太陽光のスペクトルは大きく異なる。そこで太陽電池の変換効率を求めるための，基準太陽光スペクトルが決められている。大気外の AM 0，大気の吸収を加えた AM 1，北緯 45° 当たりに相当する大気の厚さを考慮した AM 1.5 などの規格が決められており，太陽電池の変換効率を測定するためにはいずれかのスペクトルを用いる。

2.2　最大エネルギー変換効率の理論限界

単一の材料からなる太陽電池のエネルギー変換効率の最大値は，バンドギャップエネルギーの値によって理論的に決定される。図８にバンドギャップエネルギーとエネルギー変換効率の理論限界の関係を模式的に示し，研究段階で報告されている変換効率[4]をプロットする。地表での太陽光スペクトルに対しては，バンドギャップエネルギーが 1.4 eV 近辺で最大変換効率が約 30% の極大をとる。これは次の２つの要因のトレードオフによるためである。バンドギャップエネルギーが大きくなると，図１に示した太陽光スペクトルのうち，バンドギャップエネルギーよりも波長が長く，吸収できない光の量が増え，変換効率が低下する。一方，バンドギャップエネルギーが小さくなると，より波長の長い光まで吸収することができるようになるが，光で励起されたキャリアがバンド端まで緩和する際に熱として逃げるエネルギーが増える。これらのトレードオフは，別の見方では，半導体のバンドギャップエネルギーに適した波長の範囲が，太陽光スペクトルとどの程度マッチングしているかを表している。

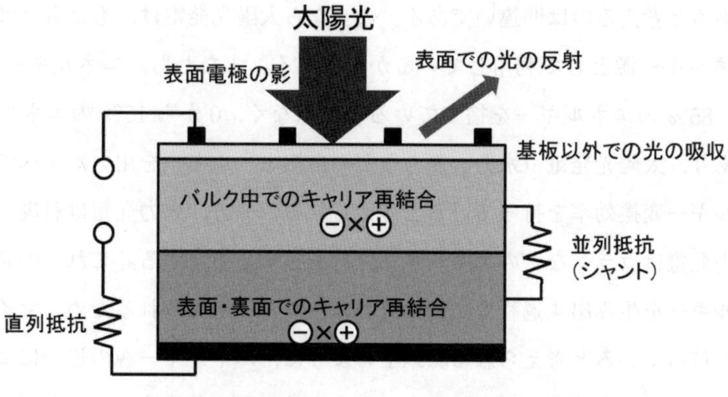

図 9　太陽電池のエネルギー損失要因の模式図

2.3　エネルギー変換の損失要因

実際の太陽電池においては，上に挙げた，バンドギャップエネルギー以下のエネルギーの光の透過および励起されたキャリアのバンド端への緩和以外にさまざまなエネルギー損失要因を抱えている。主な損失要因を図 9 に模式的に示し，光が入射するところから太陽電池の動作の順を追って述べる。

まず，光が太陽電池に入射する際に，太陽電池表面で反射する光および表面電極に当たる光，表面の封止材や反射防止膜などで吸収される光は，太陽電池の動作部に入射することがないため，エネルギーとして取り出すことができない。次に，太陽電池に入射した光によって励起されたキャリアが，接合に到達する前に表面やバルク中で再結合すると，外部に取り出すことができない。最後に，接合を越えたキャリアが，外部に取り出されるまでに，半導体内や電極部で直列抵抗を受けたり，PN 接合に並列な回路によって短絡してしまうことで，外部に取り出されるエネルギーが減少する。このように太陽電池には，動作の各段階において様々なエネルギー損失要因が存在している。太陽電池の研究開発においては，これらの損失要因を一つ一つ潰すことが変換効率向上につながるため，太陽電池構造の工夫や材料の改良による損失要因の低下が日々図られている。

2.4　太陽電池のエネルギー変換効率の意味

太陽電池のエネルギー変換効率は，式(2)のように入射する光のエネルギーに対する取り出せるエネルギーの割合によって定義されている。現在，市販されている太陽電池モジュールの変換効率は 15% 程度である。すなわち 85% の太陽光エネルギーは利用することが出来ていない。一方，火力発電（石炭約 40%，天然ガス約 50%）や水力発電（約 80%）などは高いエネルギー変換効率を実現している。これらの数字を比較して，太陽光発電は，エネルギー効率の悪い，劣った発電方法であると考えるのは間違いである。なぜなら太陽光発電は，もともとは利用していない太陽光をエネルギー源として利用しているからである。すなわち，エネルギー変換効率15%の太陽電池は，85%のエネルギーを捨てているのではなく，0から15%のエネルギーを生み出しているのであり，太陽光発電（水力・風力などの自然エネルギーを用いたすべての発電）は，プラスのエネルギー変換効率を持っていると考えられる。一方，火力発電は石炭・石油・天然ガスなど，原子力発電はウランなどのエネルギー原料を必ず必要とする。これらの発電では，原料から電気エネルギーを生み出す過程で，約半分のエネルギーが失われるため，マイナスのエネルギー変換効率を持っていると考えられる。以上のように，エネルギー源の違いによって，エネルギー変換効率の意味は大きく異なる。エネルギー変換効率という言葉のみで発電方法の善し悪しをくくらず，広い視点からそれぞれの特徴を理解することが重要である。

3 まとめ

本章では，太陽電池の動作原理を解説した後，太陽電池のエネルギー変換効率の定義と意味を説明した。普段太陽電池になじみのない読者を意識し，基礎的・定性的な説明とした。より定量的な太陽電池の動作原理などについては，太陽電池の専門書[5]を参考にしていただきたい。本章にて太陽電池のイメージを掴んでいただき，太陽電池に興味を持っていただくきっかけとなれば幸いである。

文　献

1） 浜川圭弘ほか，太陽エネルギー工学，培風館，48（1994）
2） R. Braunstein *et. al.*, *Phys. Rev.*, **109**, 695（1958）
3） J. I. Pankove, "Optical Processes in Semiconductors", Chpter 3, Prentice-Hall（1971）
4） M. A. Green *et. al.*, *Progress in Photovoltaics*, **18**, 34（2010）
5） たとえば，小長井誠ほか，太陽電池の基礎と応用，培風館（2010）

第3章　太陽電池の耐久性向上と効率化のための対策

大関　崇*

1　はじめに

昨今，国家ビジョンや超長期エネルギービジョン及び低炭素社会に向けた2050年における技術等が発表され，太陽光発電（PV）システムは将来におけるエネルギー源の中心的な役割として期待されている。国内導入量は2009年までに2.0 GWを達成しているが，2030年に向けたロードマップPV 2030+の目標である100 GWの約2%程度であり，まだ導入期といえる。今後，PVシステムが電力需要の数十%オーダーを賄うようになるためには，導入量に加えて発電量が重要になる。これまでのPVシステムの技術開発や導入施策の着眼点は，システムの初期コスト削減・導入量（kWp）を主なターゲットとしてきたが，最終的には発電量として利用することを忘れてはならない。そのため導入期を抜ける今こそ，最終ターゲットにコストと発電量の両者を考慮できる発電コストを重要視する方向に転換する必要がある。システム初期コスト削減は直接的に発電コストに関わってくるためこれまでの方向が決して誤りではないが，サンシャイン計画から見られる大幅なコスト削減が難しくなってきている。その中での初期コスト重視により無理なコストダウンは避けるべきであり，まして長期信頼性やシステム効率・発電電力量の低減になることは本末転倒になる。そのため，初期コストダウンと共に長期信頼性を中心にした生涯発電量増加（損失低減），発電コスト低減が重点課題と考えられる。

このような背景のもと，本章では，PVシステムの損失のひとつである汚れに関する対策技術について国内外で報告されている事例について述べる。

2　太陽光発電システム概要

PVシステムの代表的な損失を図1に示す[1]。汚れに関する損失は，入力エネルギーである日射量を減ずる特性に位置する。図2にはPVシステムの損失分析の例を示す[2,3]。直接汚れのみを分析することは通常難しいため，分析結果例の中では，図中四角で囲んだ損失の内数となる。これから分かるように，平均的なシステムにおいては，汚れの損失はそれほど大きいものでない。

＊ Takashi Oozeki　(独)産業技術総合研究所　太陽光発電研究センター　研究員

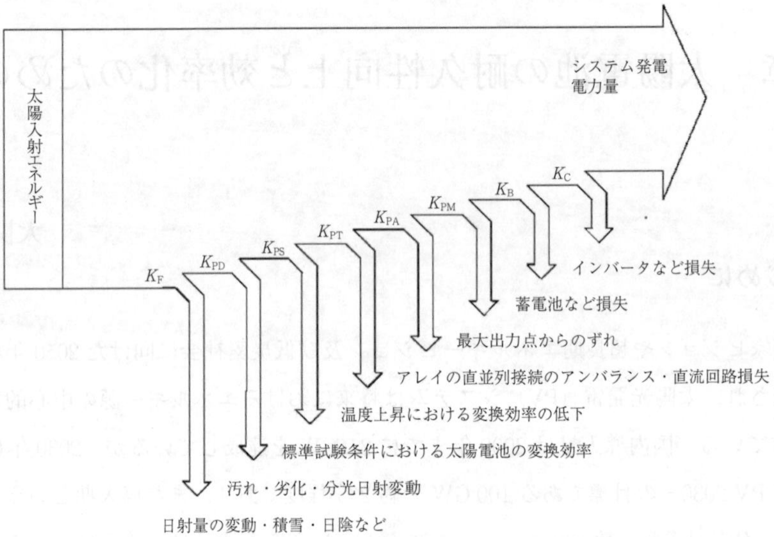

図1　PV システムの発電特性[1)]

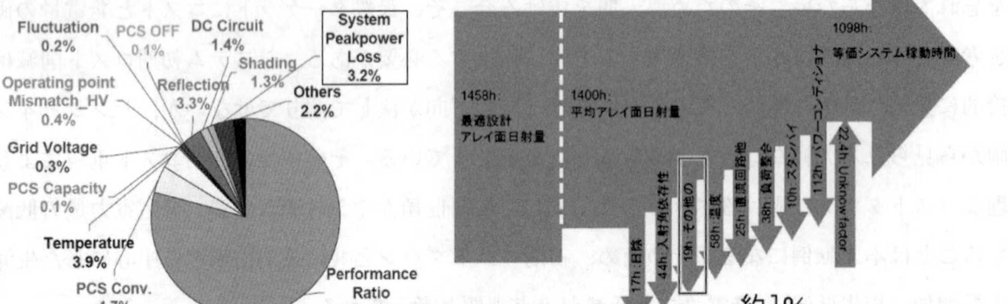

図2　PV システムの発電特性分析例[2,3)]

日本品質保証機構（以下，JQA）によりまとめられているPVシステムの設計指針における汚れについての設計は，一般的な地域では5〜3%程度，道路際の施設など特徴的な地域では10%程度を見込むように記載されている。

3　太陽光発電システムの汚れの模擬試験方法

PVシステムの汚れに関する模擬的な試験の規格は現状存在しない。研究としてこれまでに埃等を模擬するために砥分を利用した例[4)]，小麦粉を利用した例，鳥の糞を模擬するために紙粘土を利用した例などもある[5)]。また，エッジにたまる汚れによる出力への影響を模擬するためにガラスを利用した例などがある[6]。しかしながら，前者は再現性が難しい点，後者は透過率を低下させるだけのため汚れを完全に模擬できていない点など問題点がある。このように，汚れ模擬試験の作成は難しく，現状は屋外暴露による評価結果がメインとなっている。

4　太陽光発電システムの汚れの影響に関する研究事例

4.1　太陽光発電システムの汚れの種類

図３はユーザーへのアンケートから調査した汚れの種類である。ほとんどの汚れは塵や砂埃などとなっている[3]。汚れの種類についての詳細な分析例としては，10カ月のガラス表面付着物の分析結果から炭素化合物支配的であり，その他Fe，Ti，微量のMg，Si，Ga，Cu，Zu，Mnが存在したという報告がある[7]。また，他の例ではモジュール取り付けサッシュ枠からのシリコンの未反応成分に車の排ガス由来のカーボンが付着したとの報告もある[8]。その他，海外での分析例としては，鉄系が支配的であったとの報告もある[9]。汚れの大きさについては，60～80 μm程度の報告があり[10]，太陽電池の発電に寄与する波長領域では特定波長に影響するのではないことが示唆された。他の研究例では，汚れ洗浄前後の透過率の波長依存性測定結果例があり，同様に特定の波長での透過率低下は見られなかった[11]。

4.2　太陽光発電システムの汚れの実測・評価事例

国内の汚れ評価研究の代表的結果は，JQAによる実験結果である[11]。国内５カ所に自動で洗浄可能な装置を設置し，洗浄モジュールと非洗浄モジュールを同一条件で併設して，短絡電流を比較測定したものである。５カ所の１年間の結果，汚れによる出力への影響の平均値は約2%であった。この研究の中では傾斜角による違いについて検討が行われており，傾斜角が15度以上であれば30度との相違が得られない報告がなされている。ただし，水平面では1～2%程度15度より多い結果も報告されている[11]。基本的に汚れは雨により洗浄されることが確認されており，

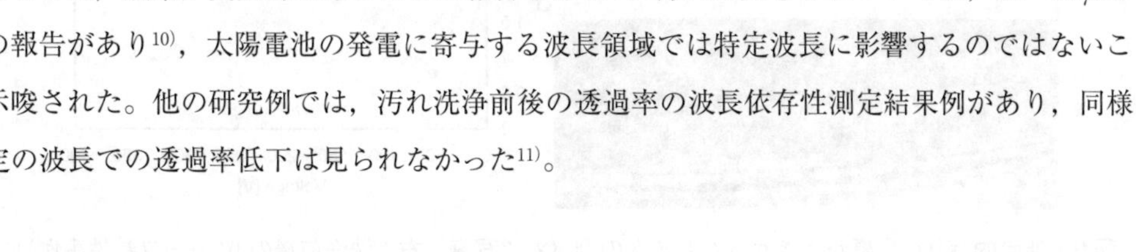

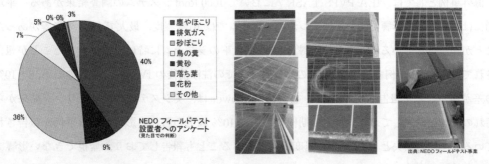

図３　PVシステムの汚れの種類（ユーザーアンケート）[3]

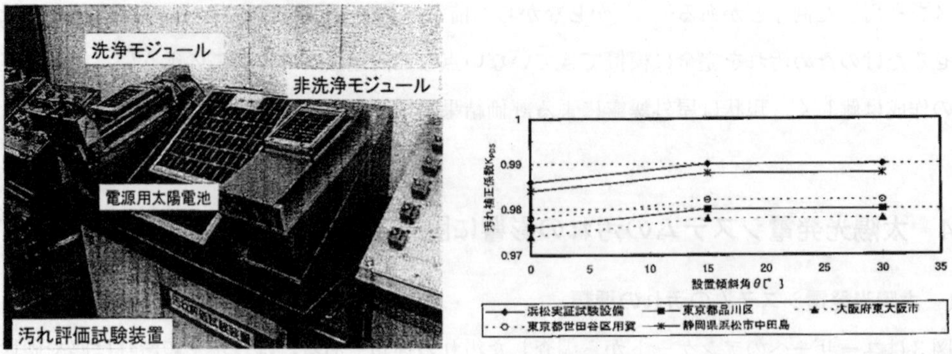

図4　JQA による汚れ評価の研究結果例[11)]

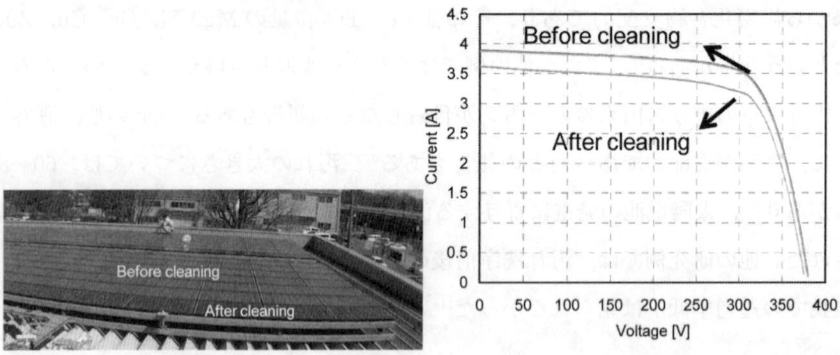

図5　比較的汚れの影響が大きかったサイトの例（左：写真，右：洗浄前後の IV カーブ特性事例）[12)]

後述する降水量とのモデリングなどが検討されている。比較的汚れの影響が大きかった結果としては，15～25% の出力への影響があったことも報告されている[8)]。また，水平面設置の影響で約10% の出力低下があった事例も報告されている[12)]。その他，水ぶきでは取れないガラス表面のシリカ系の汚れを研磨作業により清浄した例などがある[13)]。特殊な事例では，2 軸追尾の集光型システムについて黄砂の影響を検討した結果，短期的には影響はあるが 1 日程度であり継続性は無いとの報告がある[14)]。

海外事例としては，IEA PVPS TASK 7 において 1000 Roof システムの調査結果がある。平均的には 2% 以下の影響であり，いくつかのシステムでは 10% 程度，最大で 18% の影響があったことが報告されている[15)]。また，傾斜角が 30 度以下のシステムに特に影響があったことが報告されている。海外事例では，スイスでの実システムでの洗浄前後の IV カーブ特性の結果，8～10% の差があることが報告されている[9)]。また，Sunpower は，実システムのモニタリング結果から汚れの影響を試算しており，特定の期間において 10% 以上の汚れの影響がある事例が報告されている。年間の損失として 3～5% 程度の影響があることも報告しており，無視できない影響であることも指摘している。また，国内事例と同様に降水量との関係が実測されている[16)]。同様に

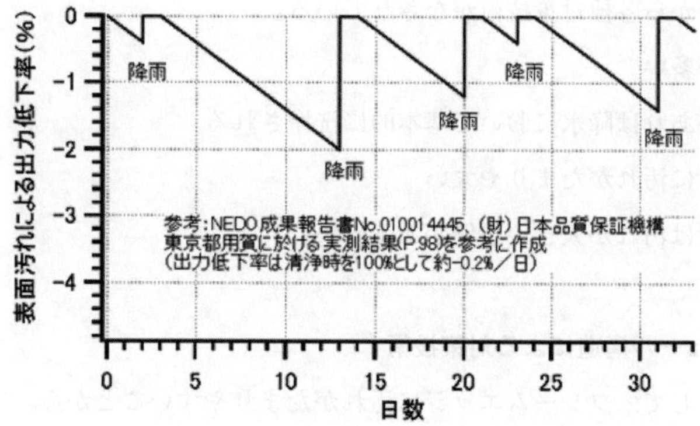

図6　降水と汚れの出力低下の関係

米国では，Google本社でのPVシステムでの事例の報告があり，汚れの影響はほとんどないが，専門の汚れ洗浄は降雨による影響よりも効果があることを実証しており，洗浄するならば春に入る直前が良いと報告されている[17]。砂漠地帯での事例としては，イスラエルの暴露結果，最大で7～9%の影響があった報告があるがそれほど大きくはない[18]。一方，オマーンでの暴露結果では砂塵により50%以上の汚れによる出力低下の報告があり，砂漠地域では無視できないことが示唆されている[19]。また，Masdar Cityにおける10 MWのPVシステムについて作業員による洗浄の様子が報告されている[20]。その他，トラフ型の集光システムにおけるミラーに関する汚れの影響も報告されており，洗浄前後で8～20%の出力回復が報告されている[21]。その他，ガラスの反射防止用のテキスチャ加工による汚れの影響については，大きく変化はなかったことも報告されている[22]。

4.3　太陽光発電システムの汚れによる出力低下のモデリング

前項における汚れの実測・評価結果の中で，汚れによる出力低下のモデリングについて報告されている。モデリングの方法として，降水量との関係を模式化しており，降水量が観測された場合汚れ洗浄される原理に基づく。降水量が未観測の継続期間と汚れによる出力低下の実測から，汚れ出力低下率［%/日］を定義している。国内では，四国総研の西条のプロジェクトの結果から0.13%/日，JQAの実証結果から0.20%/日が報告されている[11]。海外では，Sunpowerでの試算結果があり，約0.10～0.30%/日であることが報告されている[16]。

5　太陽光発電システムの汚れ対策技術

汚れの影響は，一般化を行うことが難しい現状であるが，特徴としては以下のようなことがある。このような背景から各種対策技術がなされている。

・砂塵等の汚れが多い

・一定の傾斜角があれば降水において基本的に洗浄される

・フレームエッジに汚れがたまりやすい

・一部システムでは汚れが大きい事例がある

5.1 太陽電池モジュール構造による対策技術

モジュール構造として，フレームエッジに汚れがたまりやすいことから，フレームに溝を設ける方法などが実用化されている[23]。同様にフレームのスロープを抑制することで汚れが流れやすくする工夫なども利用されている[24]。またフレームレスが有効であることは当然であるが，モジュールの下部になる部分のみフレームレスにする方法などもある[15]。ただし，フレームの構造は，強度との関係を注意する必要がある。また，エッジにある汚れの影響対策としては，フレームと太陽電池とのスペースを一定程度あけることで，汚れがたまった場合にも出力低下を抑制することができる[25]。

独立型システムにおける小サイズの太陽電池では，鳥の糞などの部分的な汚れの影響も大きいことから，セルサイズのアスペスト比を変化させることで，正方形セルよりも汚れの出力低下を抑制できることも報告されている[26]。

5.2 太陽電池モジュール表面加工

汚れの対策としてガラス表面を加工する技術についても検討されており，撥水・親水加工がある。様々な手法が存在するが，光触媒コーティングが多く検討されている。ほとんどの事例はコーティングにより透過率が下がるため，汚れ洗浄効果と比較して効果が薄い結果となっている[5,27]。また，汚れの種類が有機系の汚れでないため，触媒効果がそれほど高くないと報告されている[5]。一方で，コーティングの種類によっては，反射防止膜の効果も期待できるため，コーティングをするだけで約1%の出力増加があり，加えて洗浄効果が期待できることが報告されている[28,29]。実システムでの実証例としては，新エネルギー・産業技術総合開発機構のフィールドテストプロジェクトにおいて設置された事例がある[30]。

5.3 太陽電池モジュール直接洗浄技術

太陽電池モジュール表面についた汚れについて，直接洗浄する技術について各種検討されている。直接システムに洗浄装置を備えつけする手法[10]，送風を行う手法[31]，散水システムによる洗浄効果などがある[32,33]。また，国内においては，PVシステム専用の洗浄サービスも始まってい

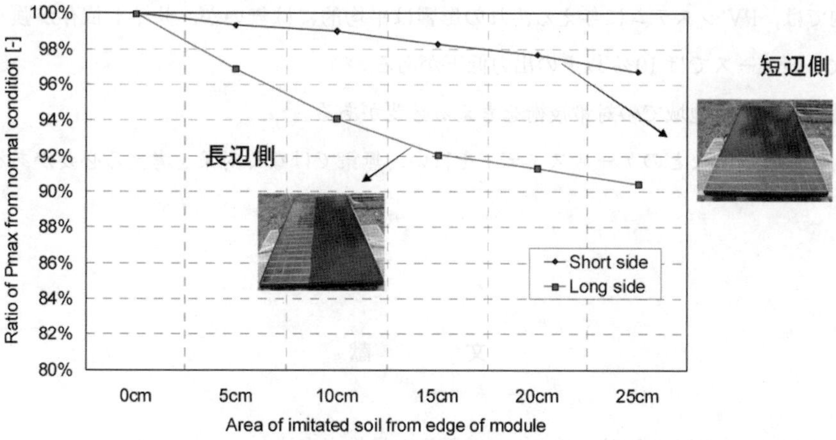

汚れ無しのPmaxで規格化した結果

図7　太陽電池モジュールの向きによる影響

る[34]。

特殊な手法としては，砂漠などで降水が期待できない地域を想定し，電界をかけることで砂塵を除去する方法も提案されている。宇宙用に開発されたものであるが[35]，地上設置としても検討されている[36]。

5.4　太陽光発電システムの施工での工夫

施工段階での対策技術としては，傾斜をつける他に太陽電池モジュールの設置方向がある。フレームのエッジに汚れがたまりやすいため，部分的に出力低下が起きることになる。特にスクライブで細長くセルを作成している太陽電池では，部分影になるため太陽電池の向きによる汚れの影響が異なることが報告されている[6]。また，モジュールが正方形であるものが少ないため，短長尺方向を下部にする違いにより，汚れのたまる面積が異なることが容易に想像できる。その他，モジュール間隔の違いにより風の流れを調整することで汚れをたまりにくくすることも考えられる[6]。

6　まとめ

本章ではPVシステムの汚れ事例についてまとめた。

・太陽電池モジュールの表面の汚れは一定の傾斜角があれば降水により洗浄される。

・国内外での汚れの評価事例は存在するが，一般解を求めることが困難である（平均0.1～0.3%/日；未降水継続日）。

・国内では，PVシステムに与える汚れの影響は平均的には無いが，サイト依存が強く，影響が大きいケースでは10%以上の出力低下がある。

・海外では，砂漠地域での対策技術を考える必要がある。

・事前に設置場所などのケーススタディを行い，無策ではなく対策を考える必要がある。

文　献

1) JIS C 8907,「太陽光発電システムの発電電力量推定方法」
2) 植田譲，博士論文，東京農工大学
3) 産業技術総合研究所,「太陽光発電フィールドテスト事業に関する運転データの収集・分析手法の開発及び分析評価」，NEDO成果報告書
4) B. Oulad Nassar, "Effect of dust contamination on PV module in terms of power generation", 平成17年電気学会全国大会
5) 関西電力,「太陽光発電システムの発電性能低下要因分析」，関西電力(株)宮津エネルギー研究所，News Kenkyu (2004)
6) 大関，山田，加藤,「太陽光発電システムに関する汚れに関する研究―モジュール種別による影響評価―」，平成20年度日本太陽エネルギー学会・日本風力エネルギー協会合同研究発表会
7) 郡，平田，谷，中井,「太陽電池モジュールカバーガラスの曝露特性」
8) 塩谷，田中，大関，黒川,「建材一体型太陽光発電システムの長期発電性能評価手法」
9) H. Haebelrin, "Gradual Reduction of PV Generator yield due to pollution", WCPEC 2nd
10) R. Rudischer, F. Prastka, "PV-CLEANING SYSTEM FOR FRONT COVER SURFACES OF PHOTOVOLTAIC ARRAYS", 19th EUPVSEC
11) 日本品質保証機構,「太陽光発電システム評価技術の研究開発＿システム評価技術の研究開発」，NEDO報告書
12) 大関，山田，加藤,「太陽光発電フィールドテスト事業における運転特性評価および現地調査～汚れに関する一考察～」，平成19年度日本太陽エネルギー学会・日本風力エネルギー協会合同研究発表会
13) 小澤メンテナンス資料
14) 桶，滝川，見目，荒木，集光型太陽光発電システムに及ぼす黄砂の影響，JSES
15) Report IEA-PVPS T7-08 Task 7, "Reliability Study of Grid Connected PV Systems Field Experience and Recommended Design Practice", March (2002)
16) A. Kimber,"THE EFFECT OF SOILING ON LARGE GRID-CONNECTED PHOTOVOLTAIC SYSTEMS IN CALIFORNIA AND THE SOUTHWEST REGION OF THE UNITED STATES", WCPED 4th
17) Winnie Lam, Pat Nielsen, Anthony Ravits, Dan Cocosa, "Getting the most energy out of

Google's solar panels" (2009)
18) S. Biryukov, "THE CUMULATIVE EFFECT OF DESERT DUST ON PHOTOVOLTAIC MODULES", 19th EUPVSEC
19) 加藤他，「オマーン国における太陽電池モジュールの暴露試験」，平成 20 年電気学会電力・エネルギー部門大会
20) Jack Whittier, Masdar City Building the World's Most Sustainable City, 4th International Conference Integration of Renewable and Distributed Energy Resources December 6–10, 2010 Albuquerque, NM, USA
21) M. Vivar, R. Herrero, I. Anton, F. Martínez–Morenon, R. Moreto, G. Sala, A. W. Blakers, J. Smeltink, Effect of soiling in CPV systems, b, *Solar Energy*, **84**, 1327–1335 (2010)
22) M. Piliougine, "Comparative Analysis of the dust losses in Photovoltaic Modules with diffrent cover glasses", EUPVSEC 23rd
23) 京セラ　Web site
24) 三菱　Web site
25) Shell Solar, "M–04–07_INT, Marketing Bulletin, June–2004"
26) 小林伸一他，「汚れによる太陽電池モジュール出力劣化のシミュレーションによる解析とその劣化軽減法」平成 19 年電気学会　電力・エネルギー部門大会（平成 19 年 9 月 12 日）
27) Kyung–Soo Kim, Gi–Hwan Kang, Gwon–Jong Yu,"THE STUDY ON PHOTOCATALYST –TREATED PHOTOVOLTAIC MODULE'S ELECTRICAL AND OPTICAL PERFORMANCE", 23rd EUPVSEC
28) J. Hirose, H. Takanohashi, S. Ogawa, "New hybrid self–cleaning coating for PV module". 24th, EUPVSEC (2009)
29) J. Hirose, H. Takanohashi, S. Ogawa, M. Piliougine Rocha, J. Zorrilla, J. Carretero, M. Sidrach–de–Cardona, "EVALUATION OF POWER–ENHANCEMENT FOR PHOTOVOLTAIC MODULES", WCPEC 5th (2010)
30) (株)ソフト 99 コーポレーション，三田工場太陽光発電新技術等フィールドテスト事業，成果報告書
31) Ali Assi and Lana El Chaar,"EFFECT OF WIND BLOWN SAND AND DUST ON PHOTOVOLTAIC ARRAYS", 23rd EUPVSEC
32) Y. Ueda, "PERFORMANCE ANALYSIS OF PV SYSTEMS ON THE WATER", 23rd EUPVSEC
33) http://www.gogreensolar.com/products/powerboost–solar–panel–cleaner
34) (有)東洋メカジェニック工業　WEB site
35) LUNAR DUST BUSTER, NASA Science (2010)
36) Sergey Biryukov, Bruno Burger, Vladimir Melnichak, Soenke Rogalla, and Leonid Yarmolinsky, "A New Mthod of Dust Removal for PV–Panels by means of Electric Fields", WCPEC 5th (2010)

第4章　太陽光発電システム用リチウムイオン電力貯蔵

1　電力貯蔵用リチウムイオン電池技術

堀　仁孝*

リチウムイオン電池は，その前身をリチウム電池に持つ。一次電池から使用の始まったのがリチウム電池である。この非常にエネルギー密度の高い電池を二次電池にすべく1980年代に研究が行われ，製品化された。しかし，リチウム金属をそのまま負極材料として用いたため，信頼性上大きな問題があった。充電時には，リチウムイオンが再度リチウム金属に変換されるが，その際針状結晶（デンドライト）が樹状成長することで，電池がショートし内部電荷の急激な放出による発熱で，爆発事故が起こった。このリチウム金属二次電池の安全性確保から生まれたのがリチウムイオン二次電池である。リチウムイオンをインターカレーション反応を利用して層状結晶の中に取り込むという酸化物系材料が開発されたため，1990年代になってリチウムイオン電池が商品化された。リチウムイオン電池は初期は，いくつかの負極材料が使用されたが，現在そのほとんどの電池が正極材料としてコバルト酸リチウム，負極材料としてグラファイトという正極も負極もインターカレーション反応を使用する安全性の高い電池となっている。初期のリチウム金属二次電池と比較するとエネルギー密度に劣る点はあるが，他の二次電池と比較しても安全で，圧倒的高エネルギー密度であることが特徴であり，PC・携帯電話などモバイル機器を中心に普及した。

1.1　モバイル用リチウムイオン電池

PC・携帯電話などに普及したリチウムイオン電池には，主にコバルト酸化物を正極材料として使用した。$LiCoO_2$という層状岩塩型酸化物が正極材料として使用され，グラファイトが負極として使用された。開発されたリチウムイオン電池は初期のリチウム金属二次電池と比較すると格段に安全性は高くなっていたが，正極のコバルト酸化物からリチウムイオンを放出（充電反応）しすぎると，コバルト酸化物の結晶が崩壊してしまう（熱暴走）という安全性の弱点は依然として持っている状態であった（図1）。

このため，電池パックにおける保護回路が他の二次電池と比較して非常に発達することとなり，

---

*　Yoshitaka Hori　NECトーキン(株)　新事業推進本部　統括マネージャー

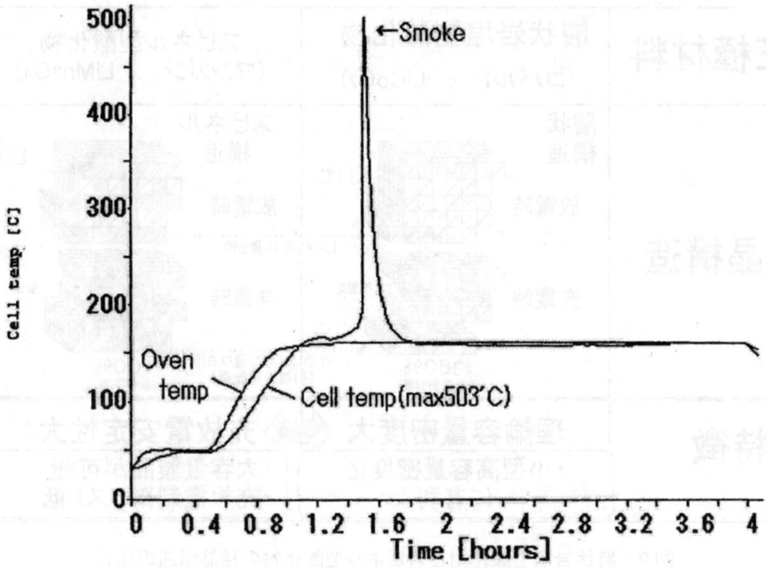

図1　リチウムイオン電池の熱暴走データ
使用電池：コバルト系電池，160℃-4時間のHOTBOX TEST

過充電保護・最終放電電圧の監視などの機能が盛り込まれることとなった。

1.2　自動車用リチウムイオン電池

リチウムイオン電池は，モバイル用としては $LiCoO_2$ 使用で一定の安全性は確保できたが，更なる市場拡大として，自動車用・定置蓄電用途などの市場でリチウムイオン電池を使用することを想定して，安全性の向上が求められた。このため，熱暴走に至る主原因である正極材料のいろいろな検討が行われ，下記のような材料が開発され商品化されている。

①　層状岩塩型酸化物での改良

$LiCoO_2$ と同じ層状岩塩型酸化物で，Co の一部を Mn，Ni で置き換えた LiNi 1/3 Co 1/3 Mn 1/3 O 2 がある。基本的に，Co と同じ構造ではあるが，熱暴走に強い。また，高容量化と安全性の両立を狙って Ni 系の電極材料が研究されつつある。

②　スピネル型

$LiMn_2O_4$ スピネルが最も有名。本材料には，高温で Mn が溶出するという問題があったが，Mn の一部を他の元素に置換することで問題を解決。サイクル寿命などを非常に改良しつつある。結晶構造が層状構造をとらないため（図2），熱暴走が起きない（図3）という特徴を持つ。ただし，通常の民生機器で用いられているコバルト系リチウムイオン電池と比較して，約20％程度容量が小さい。

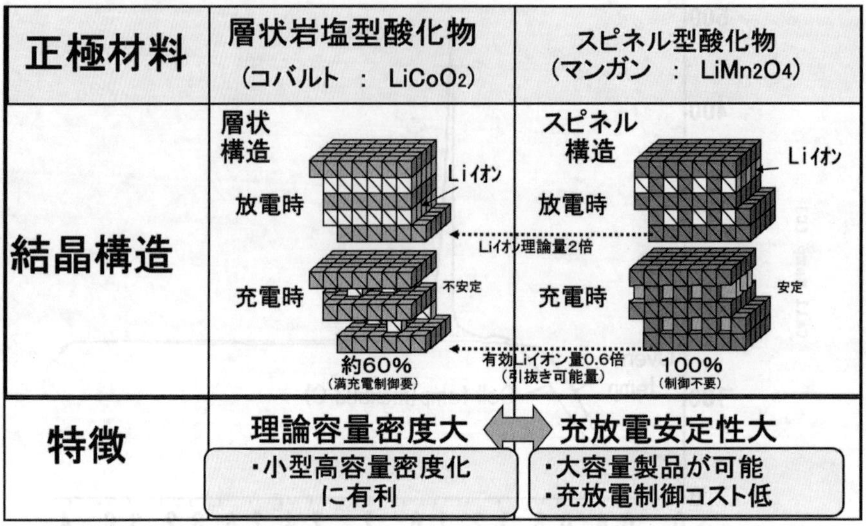

図２　層状岩塩型酸化物とスピネル型酸化物の結晶構造の比較

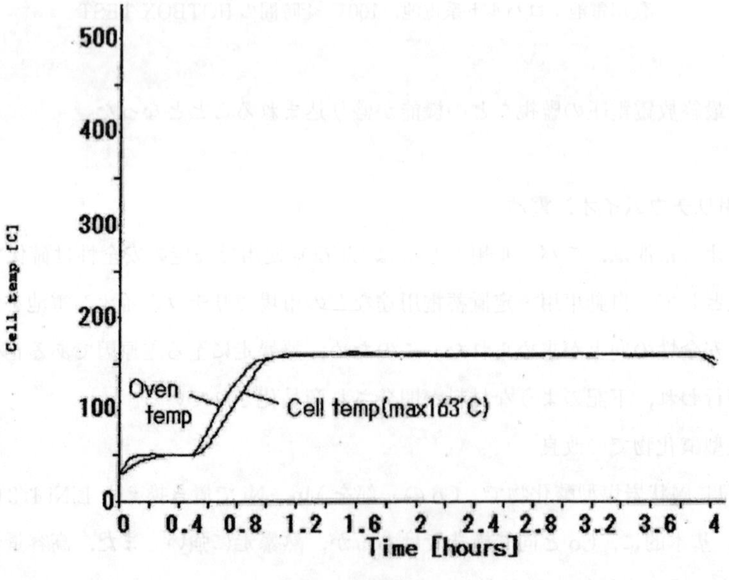

図３　高温試験

使用電池：マンガン系電池，160℃-4 時間の HOTBOX TEST。スピネル型酸化物であるマンガン系酸化物を正極に使用すると熱暴走は起こらない。

③　オリビン型

鉄を使用した $LiFePO_4$ を正極材料に使用したもの。結晶構造が非常に安定した構造を取るため，$LiMn_2O_4$ スピネルと同じように熱暴走の危険は無い。但し，正極材料の問題として，電子伝導性が非常に小さい点がある。このため粒子表面をカーボンなどで覆うなどして，粒子としての電子伝導性を高めるなどの工夫が必要となり，充放電特性およびサイクル寿命などを自動車向けとして十分な特性を出すためには，電子伝導性を十分確保した製造工程開発が必要。また，重量エネルギー密度で比較して，コバルト系リチウムイオン電池の半分であり，エネルギー密度が低い（重い）のが難点。

民生用のリチウムイオン電池のように，材料がひとつに絞られているわけではないが，いくつかの新材料が開発されることで，安全性・寿命の大幅な改良が現実のものとなってきている。このため自動車用としての採用検討が進み，また定置蓄電用としても採用検討が盛んになっている。

1.3　電池セルの構造

NEC製マンガン系リチウムイオン電池を参考に，電池セルの構造について説明する。通常リチウムイオン電池は，金属箔に電極材料を塗布し，正極・負極の電極シートをセパレーターを介して対向させて電池構造を形成する。ノートPCなどに使用される民生用リチウムイオン電池は，上記シートの組み合わせたものをコイル状に巻き取り，電池素子（ジェリーロールと一般的に呼ぶ）を作成する（図4）。円筒状の金属ケースに入れることで体積エネルギー密度を上げることが可能である。しかし，自動車・定置蓄電などの応用では，民生用途と比較して瞬時のピーク電流を必要とする，安全性に対するハードルが高いなどの要求が強い。このような要求に対応するため，積層ラミネート型という形が開発されている。図5にNEC製マンガン系リチウムイオン電池の構造を示す。ジェリーロールと積層ラミネート構造を比較すると，充電・放電特性にかなりの違いが発生する。電極に使用する金属箔は，コイル状に巻くと電気回路的にはコイル特性が発生してくるので，この影響で急速な充放電はやりにくくなる。

実際には，①電池インピーダンスが高く，急速に充放電すると電圧変動が大きくなる。②電池

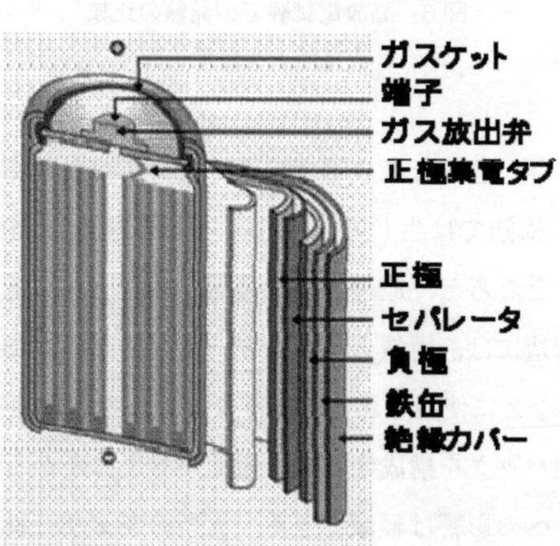

図4　円筒型電池の構造（ジェリーロール型電池素子）

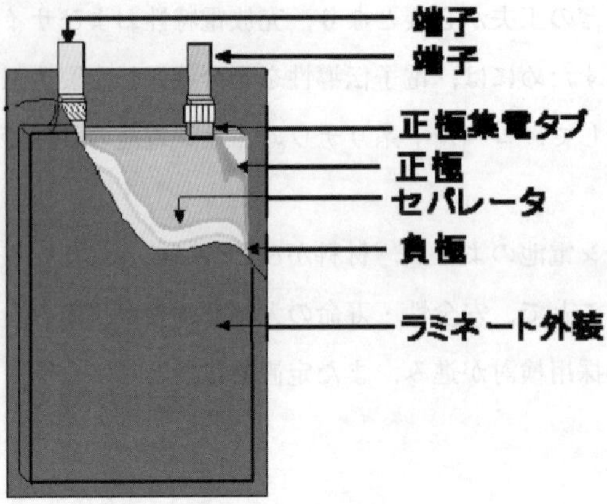

図5　積層型ラミネート電池の構造（積層型電池素子）

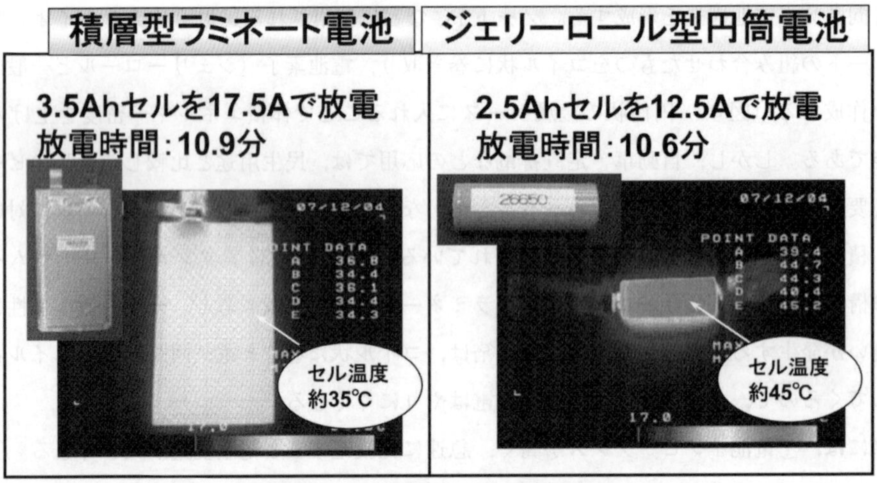

図6　高放電試験での発熱の比較
5C放電時セル温度比較

インピーダンスの問題もあり，急速な充放電での電池内ロスが大きくなり発熱が大きくなる，などの問題がジェリーロール構造では生じる（図6）。やはり急速な充放電の可能性が考えられる，自動車向け，定置蓄電向けとなると，原理的には積層ラミネート構造が有利だと思われる。しかしながらジェリーロール構造には，構造上エネルギー密度を高めることが可能というメリットがある。民生用のノートPCなどに使用される18650などの小型の電池を基本単位にし，回路上多数個の電池の直並列で電池パックを構成すれば，電池パックにかかる急激な電力も分散されることで，一つ一つの電池セルへの影響は軽減できる。大型のジェリーロール構造は，自動車用・定置蓄電用としては問題のある構造と思うが，積層ラミネート構造の電池セルを利用した電池パックと，18650 サイズの電池セルを利用した電池パックが今後両立していくものと思われる。

1.4　電池パック内の保護回路について

電力貯蔵用・定置蓄電用リチウムイオン電池の応用は始まったばかりであり，あまり電池パックの情報は公開されていない。しかしながらその保護回路については，民生用ノート PC などで使用されている保護回路の応用で進みつつあるため，ほぼ図7で示すような回路が使用されている。

基本的には，セルを直列接続し，各セルの電圧をモニタリングする。一般的に販売されている保護回路用の半導体では，10–12 セルまでモニタリングできるものが多い。リチウムイオン電池の場合セル電圧は，3.6 V 近辺であるため 36–43.2 V で電池パックを組むことになる。セル電圧にばらつきが発生すると，各セルから電荷の一部を抵抗器に向け放電させ，セル電圧がばらつかないよう調整を行う。また，電池パックには通常温度センサなどを搭載しており，異常な状態になると，放電用あるいは充電用に設置されている FET を遮断するようにしている。48 V，24 V などの低電圧直流では，上記電池パックでセル数を調整して対応する。しかし，300 V 系の直流電圧に対しては，各電池パックをさらに直列接続して高電圧にする。たとえば，36 V 電池パックを 10 段直列で接続すると，360 V 電池となる。各電池パックに実装されている保護回路からは一般的にデータが外に出される形が取られているので，マイコンを用いて各電池パックをコントロールすることになる。これを通常並列接続することで，所定の容量を実現している。直列接続の電池パックの一部が故障すると，ある直列部分の電池パック全てをとめる必要があるが，電池パック内に実装されている FET の連動動作で回路から切り離すか，IGBT などの大電流・高

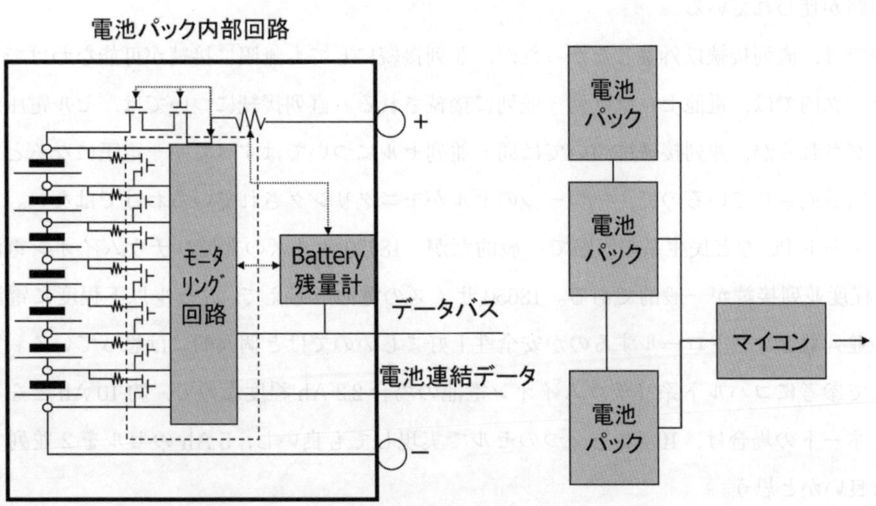

図7　標準的な電池保護回路

電圧対応スイッチを保護のため用いるかは，電源としての電池の組み方による。

いずれにしろ，自動車用リチウムイオン電池の開発が進むことで，300 V 程度の高い電圧での組電池の使い方がリチウムイオン電池でも一般的になりつつある。従来の民生用コバルト系リチウムイオン電池では，やはり安全性の問題から，せいぜい 4 直列（3.6 V×4＝14.4 V）程度までの電池パックしか開発されなかった。保護回路は，電子回路であるためどうしても有限のフィードバック時間を持つ。このためコバルト系リチウムイオン電池のように，瞬時の熱暴走を起こす危険性のある電池だと，回路だけでの安全性確保は難しい。やはり新世代の熱暴走を起こすような反応を持たない電池で，初めて 300 V 系の電池回路が論じれるのだと思う。アメリカのテスラモーターズでは，電池パック内に吸熱材を入れていると聞く。テスラがコバルト系電池を使用しているのかどうかは知らないが，たとえコバルト系電池を使用しても，熱暴走で破壊に至る時間が，保護回路のフィードバック時間以下に収まれば，理論的には安全性は担保できる。電池パックとしてこのような技術が開発されるのも方向性としては納得できる。

1.5 電池情報のモニタリングについて

前項で論じたように，リチウムイオン電池には，保護回路が必須である。このためセル電圧などをいつも監視しなければならない。また，比較的はじめからコバルト酸リチウム，グラファイトという正極・負極材料の組み合わせになったため，放電カーブが比較的直線状となった。電源回路的には，放電の大半の時間で電圧が 3.6 V とほぼ一定であるため，非常に使いやすい電池であるが，他の電池のように電池残量を電圧モニタリングだけで行うと，非常に不正確であるため，充電・放電電力量をモニタリングすることが一般的となった。通常ガスゲージと呼ばれる電力量計測回路が使われている。

前項では，直列接続以外論じなかったが，並列接続にしても無限に接続が可能なわけではない。電池パック内では，電池セルは直列・並列に接続される。直列接続については，セル電圧がモニタリングされるが，並列接続については同一並列セルについてはすべて同一電圧になるという前提で回路構成されているので，一つ一つのセルがモニタリングされているわけではない。この考え方はノート PC など民生系の回路で一般的だが，18650 サイズの丸型リチウムイオン電池で，3 セル程度並列接続が一般的である。18650 サイズの電池で考えて，5 セル以下程度に電池パック内の並列数をコントロールするのが安全性上好ましいのではと個人的には思っている。電池容量として参考にコバルト系リチウムイオン電池の場合 2.2 Ah 程度なので，約 10 Ah となる。積層ラミネートの場合は，10 Ah を一つのセルで実現しても良いし，5 Ah のセルを 2 並列で構成しても良いかと思う。

上記のように，安全性上電池情報についてはモニタリングすることが必須である。従来，携帯電話，ノートPCであればこのような情報は，電池メーカーおよび機器メーカー間で共有すれば良いもので，いざ故障などクレーム発生時点で，原因調査のために使用されるデータであった。また，最近のEV開発でも電池情報は車の中で利用することが目的で使用されている。やはり，電池メーカーおよび車メーカー間で保有されるべき情報である。

しかしながら，定置蓄電などCO_2削減のために使用される時には，当然CO_2削減効果としての電力量計測などが必要となる。また，システム全体の効率を考え，電源個々の動作をコントロールしないと，全体でのCO_2削減に有効なシステムにはならない。このための回路を後付けでシステム内に設置して行くのは，コスト的にもエネルギー効率的にも非効率であると言える。今後の定置用リチウムイオン電池の普及とともに，電池メーカーも電池情報のアクティブな利用およびオープン化になれる必要があると思われる。

1.6　クラウド世代のリチウムイオン電池の形態

昨今のIT市場では，クラウド技術が花盛りである。クラウドの良いところは，情報システムでもその他公共のシステムでも遠隔地でデータモニタリング・ソフトウェアのアップデートなど主要な管理が出来る点にある。また，前項で述べたように，リチウムイオン電池は，安全性確保のために基本的に管理を十分にしなければならない電池で，電池情報は回路的に常に集めている。クラウドとリチウムイオン電池は，この点で非常に相性のよい組み合わせであり，①遠隔コントロールで低コストの無人での電池メンテナンスが出来る。②システム的にモニタリングしながら，CO_2削減にもっとも効果的な，電源動作コントロールをソフトの改良でレベルアップしていける，などメリットは大きい。

クラウドでの使用を前提とすると電池パックについては下記のとおりとなる。まず電池パックの単位は36 V-43.2 V程度で5 Ahか10 Ahとすると，200 Whクラスと400–500 Whクラスの電池パックを基準とするのが良いと思われる。この電池パック一つ一つにIDを振っておき，RFIDタグ用のICなどで，管理可能の状態にしておくのが望ましい。システムの構成で電池パックを直列接続して360 V程度の電圧にすることもあるだろうし，並列接続を行い，36 Vで10 kWh程度の組電池にすることもあると思われる。

1.7　クラウド的利用によるメンテナンス上の利点

突発的な故障が発生しない限り，リチウムイオン電池の劣化は容量の減少として現れる。通常，80%まで容量減少が起こると寿命と判定しているが，80%より容量が減少すると使用できないかというと，特にそういうわけでもない。今後，自動車・蓄電などの応用が進むにつれ，寿命の考え方もいろいろ議論されるようになるだろう。電池セル単体では，上記のとおり大きな容量減少があっても電池として使用できないかというとそうでもない。しかし電池パックと組電池では，全ての電池セルが同じように容量減少をおこすことは考えにくいので，バランスが狂いたぶん使い物にならなくなる。電池パック・組電池として考えると80%の容量減少で寿命という考え方は，十分納得できる。電池情報をIDを振ってクラウドシステムで集積しておくと，いざメンテナンスとなったとき，電池システム全体を交換する必要があるか，あるいは容量減少のひどいパックのみを交換するのが良いのか判定可能となる。また，残留させる正常と判断できる電池パックの履歴データからシミュレートすると，次に電池のバランスが崩れる時間およびもっともコストのかからない交換方法などいろいろな計算が可能である。

電池材料の研究は，まだ究極を求めて続いている。しかし，リチウムイオン電池の範疇での材料変更が主体と考えられ，電池パック回路構成については大きな変化は起こらないのではと思われる。むしろ，電池データのオープン化がどこまで広がるかと，それを用いた比較的後でのシステム改良が可能な回路構成を指向しておかないと，インフラ向けのシステムでは大きな問題になると思われる。インフラの場合20〜30年の長きにわたる使用が前提であり，メンテナンスが必須である。民生のように技術が変化したイコール数年でサポート終了というわけにもいかず，より長期を見て，回路開発を行う必要がある。

2　分散型蓄電システムの特徴と蓄電メンテナンス技術

佐々木 浩*

2.1　はじめに

昨今，リチウムイオン二次電池は，携帯電話やノート型パソコン，ディジタルカメラなどに代表されるポータブル電化製品の電源として普及が進んでおり，今後は大容量化の進展により，オートバイや自動車，及び系統電力貯蔵などに代表される電動機および大型蓄電設備などハイパワー領域へのアプリケーション展開が予想される。

大容量化は，電池材料の改良やセルサイズの大型化などにより電池セル単体の容量向上を目指すデバイス技術と，この電池セルを複数個連結することで物理的に容量を向上させるモジュール技術との両面からの開発が各分野で進んでいる。また，そのアプリケーション開発においては，現在，ハイブリッド自動車や電気自動車向けが盛んであるが，その他としてスマートグリッド構想に代表される次世代電力インフラ用途も期待される。

本稿では，大容量リチウムイオン二次電池を次世代電力インフラ市場へ活用するためのアプリケーション技術の一つとして，分散型蓄電システム技術およびそのメンテナンス技術について説明するとともに，太陽光発電を分散型蓄電システムに応用した実験システムの事例について紹介する。

2.2　分散型蓄電システム技術の概要

現在，電力系統システムでは，昼夜間における電力ピークシフト，負荷平準化，非常用などの対応としてNAS電池（ナトリウム硫黄電池）などの電力貯蔵用二次電池が導入されている[1]。

また，次世代電力インフラにおけるスマートグリッド構想では，再生可能エネルギーによる大規模な発電と既存の発電系統との連系により環境負荷を低減した効率的な電力の安定供給が見込まれ，更にマイクログリッド構想では，都市・地域レベルでのエネルギーマネジメントによる地産地消型電力ネットワークシステムの構築により，需要地の近くに小規模な発電設備群を設置することで高圧送電系統への影響が少ない再生可能エネルギーの利用が期待されている。

このような電力の時間差（タイムシフト）利用や再生可能エネルギーの応用においては，蓄電池が重要な役目を担うものと考えられる。また，電力系統システムや地産地消型システムに必要とされる発電量や蓄電量の規模は，対象とする需要地によりさまざまな規模が想定されるため，発電出力や蓄電池の容量は状況に応じて増減が容易なユニット構成にすることで利便性の向上が考えられる。

＊ Hiroshi Sasaki　NECトーキン(株)　新事業推進本部　マネージャー

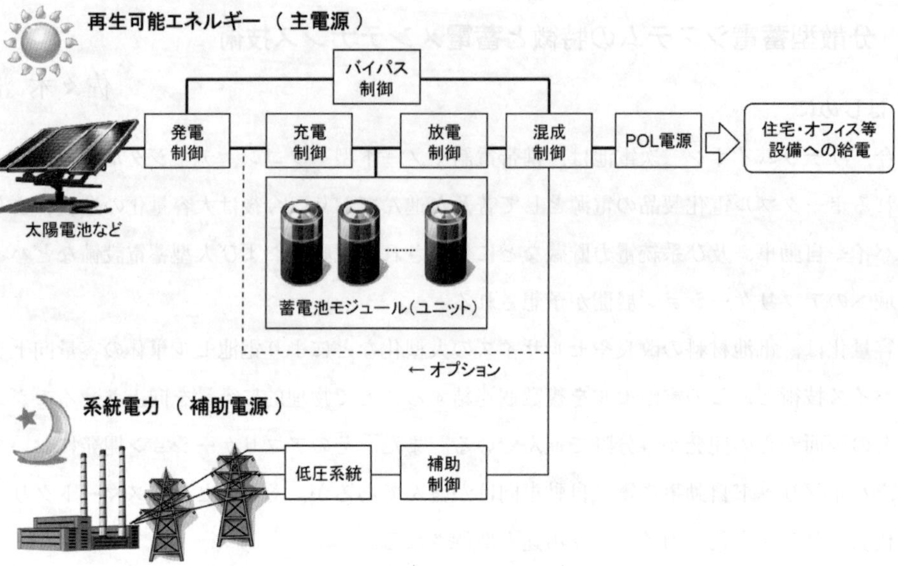

図１　分散型蓄電システムの概念図

分散型蓄電システム技術は，今現在において明確な定義はないようであるが，本稿での分散型蓄電システムとは，数百から数キロワットの比較的小さな電力単位（ユニット）を対象としている。

そのシステム構成は，太陽光発電などの再生可能エネルギーを主たる電源として，低電圧の蓄電池モジュールを複数個接続して給電能力を調整する電流供給型パワーストレージユニットを分散的に配置したPOL（Point Of Load）型電源として需要地へ給電する技術を示す。

図１に分散型蓄電システムの概念図を示す。太陽電池などの再生可能エネルギーと系統電力とのハイブリッド電源により構成されている。以下，太陽光発電を例とした場合について述べる。昼間の晴天時など日照期間は，蓄電池モジュールへの充電および負荷への給電（駆動時）をする。一方，悪天候や部分影などによる出力低下および夜間の無発電などの期間は，蓄電池により負荷を駆動するが，その放電後は系統電力が補助電源として動作する構成となっている。また選択機能として系統電力による蓄電池の充電も可能である。

蓄電池について，理想的には，太陽電池の発電性能と電力需要のバランスにより容量を算出するが，実際には不確定要素が多く，また容量の大きさはシステムのコストに反映されることから稼動状況の確認後でも拡張を容易とするために，蓄電池は並列接続による電流供給型の拡張方式とし，その電池電圧はIEC規格において，安全特別低電圧SELV（Safety Extra Low Voltage）または特別低電圧ELV（Extra Low Voltage）に相当する低電圧なモジュール構成を考えている。

安定給電について，太陽光発電の不安定さは蓄電池の利用によりある程度の吸収は可能であるが，現時点では安定給電を担保できるほどの蓄電池を搭載するには，設置場所や導入コストの面から現実的ではなく，そのために低圧系統電力を補助電源としたハイブリッド給電方式としている。

POL電源について，蓄電池は直流電源のためエネルギー効率的には直流利用が望ましい。しかし送配電の観点では蓄電池は低圧となるため長距離の送配電においてジュール損による損失が課題となる。このジュール損は送電距離とも相関があるので，蓄電池を効率よく利用するためには需要地のより近くに蓄電池を設置することがポイントである。

また現状，機器の多くは交流（AC）機器であるため，蓄電池の直流（DC）エネルギーをDCからACに変換して給電する必要があり，本システムではこの変換損失が発生する。しかし，近年の発光ダイオード（LED）の技術進展で高輝度な白色LEDや多彩なLEDが出現した[2]ことにより，照明器具や薄型液晶テレビなどは既に機器内部では直流電源で駆動している。更に，省エネルギーのため直流電源を基にしたインバータ制御の家電製品が，エアコン，洗濯機，冷蔵庫などで利用されて[3]おり，これらも将来的には直流機器化の期待が持たれる。

このように直流機器の開発が進展すれば，太陽光発電エネルギーの利用効率は更に高くなる可能性がある。

2.3　蓄電メンテナンス技術の概要

分散型蓄電システムは，高いエネルギー密度を持つリチウムイオン二次電池を分散的に配置し，更に再生可能エネルギーと系統電力とによるハイブリッド運転のため安全管理が重要となり，また再生可能エネルギーの利用目的の一つでもある環境負荷の低減効果の計量化も必要である。

そこで，システム全体をセンサー等によりモニタリングすることで，異常発生時には迅速にフィードバックできる構成とし，また定期的な計測情報の通信により計量管理をしている。

情報通信には双方向通信ネットワーク技術により，能動的な安全制御を可能にしている。また安全に関しては，このモニタリングシステムとは独立で機能するフェイルセーフ機構も装備することにより安全安心である。

図2にメンテナンスシステムの概念図を示す。メンテナンスシステムは2つの機能に分けられ，一つは対象システムのセンシングやアクチュエーションを行うモニタリング機能，他方はモニタリング情報と上位側との通信を行う通信ネットワーク機能である。

メンテナンスシステムには，特に①安全運転の維持，②環境負荷の計量化の2点の機能が要求される。

①では，対象システムの物理量を計測し，その推移や閾値設定などにより，自立判断または上位側からの命令制御により安全動作する。

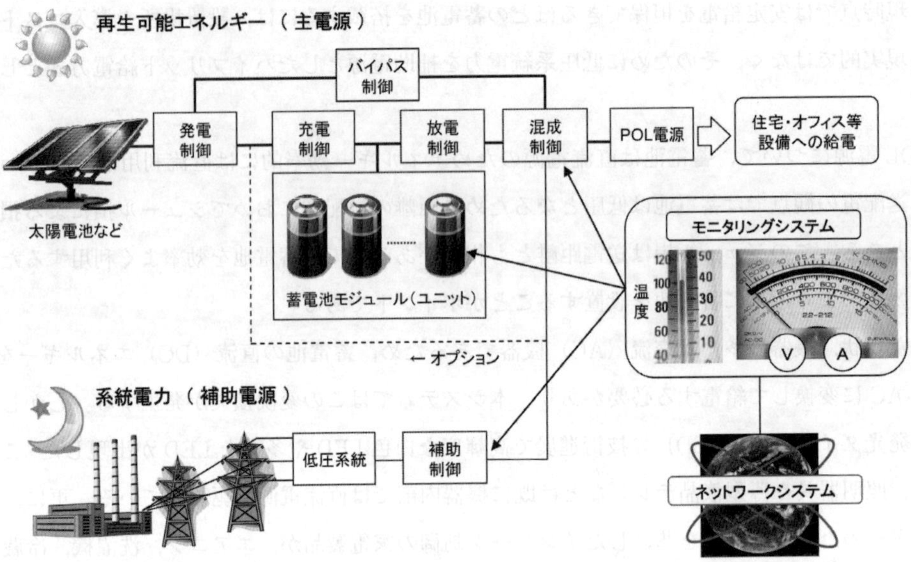

図2　メンテナンスシステムの概念図

②では，定期的な計測情報を上位側に通信し，上位側での演算処理により計量化を行う。

2.4　システムの特長

(1)　並列型ユニット構成による拡張性

太陽電池および蓄電池モジュールは，並列型ユニット構成のため拡張が容易である。

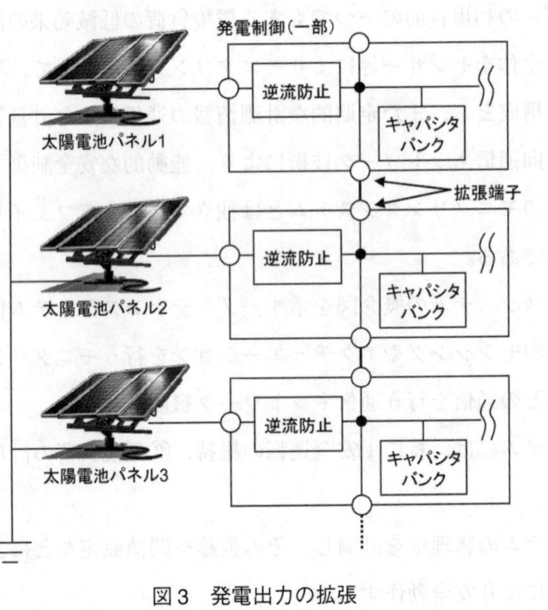

図3　発電出力の拡張

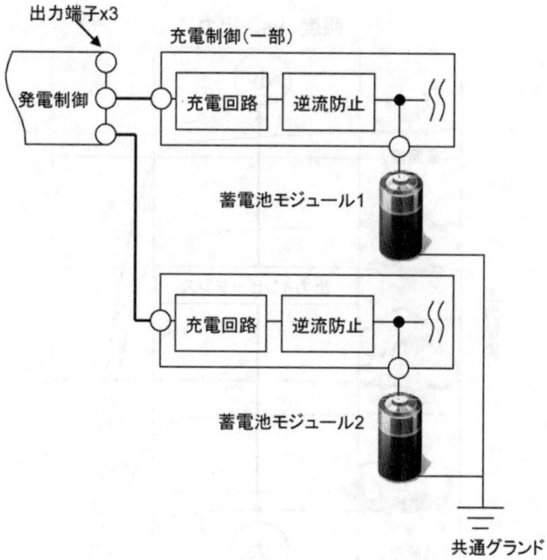

図4　蓄電容量の拡張

①　発電出力の拡張性

発電制御の一部は，図3のように逆流防止機能とキャパシタバンクで構成しており，逆流防止機能の出力側に太陽電池の拡張端子を設けているので，共通グランドの太陽電池を並列接続できる。これにより太陽電池を拡張できるので出力増加が可能である。また太陽の位置や部分陰等により太陽電池パネル間で発電量に差があるときは発電量の大きいパネルから優先的にエネルギーを取り出す動作となる。よって太陽電池パネルの接続数に応じた発電出力の拡張が可能である。

②　蓄電容量の拡張性

充電制御の一部は，図4のように充電制御と蓄電池モジュールとを1対1で設けているので，共通グランドの蓄電池モジュールを複数同時充電できる。このとき蓄電池モジュールは，おのおの独立で充電動作を行うので，充電状態や公称容量の異なる蓄電池モジュールの組み合わせ充電も可能である。よって蓄電池モジュールの接続数に応じた蓄電容量の拡張が可能である。

以上により，太陽光発電による分散型蓄電システムは，並列型ユニット構成とすることで，その発電および蓄電の規模を自由に調整できるため，設備投資に応じた再生可能エネルギーの導入推進が可能となる特長を持つ。

(2)　広い照度範囲でのエネルギー・ハーベスティング

キャパシタバンク構成により低照度からの太陽光エネルギー回収が可能である。太陽電池の発電特性は，一般的に図5のように太陽電池パネルへの照射照度により出力インピーダンス特性が変化する。この出力インピーダンスは低照度域で大きくなり，充電システムの要求する起電力を発生できなくなるとシステムは停止する。このときの照度が太陽光発電による充電システムの動

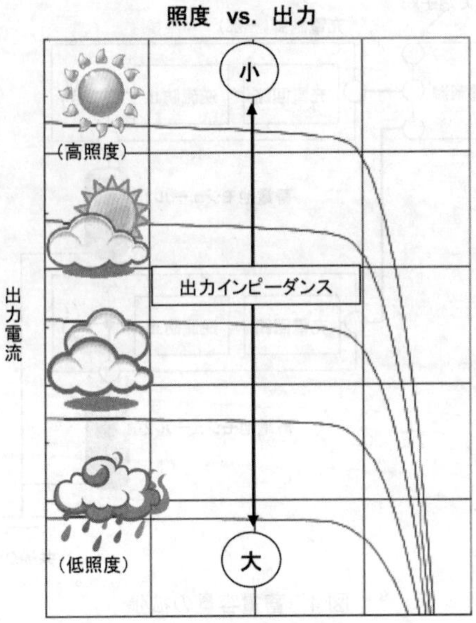

図5　太陽電池の発電特性

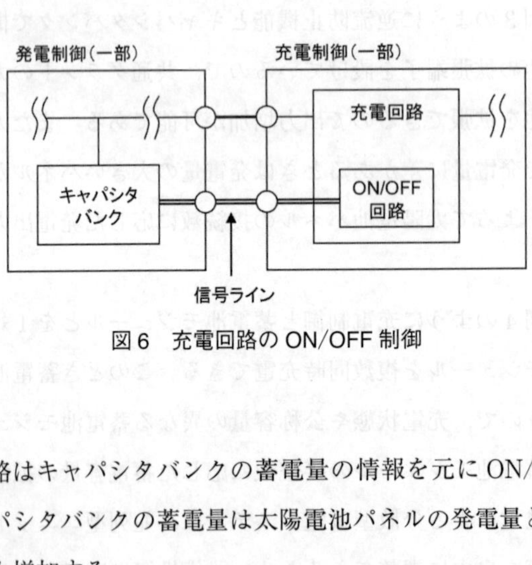

図6　充電回路の ON/OFF 制御

作下限となる。

図6のように充電回路はキャパシタバンクの蓄電量の情報を元に ON/OFF 回路を制御する構成となっている。キャパシタバンクの蓄電量は太陽電池パネルの発電量と正の相関があり，発電量が増加すると蓄電量も増加する。

図7にそのタイミングチャートを示す。太陽電池の出力インピーダンスが小さい高照度状態では，充電回路は ON 状態を維持する。その後，低照度となり出力インピーダンスが大きくなると，充電回路は閾値 V 1–V 2 間での間欠動作となる。OFF 状態の時は，キャパシタバンクが蓄電される期間となり，微弱な太陽光エネルギーでもハーベスティングできる構成となっている。

このようにキャパシタバンクを応用した間欠駆動方式により，充電システムの下限照度をより低くできるため日照期間における太陽光発電の時間比率の増加が可能である。その結果，太陽光

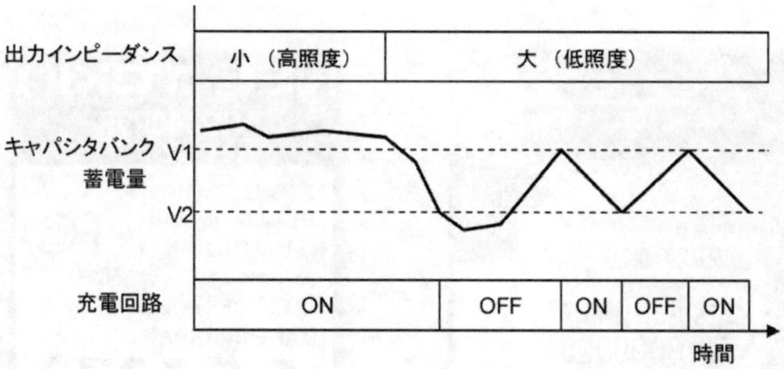

図7　タイミングチャート

発電の稼働率をより高くできる特長を持つ。

(3)　双方向無線ネットワークによるメンテナンス

メンテナンスシステムの通信ネットワーク機能は，有線通信または無線通信のどちらにおいても実現は可能であるが，ここでは設置の容易性に特長のある双方向無線ネットワーク技術を応用する。

通信ネットワーク機能では，保守対象が近距離エリア内に集合的に設置されるPAN (Personal Area Network) とPAN情報を遠隔地などの広域と通信するWAN (Wide Area Network) との通信エリアの異なる2つの通信ネットワーク方式により構成する。

PAN通信には，近距離無線システムを応用する。国内電波法の規定による「2.4 GHz帯高度化小電力データ通信システム」を適用し，多数の保守対象を同一ネットワークで接続することが可能である。また利用者免許が不要であるため導入が容易であり，更にマイクロ波帯の小電力無線のため無線PANモジュールは小型・低消費電力である。

無線PANモジュールのシステム構成は，PHY/MAC層がIEEE 802.15.4TM規格[4]であり，ま

表1　無線PANモジュール（試作品）のおもな仕様

型式	NT 2400 R 56-2 A（試作品）
無線規格	IEEE 802.15.4TM-2006，ZigBee®PRO準拠
周波数帯	2400.0 MHz-2483.5 MHz
送信方式	直接拡散方式（DSSS）
送信出力	Typ. 1.2 mW/MHz
伝送レート	250 Kbps
通信距離	屋外見通し　150 m（参考値）
消費電力	Max. 0.1 W
デジタルIO	42
ADコンバータ	10-Bit×8
外形寸法	30×48×3.2 mm
取得認証	CE，FCC，国内電波法（TELEC）

写真１　無線 PAN モジュール（試作品）の外観

たネットワーク層が世界規格の ZigBee®に準拠[5]している。

表１および写真１に無線 PAN モジュールのおもな仕様および外観を示す。

一方，WAN 通信には，第３世代移動通信システム（3 G）を応用[6]している。これは移動体通信事業者やインターネット接続事業者などから提供されるサービス回線を使用している。

以上により，双方向無線通信ネットワーク技術を応用することで分散型蓄電システムへのメンテナンスシステムの導入設置を容易に実施できる特長を持つ。

2.5　実験システムの事例紹介

以上に述べた分散型蓄電システム技術およびそのメンテナンス技術の概念に基づいて試作した実験システムを紹介する。

再生可能エネルギーとして太陽光発電を使い，蓄電池としてリチウムイオン二次電池を適用し，POL 電源は直流給電とした分散型蓄電システムであり，メンテナンスシステムとしては蓄電池モジュールにモニタリング機能を搭載し，双方向無線ネットワーク機能を搭載した実験システムとなっている。

(1)　ブロック図および機能

図８に実験システムのブロック図を示す。

太陽電池パネルが発電制御ブロックの入力と接続している。発電制御ブロックの出力は，蓄電池モジュールを構成するリチウムイオン二次電池を充電する充電制御ブロック，及び発電エネルギーを負荷へ直接供給するバイパス制御ブロックの両方に接続している。充電制御ブロックの出

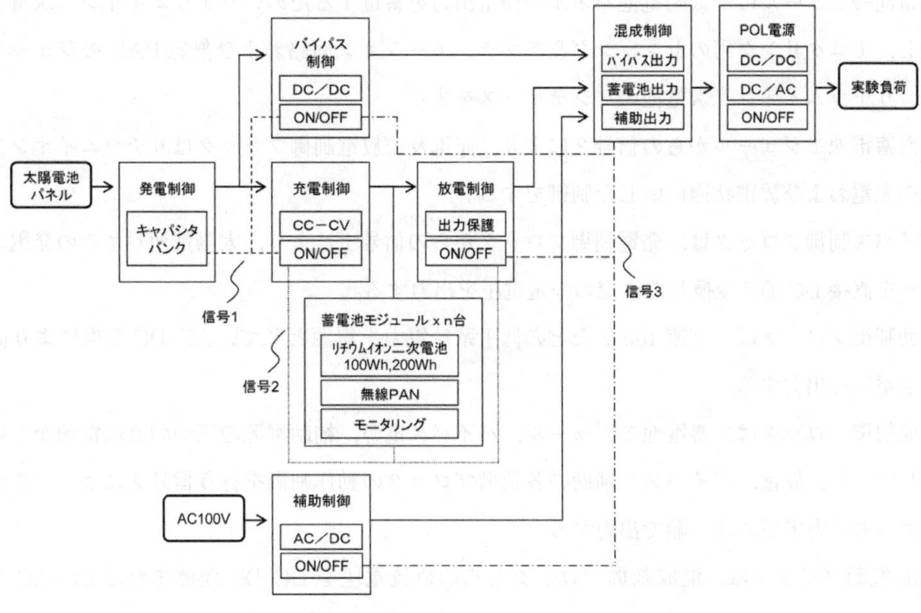

図8　実験システムのブロック図

力は蓄電池モジュールを介して放電制御ブロックと接続し，放電制御ブロックの出力およびバイパス制御ブロックの出力は混成制御ブロックの入力と接続している。混成制御ブロックの入力には，更に低圧系統電力を電源とする補助制御ブロックも接続している。混成制御ブロックの出力は，POL電源ブロックを介して実験負荷に接続している。また相関のある制御ブロック間は信号線が接続されている。

蓄電池モジュールには，単独でモニタリング用のセンシング&アクチュエーション回路および無線PANモジュールが搭載されている。

実験システムでは，太陽電池パネルは，300 Wクラスの多結晶シリコン型を，蓄電池モジュールは，単独で100 Whまたは200 Whクラスのリチウムイオン二次電池を，低圧系統電力には，商用AC 100 V/50 Hzを，実験負荷には，電子負荷または装置実機をそれぞれ適用した。

次に各制御ブロックの機能を説明する。発電制御ブロックは，太陽電池パネルの出力を蓄電するキャパシタバンクを持ち，このキャパシタバンクの蓄電量により，充電制御ブロック及びバイパス制御ブロックの動作を制御する信号1を発生する。

充電制御ブロックは，発電制御ブロックからの信号1により，後段に接続された蓄電池モジュールのリチウムイオン二次電池を定電流-定電圧（CC-CV）方式で充電する。

放電制御ブロックは，蓄電池モジュールの放電動作についてリチウムイオン二次電池の動作制限および保護機能を有する。

蓄電池モジュールは，太陽電池パネルの発電出力を蓄電するためのリチウムイオン二次電池を搭載し，モニタリング用のセンシング&アクチュエーション回路および無線PANモジュールにより，リチウムイオン二次電池のメンテナンスをする。

また蓄電池モジュールからの信号2により，充電及び放電制御ブロックはリチウムイオン二次電池の充電および放電状態に応じた制御をする。

バイパス制御ブロックは，発電制御ブロックからの信号1により，太陽電池パネルの発電エネルギーを直接DC-DC変換した直流の一定電圧を出力する。

補助制御ブロックは，交流100Vなどの低圧系統電力を電源として，AC-DC変換により直流の一定電圧を出力する。

混成制御ブロックは，蓄電池モジュール，バイパス電源，補助電源の三つの直流電源が並列で入力しており，放電，バイパス，補助の各制御ブロックの動作制御を行う信号3により，このブロックへの入力電圧の高い順で出力する。

POL電源ブロックは，混成制御ブロックからの直流電圧をDC-DC変換またはDC-AC変換などにより，負荷に適した所定の電源を供給する。

(2) 動作説明

① 分散型蓄電システムの説明

太陽光発電エネルギーは，発電制御ブロックのキャパシタバンクを介することにより発生電圧の安定化を行う。キャパシタバンクに一次蓄電された電気エネルギーは，所定の電圧条件により充電制御ブロック及びバイパス制御ブロックを動作させる。

キャパシタバンクには，現状，数十ミリファラドのアルミ電解キャパシタを使用しているが，静電容量に関しては，現状より大きいキャパシタンスが好ましく，また損失低減のため漏れ電流が低いことも要求されるので，今後は電気二重層キャパシタやリチウムイオンキャパシタなども候補となる。

太陽光発電の利用と安定給電には，発電の不安定さと任意な電力消費という点で相反することとなる。安定給電の一つの方法としてハイブリッド運転方式について説明する。以下，3つの動作ケースについて説明する。

(a) 太陽光発電エネルギー＞蓄電池モジュールへの充電エネルギー

晴天時の昼間などの高照度状態で太陽電池が発電する場合，充電動作の余剰発電分をバイパス制御ブロックにより，負荷に直接給電することで，太陽光発電をより高効率で利用する。

(b) 太陽光発電エネルギー＜蓄電池モジュールへの充電エネルギー

雨天時の昼間などの低照度状態で太陽電池が発電する場合，太陽電池はハイインピーダンス状態となり制御回路を駆動するための起電力を発生できない状態になる。この状態のときは，発電制御ブロックのキャパシタバンクに一定時間の充電動作をして所定の起電力が得られてから蓄電池モジュールへ充電する間欠動作を行うことで，低照度環境における微弱エネルギーのハーベスティングが可能となり，太陽電池の低照度域における稼動率を向上する。

(c)　蓄電池モジュールの放電エネルギー<負荷消費

太陽光発電は，夜間における無発電はやむを得ないため，蓄電池モジュールの設置により安定給電を補完しているが，現状は担保できるほどの容量を搭載するのはサイズ・コスト的に現実的ではない。系統電力は高信頼性であることから，蓄電池モジュールの放電後は，補助制御ブロックにより，系統電力による補助電源で安定給電を担保する。

また，夜間や深夜電力等の格安な系統電力を積極的に利用する場合には，夜間は蓄電池モジュールを充電するオプションも考えられる。

以上のように，太陽光発電と安定給電の課題については，蓄電池モジュール，バイパス電源，補助電源の三つの直流電源によるハイブリッド運転により担保している。ハイブリッド運転の混成比の調整は，混成制御ブロックで行う。

②　メンテナンスシステムの説明

メンテナンスシステムは，モニタリング機能と通信ネットワーク機能により成立している。

実験システムでは，基礎検討として蓄電池モジュールのメンテナンスシステムについて評価した。モニタリング用のセンシング&アクチュエーション回路は，各種センサー，LED，スイッチを搭載し，端末側から上位側へ，また上位側から端末側へ向けた双方向通信による制御が可能な回路構成となっている。

モニタリング機能は蓄電池モジュールに単独で搭載するため，蓄電池モジュールが多数になると通信ネットワーク機能の配線も多くなり実験システムが不自由になることが予測されるため，通信ネットワーク機能は無線方式で評価した。

蓄電池モジュールは，見通しエリア内に多数設置される場合が多いと考えられるため，無線PANによる通信ネットワークを構築し，また遠隔地からのメンテナンスも考えられるため無線PANと3G通信網とのコンボ通信を評価した。

(3) 実験システムの外観

① 実験システム全体（ユニット）

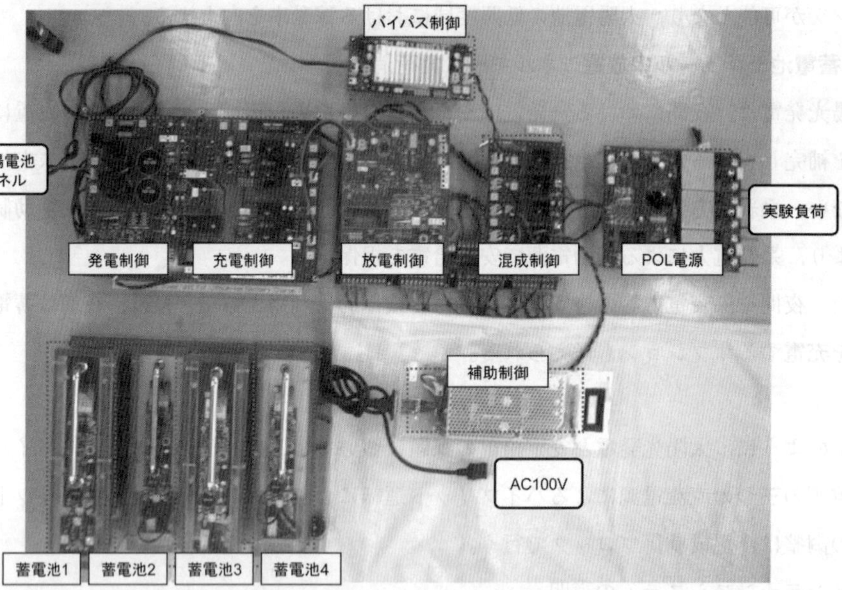

写真２　実験システム（ユニット）外観

② 蓄電池モジュール

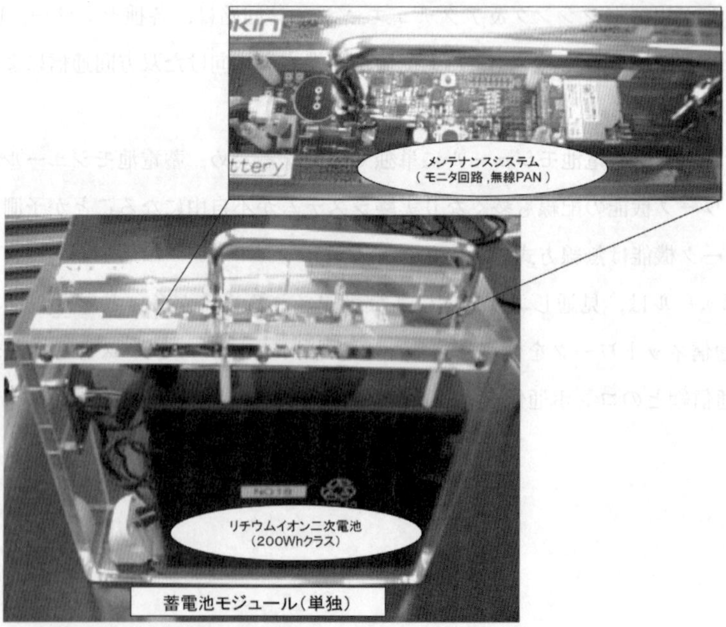

写真３　蓄電池モジュール（単独）外観

③　メンテナンスシステム

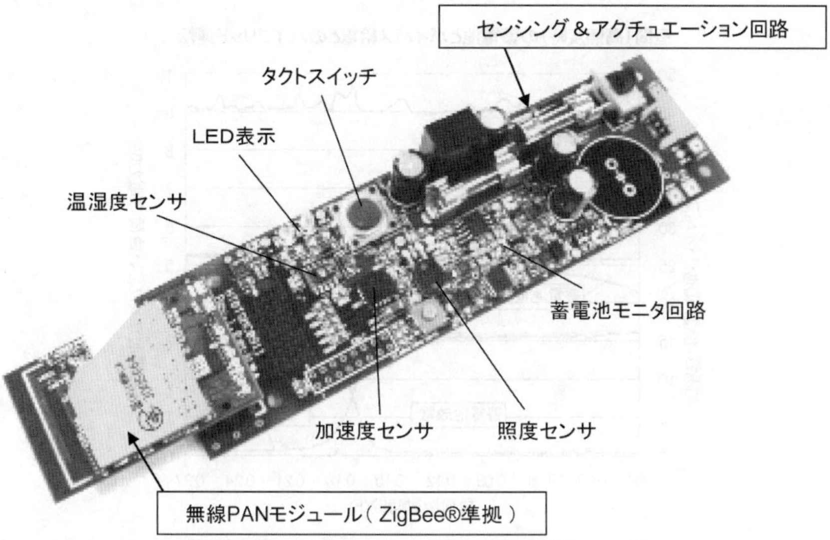

写真 4　メンテナンスシステム外観

(4)　評価結果

実験システムの評価データを示す。

①　分散型蓄電システムの動作データ

(a)　太陽光発電による蓄電池モジュール充電特性

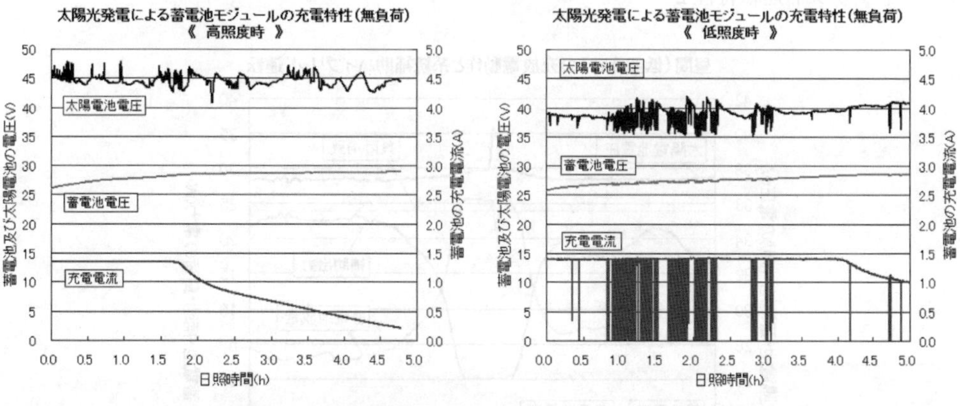

図 9　太陽光発電による蓄電池モジュール充電特性

高照度時（左）は，CC–CV 充電方式で充電される。低照度時（右）は，太陽電池の出力が実験システムの起電力をキャパシタバンクに蓄電するまでは充電を停止し，起電力を確保できると充電を開始する動作パターンとなり，間欠 CC–CV 充電方式となっている。

(b)　ハイブリッド運転特性 1

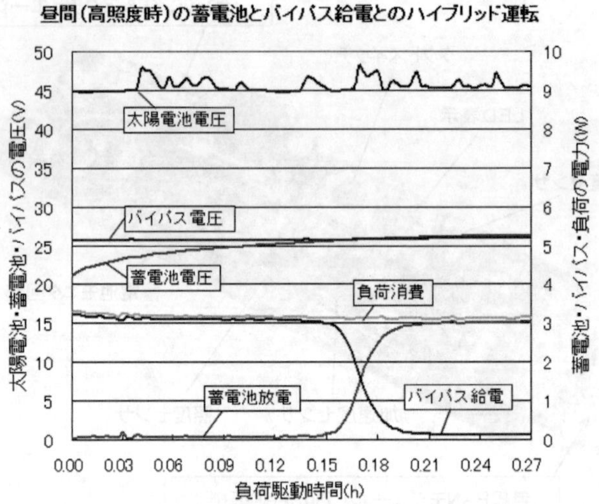

図 10　昼間（高照度時）のハイブリッド運転特性

高照度時において，当初，蓄電池モジュールの電圧が低い間は，バイパス電源により負荷を駆動し，電池電圧が上昇するにつれて蓄電池モジュールからの給電に切り替わる動作を示し，蓄電池モジュールとバイパス電源によるハイブリッド運転となっている。この時の負荷は装置実機である。

(c)　ハイブリッド運転特性 2

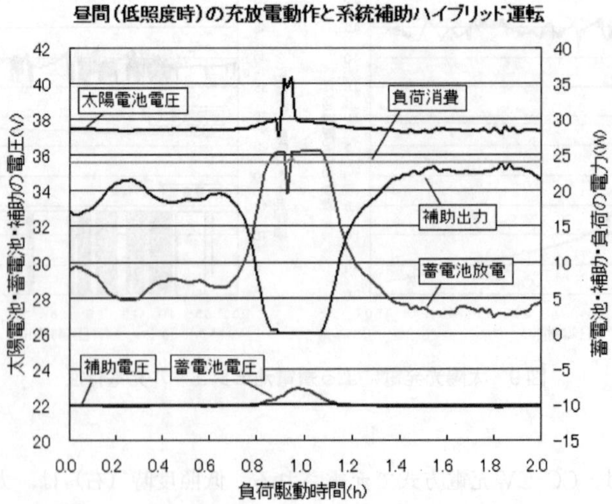

図 11　昼間（低照度時）のハイブリッド運転特性

低照度時において，当初，蓄電池モジュールの電圧が低い間は，補助電源により負荷を駆動し，一時のみ高照度となり電池電圧が上昇して蓄電池モジュールからの給電に切り替わるが，再度低照度となり補助電源に切り替わる動作を示し，蓄電池モジュールと補助電源によるハイブリッド運転となっている。この時の負荷は装置実機である。

(d)　ハイブリッド運転特性 3

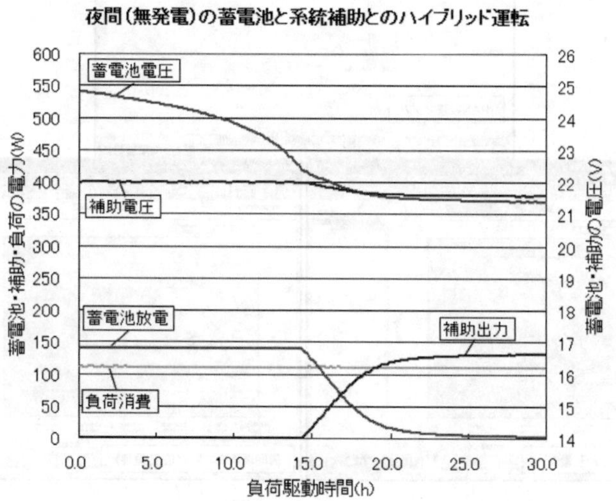

図 12　夜間（無発電）のハイブリッド運転特性

夜間（無発電）において，当初，蓄電池モジュールにより負荷を駆動し，蓄電池が放電するにつれて補助電源に切り替わる動作を示し，蓄電池モジュールと補助電源によるハイブリッド運転となっている。この時の負荷は電子負荷である。

② メンテナンスシステムの動作データ

(a) 無線PANによるセンシング

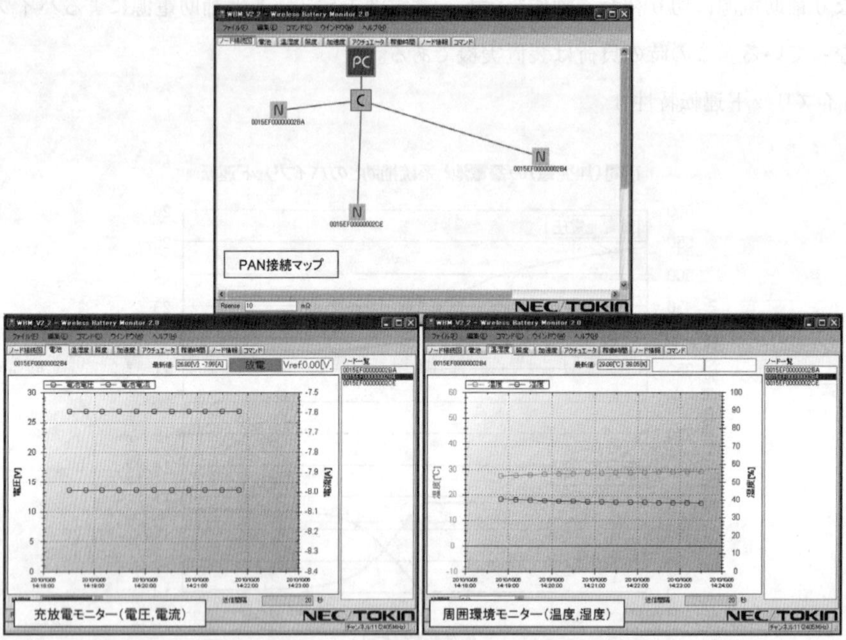

図13 無線PANによるセンシングデータ収集

3つの端末による無線PANが構築されていることを示し，その内の1つの端末についての充放電および温湿度のセンシングデータが上位側で表示されていることを評価した。

(b) 無線PANによるアクチュエーション

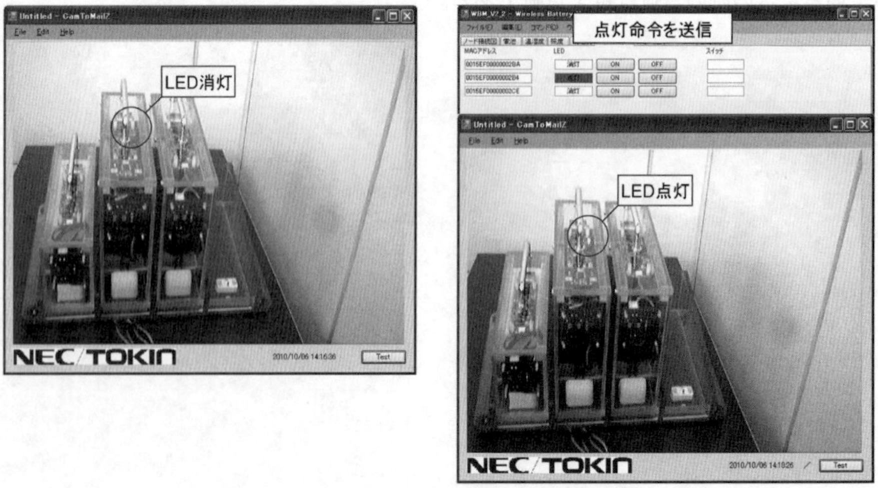

図14 無線PANによるLED点滅操作

無線PANにWebカメラを搭載し対象端末の静止画による観察をした。上位側から対象端末に搭載のLEDの点灯命令を送信し，端末側での点灯を評価した。

(c)　上位WAN通信ネットワークとの連係

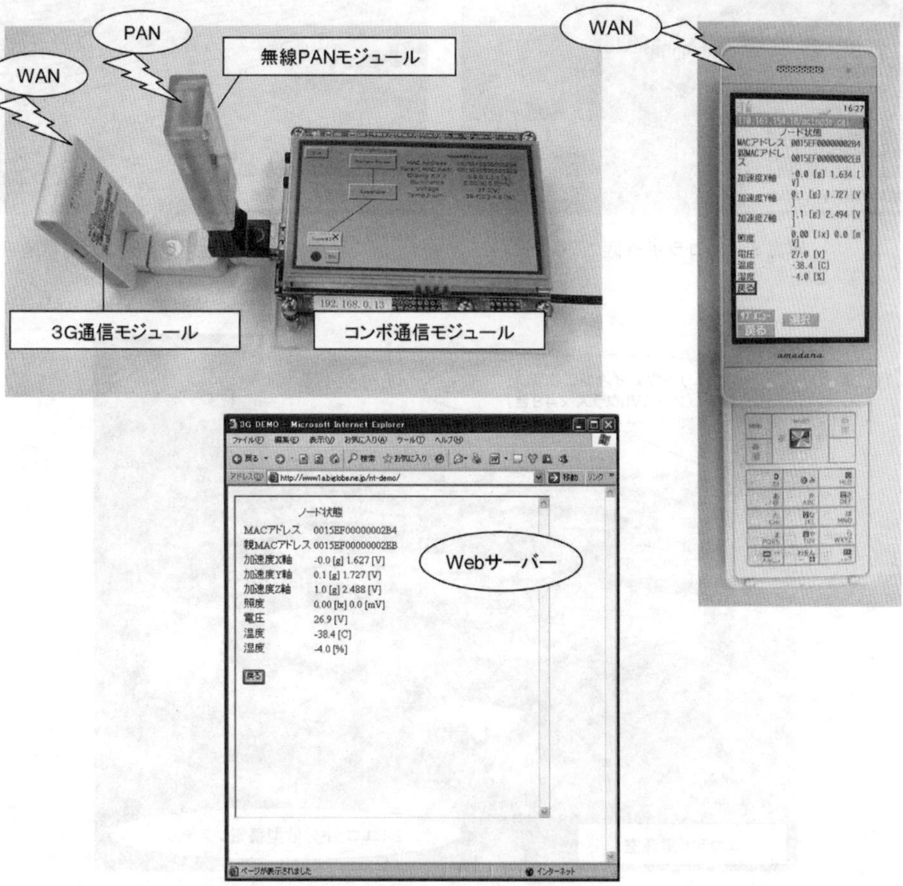

図15　WAN連係による遠隔操作

無線PANと3G通信網とのコンボ通信モジュールにより，無線PANの端末情報が携帯端末およびWebサーバーで表示されることを評価した。

(5)　実証実験

現在，東北大学大学院環境科学研究科エコラボにおいて，田路和幸教授のご指導の下，24ユニットに分散した実験システムにて3.8 kWクラスの太陽光発電による直流給電に関する実証実験を実施中である（資料提供：東北大学大学院環境科学研究科）。

写真5　エコラボ外観

写真6　エコラボに搭載の太陽電池

写真7　エコラボ電源室

2.6　むすび

本稿では，大容量リチウムイオン二次電池を次世代電力インフラ市場へ活用するためのアプリケーション技術の一つとして，分散型蓄電システム技術およびそのメンテナンス技術について説明するとともに，太陽光発電を分散型蓄電システムに応用した実験システムの事例について紹介した。

地産地消の観点からの再生可能エネルギーを積極的に利用するための技術として，住宅・オフィスおよび地域レベルでの電力利用における再生可能エネルギーの利用比率をより高めることで化石燃料への依存を減らし，低炭素社会に貢献できるものと思っている。

写真8　エコラボ DC ルーム

分散型蓄電というスキームにより，設備の稼動状況等を勘案して設置後でもシステムの拡張を容易とすることで，装置の導入コストへの配慮をしている。

太陽光発電において夜間の無発電は避けられないが，太陽光発電の利用比率を高めるため蓄電池によるタイムシフト利用の可能性について示した。また，太陽光発電の不安定さと需要側への安定した給電は相反する部分があり，安定給電を担保するためには，系統電力による補助が現実的であり，そのハイブリッド運転について説明した。

再生可能エネルギーの積極的な利用については，その利用状況の「見える化」により啓蒙されるため無線通信によるモニタリング技術について紹介した。また，高いエネルギー密度を持つリチウムイオン二次電池のアプリケーションであるため，その安全利用のためのメンテナンスシステムについても紹介した。

このような電力インフラ関連のアプリケーションにおいて，装置には長寿命が要求されることから，信頼性およびメンテナンス技術の確立が重要であり，今後は太陽電池や蓄電池などの性能劣化や装置メンテナンス方法などについても検討していく所存である。

文　　献

1) http://www.tepco.co.jp/solution/energy/battry-j.html
2) http ://ja.wikipedia.org/wiki/LED%E 7%85% A 7% E 6%98%8 E
3) http ://ja.wikipedia.org/wiki/%E 3%82% A 4% E 3%83% B 3% E 3%83%90% E 3%83% BC%E 3%82% BF
4) http ://www.ieee 802.org/15/pub/TG 4.html
5) http ://www.zigbee.org/
6) http ://ja.wikipedia.org/wiki/%E 7% AC%AC 3% E 4% B 8%96% E 4% BB%A 3% E 7% A 7% BB%E 5%8 B%95% E 9%80%9 A%E 4% BF%A 1% E 3%82% B 7% E 3%82% B 9% E 3%83% 86% E 3%83% A 0

第1章　東北大学の取り組み

1　DC給電がもたらす生活空間の可能性

小野田泰明*

1.1　DCライフスペースプロジェクト

人類は，自らの生活を周辺の自然エネルギー系に上手く位置づけることを通して，再生可能なライフスタイルを営んで来た。しかし，化石燃料の開発とそれに続く電化の進展により，そうした状況は一変する。大規模な発電所において集中的に作り出された電力を各家庭が消費する仕組みが確立し，それと同時に生活空間は，送り出された大量の電気を生活に必要な形に変換・消費する「家電」によって占有されるようになった。

東北大学の環境科学研究科と工学研究科　都市・建築学専攻が2009年から取り組んでいるDCライフスペースプロジェクトは，そうした大量給電・大量消費というサイクルを見直そうとする事業である。その第一弾として作られたのが，エネルギーの地産地消を実現するための新しい生活像を提示する「DCライフスペース」であり，環境科学研究科の新棟「エコラボ」内にある約10坪の部屋をDC給電による生活空間につくりかえている[1)]。

1.2　家電の変遷から見るライフスタイルと住空間

1.2.1　日本における家電の変遷

計画に先立って研究チームでは，新しい電化環境における生活をイメージするために，これまでの生活の中でエネルギーの消費がいかになされており，それがライフスタイルをどのように形づくって来たかを明らかにすることとした。例えば，家事労働はライフスタイルの中核を占める行為だが，それらはもともと自然界のエネルギー循環の中に身体を介在させて，生活の中にエネルギーを取りこむ作業でもあった[2,3)]。電化が進んだ現在の生活から読み取るのは困難だが，昔の洗濯は，住居周辺の水辺や井戸で行われ，自然界と生活はそこで交わっていた訳だし，裏山から薪を集めて熱エネルギーを取り出すのみならずその燃焼も外気の還流を利用して行われていた。住居はそうしたエネルギーのフローを生活の中に引き込むための装置でもあり，過去の住宅が自然界に大きく開かれていたのはそのためでもあった。しかしながら井戸が室内化され，その後水道に替わったように，これらのフローは人工化され，住宅は徐々に閉じられるようになった[4,5)]。

---

* Yasuaki Onoda　東北大学　大学院工学研究科　都市・建築学専攻　教授

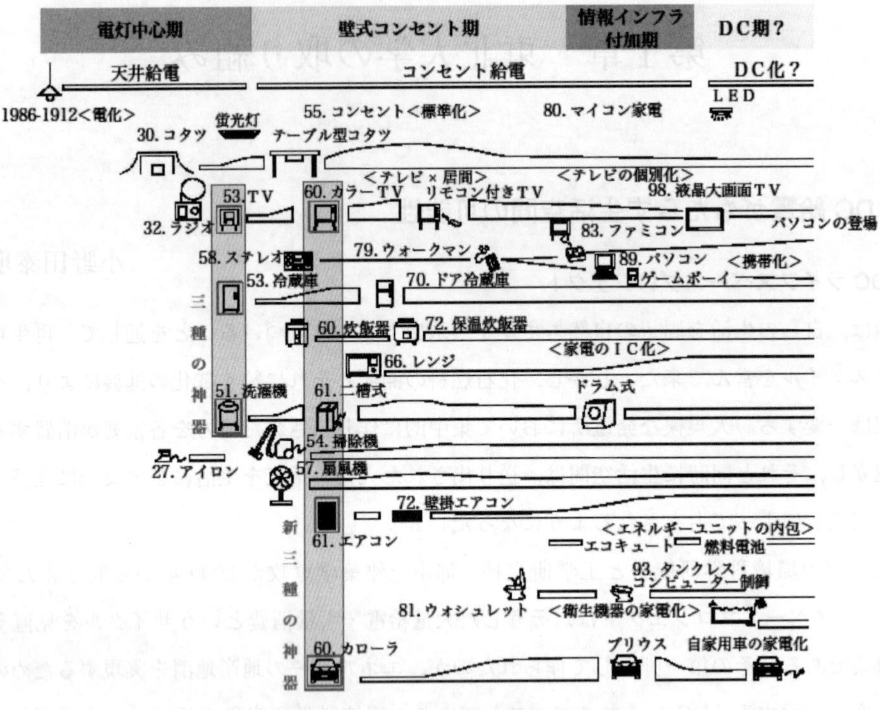

図1　我が国における家電の普及[8)]

「電化」はこうしたエネルギーフロー人工化の典型例であり，今日のわれわれの生活のほとんどは，この基盤の上に成り立っている。

図1は企業史などをもとに我が国における家電の普及の流れを整理したものである[6,7)]。こうしたエネルギー供給と家電の変遷をみると，私たちのライフスタイルと密接に関わっており，その傾向は次のように整理できる。

1.2.2　電源供給のスタイルと生活の変化（図2）

(1)　電灯中心期（1900年代-50年代）（図3）

家庭の電化は伝統から始まるが，初期にはそうした照明器具の電線を使って他の家電を動かすことが行われてきた。構造上，部屋の中心に吊り下げられた電灯線から給電しなければならないため，不便を強いられることも多かったが，家族は一カ所に固まっている。発電・給電能力の問題もあって，比較的小型のものが過半であった家電は，畳間の中で状況ごとにセッティングされる存在であった。

(2)　壁式コンセント期（1950年代-80年代）（図4）

1950年半ばに入って三種の神器（白黒TV，電気洗濯機，電気冷蔵庫）が一般化する。これにより膨れ上がった給電量に家庭内で対応するために壁式コンセントが開発され，家電が壁際に

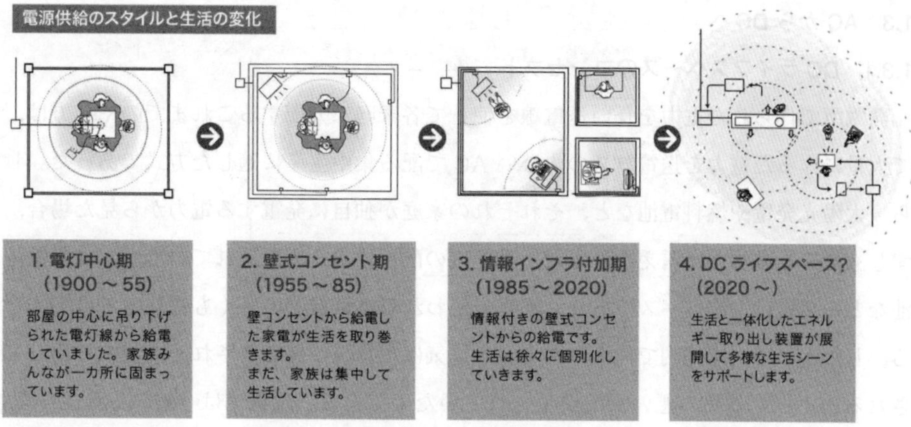

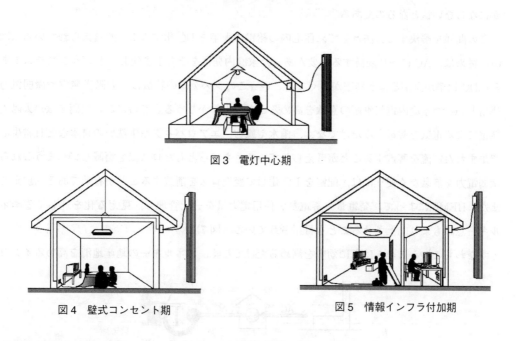

図2　給電による生活の変化

図3　電灯中心期

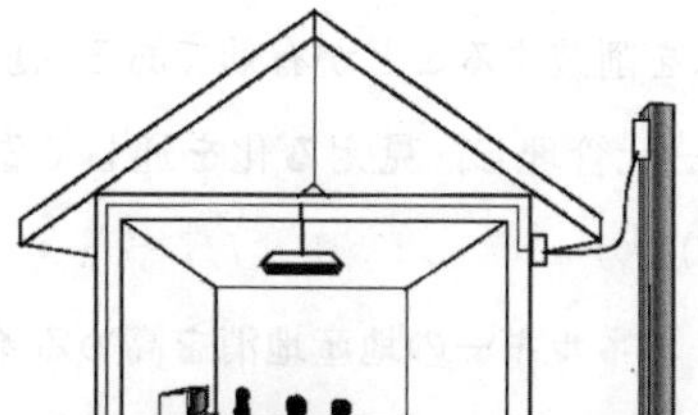

図4　壁式コンセント期

図5　情報インフラ付加期

ずらりと並べられる現在のライフスタイルが普通のものになっていく。

(3)　情報インフラ付加期（1980年代-2000年代）（図5）

次いで多くの家電に，小さなコンピューターが搭載されるようになり，それぞれに情報管理がされるようになる。それと並行して住宅側では，電力のみならず情報環境の整備も並行して行われるようになり，家電とそれを活用したライフスタイルは，より個に近い形に分散する。

このように，集中から分散へ，部屋の中心から壁際へと家電の変化に伴って生活が変化している状況が読み取れる。次世代の空間はこうした進行中の分散化をさらに押し進めるのか，それとももう一度高度な形で集中を図るのか。ちょうど分かれ路なのかもしれない。

1.3 ACからDCへ

1.3.1 DCライフスペースのコンセプト

発電所で作られた電力を長い送電線を使って各家庭に分配するこれまでのやり方は，ある場所で大量に作った電力を送電ロスの少ないACで配る集中生産に適した方式であった。しかしながら，太陽光発電や燃料電池など，それぞれの家庭が独自に発電する電力から見た場合，これは必ずしも最適な方法とは言えなかった。家庭内の配電はACでなされているが，太陽電池や燃料電池などの発電はDCベースであり，家庭で使われる電気機器の多くも機器内ではDCを用いている。したがって，家庭内で作られたDCの電気は一旦ACに変換され，機器内で再びDCに変換されるといった効率の悪い状況が生まれていたのである。現状では一般にAC/DC変換には10％程度のロスが発生すると言われているが，家庭内での発電量が増えていくとそうしたロスはばかにならない値となるのである。

この問題を解決する方法として，住宅内の給電の大半をDC化することが考えられている（図6）。従来は，ACに一旦変換する必要があった家庭内発電をそのまま使おうというシステムである。DC比率が上がるほど効率が良くなるというこのシステムの特徴は，太陽光発電や微弱電力活用といった家庭内電気生産の意欲を高めることにも繋がりうる。さらにこの空間では，太陽光発電による電気を蓄電するだけでなく，雨水や風力，エアロバイクや手洗いの排水など日常生活で生まれた電流を蓄電することが考えられている。ちょっとしたロスでも磨滅してしまうこれら微弱電力を無駄なく使うには，配電をDC化して変換ロスを削減することが有効である。加えて，また，HEMSによって，発電量・蓄電量・使用電力量を一元管理し，見える化を通じて省エネルギー意識もより向上させることも目指されている（図7）。

すなわちこのシステムは単に効率を高めるだけでなく，エネルギーの地産地消を高めるインセ

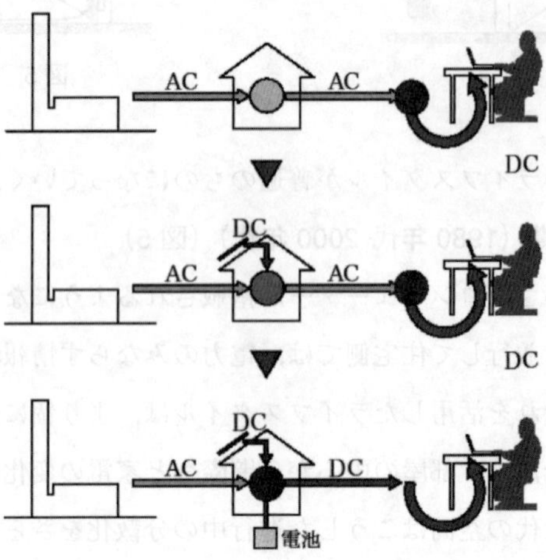

図6　ACからDCへ

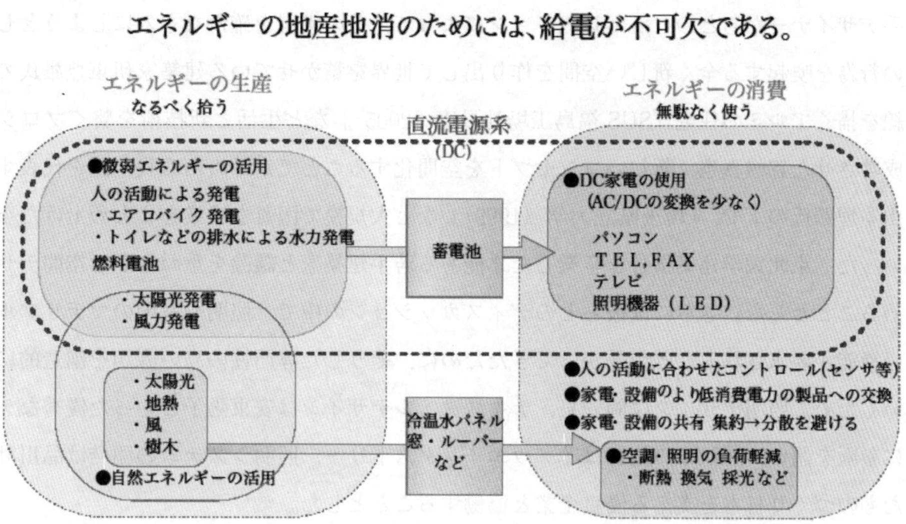

※エコハウスプロジェクトHPより、加筆・構成

図7　エネルギーの地産地消

ンティブとして働くことが期待されているのである。もちろん携帯電話などの端末を用いてエネルギーの使用状況をチェックしたり家庭内の電力消費をコントロールしたりするといった，既に実用化されつつある仕組みと組み合わせることで，省エネをさらに進めることも可能である。このようにエネルギーをつくり出し，効率よく消費することが生活の一部となり，インフラにしばられず，自由にふるまうライフスタイルが射程に入ってくるのである（図8)。

1.3.2　デザインチームの構成

それでは，こうしたコンセプトはどのように空間として表現することが出来るのであろうか。研究チームではテクノロジーに対するリテラシーが高く，かつ空間デザインにも才能を発揮する

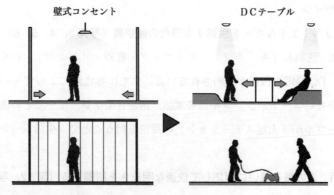

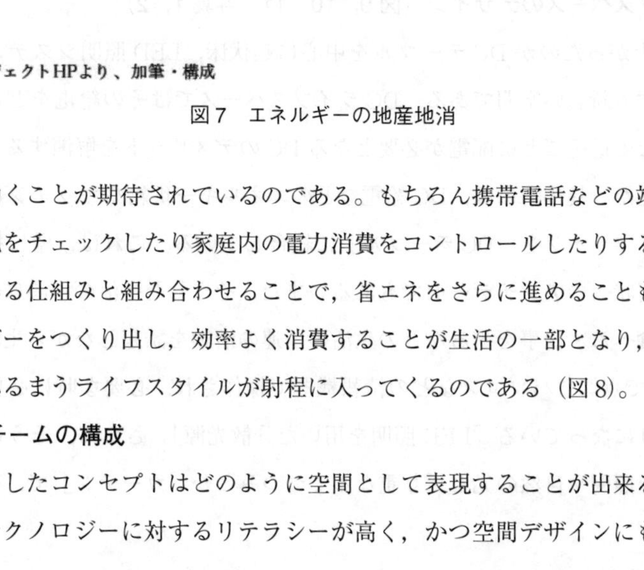

図8　DC化のコンセプト

若手デザイナーたちとのコラボレーションによって，その実現を確かなものにしようとした。人間の行為を喚起する全く新しい空間を作り出して世界を驚かせている建築家伊東豊雄氏の下で，曲線を描くアルミの住宅「SUS福島工場社員寮（2005)」など生活と新技術を繋ぐプロジェクトを成功させた錦織真也，新しいコンセプトを空間化することで定評のある我が国を代表する建築家山本理顕氏の下で，「埼玉県立大学（1999)」など大規模で困難な事業をまとめ上げた小田和弘といった，東北大学建築学科を卒業した才能ある若手建築家と議論を重ねながら空間デザインを進めることとした。さらには彼らとのディスカッションの中で，照明や室内のマテリアルなどに高い機能が要求されることが分かってきたために，そうした専門性の高い課題を創造的に解決していくため，照明デザインは岡安泉，テキスタイルデザインは安東陽子といった優秀なデザイナーに参画を請い，起伏床の施工はイノウエインダストリー，照明システムの開発は品川計装といったものづくり日本を支える優良企業と協働することとした。

1.3.3 DCライフスペースのデザイン（図9，10，11，写真1，2）

そうして出来上がったのがDCテーブルを中心に起伏床，LED照明システムなどが生活を柔らかくサポートする新しい空間である。DCライフスペースではその給電をどこから行うかが問題となるが，異なる電圧ごとに配電が必要となるDCのデメリットを解消する上でも集中的に展開することを考えた。具体的には，DC給電などのエネルギー供給やキッチンなどの給排水など，生活を支えるライフラインを「DCテーブル」に統合している。これは，壁に拘束され分散化が進んでしまった現状へのアンチテーゼでもある。また，そうした生活の中心に位置付けたDCテーブルを休む・食べる・仕事をするなどの生活の一連の活動を誘起しながら生活に統合する「起伏床」。直流電源で点灯しパソコンなどの情報機器で操作され，必要な時に必要な分だけ明かりを取り出せるようになっている「LED照明を用いた分散光源」。さらに，そういった流れるようにつながる空間を照明や自然の光と折り重なってつつみこむ「カーテン」で，やわらかく仕切っている。

1.3.4 各部のデザイン

(1) DCテーブル：エネルギーを供給する現代の囲炉裏（写真3，4，5，6）

DCテーブルは「洗面」，「キッチン」，「ダイニング・書斎・リビング」，すべての機能を持つ長いテーブルで，DC給電の機能も集約されている。すでに蓄電池によってモバイル化され，常時の給電の必要がないノートパソコンや携帯電話，携帯音楽プレーヤーなどの既存の電気機器についてもこのテーブルが「充電ステーション」の役割を担うことで，生活シーンへの再統合を図っている。

(2) LED照明：人の振る舞いに対応して快適な明るさを制御する（図12，写真7）

照明システムはベースとなるLED照明と手元のLED照明を組み合わせる事で，それぞれの

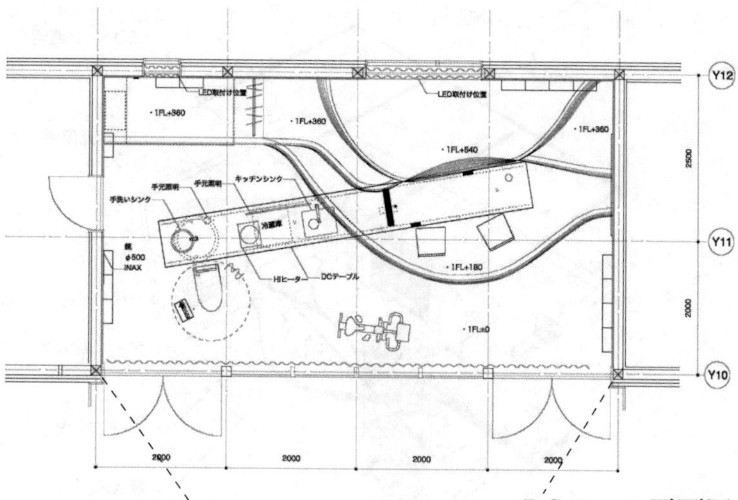

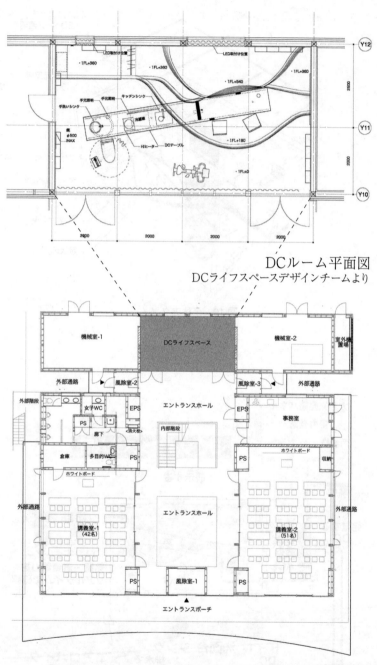

DCルーム平面図
DCライフスペースデザインチームより

エコラボ平面図
ササキ設計より

図９　全体図面

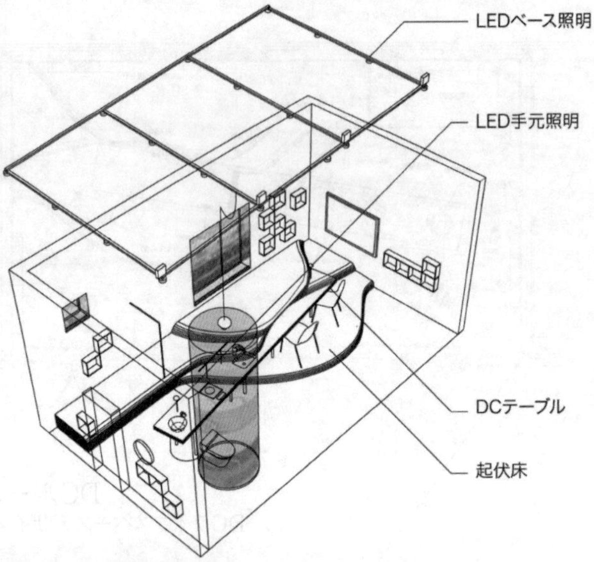

図 10　全体アクソメ

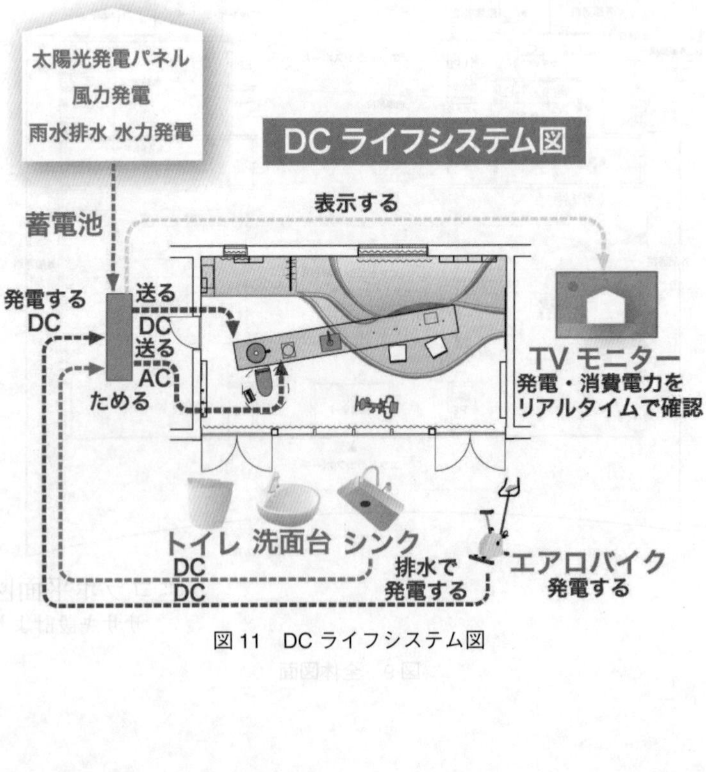

図 11　DC ライフシステム図

写真１
（出典：高橋由貴彦撮影）

写真２
（出典：高橋由貴彦撮影）

写真３
（出典：高橋由貴彦撮影）

写真 4
（出典：高橋由貴彦撮影）

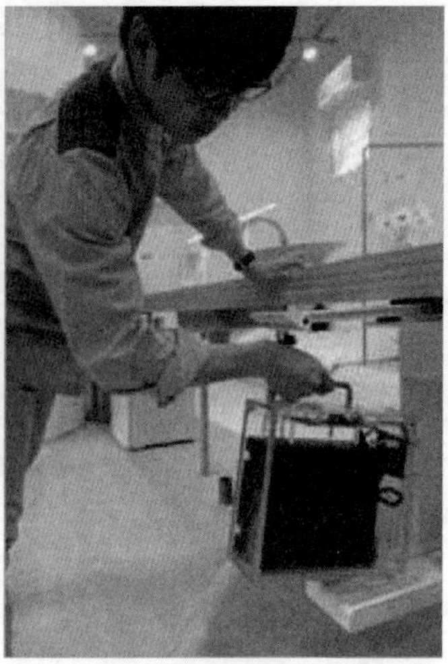

写真 5
（出典：高橋由貴彦撮影）

写真 6
（出典：高橋由貴彦撮影）

生活に必要なだけの明かりを提供することが目指されている。それにより，節電効果を高めるだけではなく，コンパクトで快適な生活空間をつくり出す事が可能となっている。これらLED照明は，LANやインターネットに接続され，パソコンや携帯電話などの情報機器で制御することも想定されているが，それにより照明は携帯やパソコンのように手持ちの機器が延長されたような意味を持つこととなる。

(3)　起伏床：生活の様々な行為をサポートする（写真 8，9）

この部屋には，パソコンを使う，寝る，料理する，顔を洗うなどの生活のいろいろな姿勢がで

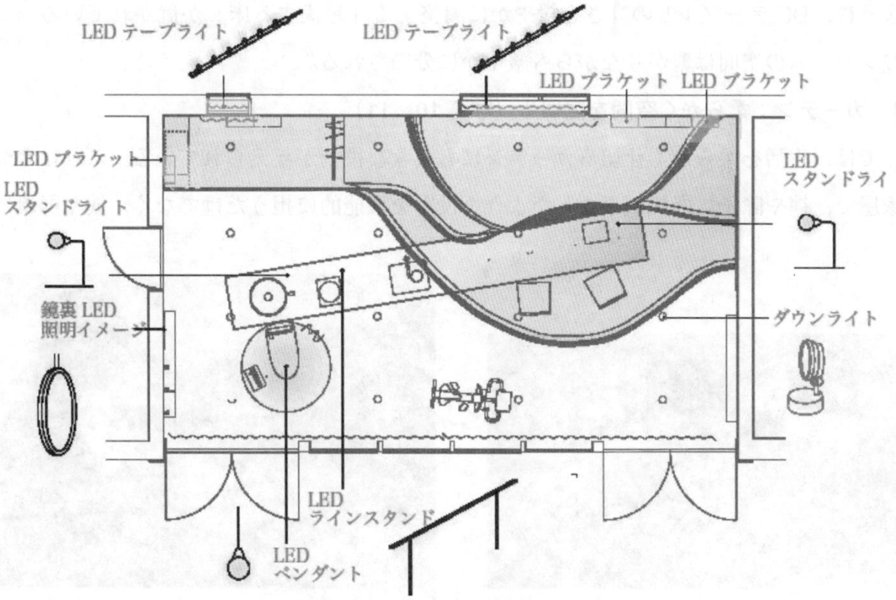

図12　DC ルーム内の設備
（出典：錦織真也作成）

写真7
（出典：高橋由貴彦撮影）

きるように，DC テーブルとの高さを緩やかに調整する「起伏する床」が置かれている。これによりワンルームの空間は繋がりながらも緩やかに分節される。

(4) カーテン：柔らかく空間を区切る（写真 10，11）

ここでは，生活を柔らかく仕切るカーテンにも大きな役割が与えられている。これはかつての日本家屋で，襖や障子，屏風が果たしたような役割を機能的に担うだけでなく，襖や屏風に豊か

写真 8
（出典：高橋由貴彦撮影）

写真 9
（出典：高橋由貴彦撮影）

写真 10
（出典：高橋由貴彦撮影）

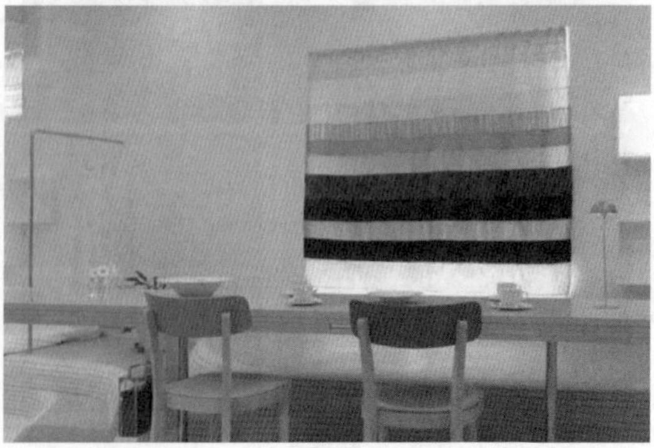

写真 11
（出典：高橋由貴彦撮影）

な自然の風情が描かれていたように，上下方向に変化するテキスタイルのパッチワークは，季節を抽象的に表現している。具体的には，パッチワークに用いられている12種類のテキスタイルの柄の幅はそれぞれ仙台市における月別の降水量と日照時間に比例し，色と素材は１月から12月に対応する行事や季語を象徴するものとなっている。これらは，私たちが，昔から自然とともに暮らしていることを意識させ，DCライフスペースによって実現される自然との共生を象徴するものでもある。

1.3.5　課題

これまで述べたようにDCライフスペースには様々な長所が存在するが，プロジェクトを進める中で開発初期にありがちな技術的な課題もいくつか存在することが分かった。以下に，それらの内の代表的なものを挙げる。

①　同じDCでも機器内では様々な電圧が使用されるため，実際にはいくつかの電圧を同時に生活空間まで給電することが必要となる。

②　DC配電はACより電圧が低いためケーブルの径が太くなる。また①のように異なる電圧を同時に給電するには手間もかかり建築側の対応も複雑になる。

③　複数の電圧に対応するのみならず，メーカー規格の違いなどで，幾つかの給電口を用意しなければならず，建築的な収まりは複雑になってくる。

④　現段階でDCに対応した家電・機器は極めて少ないため，当面はAC対応のものと組み合わせながら運用しなければならない。

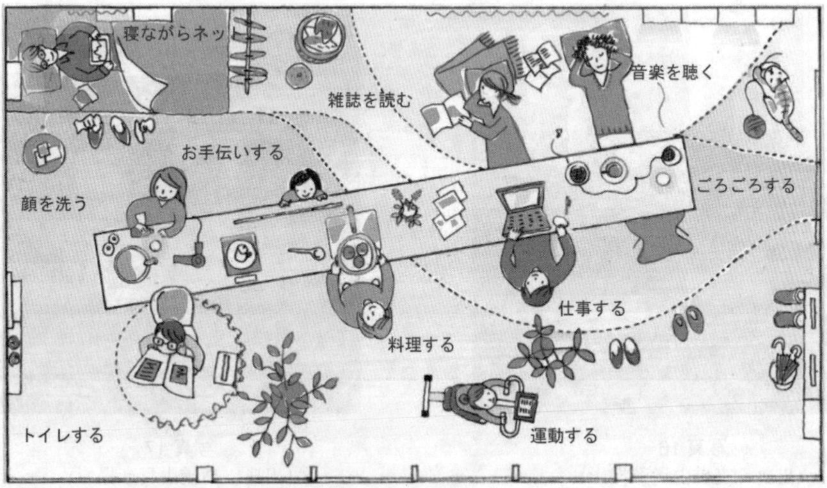

図13　DCルームでの活動
（出典：錦織真也作成）

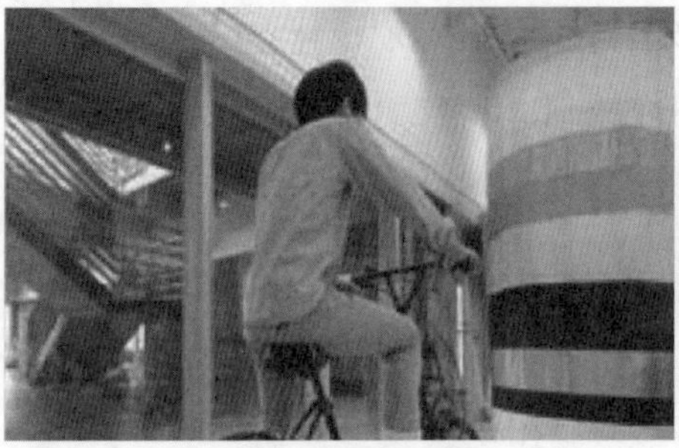

写真 12
（出典：高橋由貴彦撮影）

写真 13
（出典：高橋由貴彦撮影）

写真 14
（出典：高橋由貴彦撮影）

写真 15
（出典：高橋由貴彦撮影）

写真 16
（出典：高橋由貴彦撮影）

写真 17
（出典：高橋由貴彦撮影）

1.4　まとめ

従来のエコ住宅では，通常の住宅に発電設備や節電設備を備え付けた，プラスアルファ型のものが多かったように思われる。今回のプロジェクトは規模こそ非常に小さいが，DC 化を通じて微弱電流をこつこつ貯める「DC ライフの要素」を日常生活に導入するとともに，生活サイクルの中に排水や運動で発電した電気を蓄電する新しいライフスタイルを形にすることがある程度できた（写真 12，13，14）。DC テーブルの周りで，立って作業したり，座ってくつろいだり，時には友人と楽しく過ごしたりといった日常生活がおこなわれるさまは，囲炉裏のそばに家族全員が集まったかつての様を彷彿とさせるようで興味深い（写真 15，16，17）。

エネルギーの地産地消は，現段階では個別の要素技術の集まりにすぎないが，エコハウスやエコビレッジなど，面として開発が進行し，相互に繋がってくると生活のデザインはさらに発展する。そのような状況になれば消費と生産が蓄積を通じてその場所で繋がる新しい関係が構築されるはずである。

今回の計画を介して，私たちの身体を取り巻く細々としたモノやエネルギーとの関係を繊細にデザインすることで，壁や部屋で生活行為が区切られるのではなく，日常生活が一連の動作として自然につながっていく空間は部分的ではあるが具現化できた。今後，そういった連続的な空間の表象をとっかかりに，エネルギーの生産と消費がゆるやかにつながっていくライフスタイルが普及していくことになればと考えている。また，そうした個々の生活のデザインが，より大きなスケールへと発展し，住まいのデザイン，都市のデザインへと影響を与えていければと考えている。

DC ライフスペース DATA SHEET	
所在地	東北大学大学院環境科学研究科エコラボ内
用途	ショールーム
面積	36m^2
設計期間	2009 年 5 月～2010 年 4 月
工事期間	2010 年 5 月～2010 年 6 月
プロデュース	田路和幸
プロジェクト・マネジメント	小野田泰明
設計	小田和弘　錦織真也
照明設計	岡安泉（岡安泉照明設計事務所）
照明システム設計	品川通信計装サービス
カーテンデザイン・製作	安東陽子（NUNO）
家具製作	イノウエインダストリイズ　他
資料提供	阿部一仁
衛生機器提供設置	INAX
給電機器製作	コクヨ
蓄電池システム	NEC トーキン
家電協力	パナソニック電工

図 14　データシート

文　献

1）東北大学大学院環境科学研究科，NEWS LETTER（環境科学研究科ニュースレター），No. 10（2010-06）．
2）栄久庵憲司，台所道具の歴史，柴田書店（1976-02）．
3）山口昌伴，台所の一万年―食べる営みの歴史と未来―，農山漁村文化協会（2006-06）．
4）西山夘三，日本のすまい（壱-弐），勁草書房（1975-08，1976-06）．
5）西山夘三記念すまい・まちづくり文庫／松本滋，昭和の日本の住まい―西山夘三写真アーカイブスから―，創元社（2007-08）．
6）小学館編，日本の家電総カタログ，小学館（2003）．
7）松下電工編，松下電工A&I物語：掘り抜き，掘り起こせ（創業75周年記念），松下電工（1993-05）．
8）阿部一仁，電化の流れから見た住空間の変容，東北大学工学部平成21年度卒業論文（2010-02）．

2　電気化学エネルギー変換デバイスの最前線

2.1　リチウムイオン電池，燃料電池

伊藤　隆*

2.1.1　はじめに

電気化学エネルギー変換デバイスとは，電気化学的な反応が持つ化学エネルギーを電気エネルギー変換するデバイスを指している。近年特に脚光を浴びているのがリチウムイオン２次電池と燃料電池である。リチウムイオン２次電池は，1990年代に商用化され，各種携帯機器のエネルギー源として現在の日常生活に浸透しており，現在欠くことのできない蓄電デバイスとなりつつある。一方，燃料電池は，水素を燃料とした発電システムであるが，将来の石油枯渇に向けた次世代発電システムとして研究開発が進められている。特に，低温型燃料電池である固体高分子形燃料電池は，電気自動車用電源やスマートハウスにて蓄電するオンサイト家庭用電源，携帯機器用と多岐にわたる可能性が議論されつつある。本稿では，東北大学におけるリチウムイオン２次電池と固体高分子形燃料電池の取り組みについて述べる。

2.1.2　東北大学におけるリチウムイオン２次電池の研究開発

近年のリチウム２次電池の研究開発は，高性能化と低コスト化の２つの課題を同時に達成しなければならないと言われている。この２つの課題において，高性能化は，高エネルギー密度化，サイクル特性向上と高容量化等を指しており，低コスト化は，安価な新規材料探索にある。付随する要求として，急速充放電等が求められているが，これらの要求は，互いにリンクするところが多く，抜本的なブレイクスルーが未だ見つかっていない。近年，度々発生するリチウム２次電池の事故は，電池内部におけるガス発生による電池セルの膨れ等や熱発生等が原因であるとされているが，未だ本質的な原因究明がなされていない。車載用電源やスマートハウスにて蓄電するオンサイト電源としてリチウムイオン電池の利用を考えると，上記の問題を解決することは必須の課題である。

このような，高性能化，低コスト化の流れの中で，電池とは元来「酸化剤」と「還元剤」を搭載し，電池の充放電時は，電気化学的な「酸化反応」と「還元反応」を同時に進める化学的なエネルギーと電気的なエネルギーを変換するデバイスであり，化学的な反応が進むに伴い，当然なこととして熱力学的な熱も発生する。さらに，他の２次電池に比べてリチウムイオン２次電池はエネルギー密度が高いために，本来的に危険性が高い２次電池である。リチウムイオン２次電池の概略図を図１に示す。正極は遷移金属酸化物，負極には炭素系材料を用い，電解液はリチウム

＊　Takashi Itoh　東北大学　学際科学国際高等研究センター　准教授

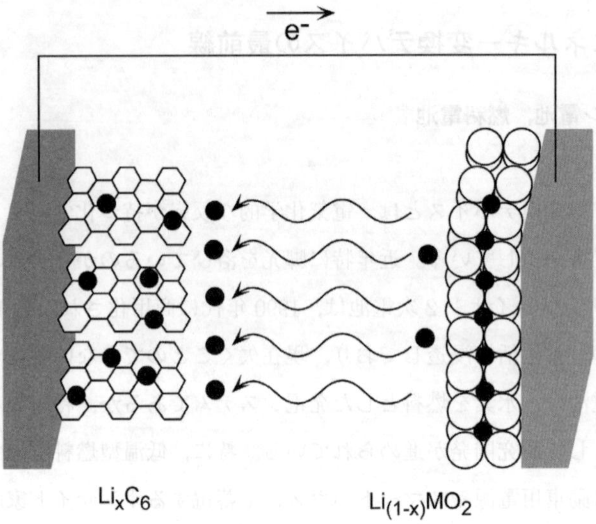

図1　リチウムイオン２次電池の概略図

イオンを含む有機液体である。この正極と負極にてリチウムイオンを脱挿入する反応が充放電時に進行し，充電時は正極にリチウムを放出，負極にてリチウムを吸蔵，放電時は負極にてリチウムを放出，正極にてリチウムを吸蔵する反応が進行し，充放電を繰り返している。この反応は可逆（トポケミカル）な反応であり，電極の大きな構造変化を伴わないことが大きな特徴となっている。

この危険なエネルギーデバイスであるリチウムイオン２次電池を我々は巧みな技術で利用し，エネルギー密度の高さから軽量化が図れるので，携帯機器電源や電気自動車用電源に利用されているが，小型化や利便性の為に充放電条件や電池保護機構などが定格ぎりぎりで運用されている現状がある。スマートハウスを念頭においたさらなる大型化や高性能化に伴い，電池に過剰な負荷をかけることとなり，事故を誘発する可能性が示唆されている。

このような過剰な負荷条件下におけるリチウム２次電池の研究開発は，電池の安全性と関連して数多く行われている。電池を高温環境下においた場合の電極表面生成物を質量分析法にて同定する研究，XAFSによる正極材料の熱安定性の電極解析，長期使用後の表面形態観察，電池の交流インピーダンスの温度依存性に関する研究などが最近行われており，特性向上，安全性向上に根ざした研究が行われている。これらの研究課題は，主として高温条件下における電池特性に関する研究，すなわち，高温条件にて電池の充放電試験を行い，その後電池を解体して各種機器分析を行う手法（Ex Situ 測定）が主流である。この Ex Situ 測定は，試料を大気に暴露してしまう場合が多く，試料の酸化が進行する場合も想定される上，大気中の水分を吸収することによる副反応の進行により，試料に大きな影響を受けるなどの問題を多々抱えている。

実電池に即した電池作動環境下における電気化学測定は「その場（In Situ）」と呼ばれている。このIn Situ測定は，実電池の使用に即した条件下にて各種計測を行い，電池構成要素の状態を観測する手法である。電池の研究開発におけるその場測定は電解液が存在するため手法が限られており，光を用いた方法（紫外，可視，赤外，X線）やSTMやAFMを用いた各種顕微鏡等により行われている。これらのその場計測の方法は，玄人的な実験要素が必要な上，市販の実験装置を少々改造した程度での電気化学その場測定は難しく，世界中でも数えるほどの研究者のみしか行えていない。その上，リチウム2次電池の基本的な知識である有機溶媒の取り扱いや電気化学の知識と経験が必要であるので，分光等を専門に行っている研究者のみで電池の電気化学的その場計測を行うことは難しい。

筆者の研究グループでは，10年ほど前から，エネルギー変換デバイスであるリチウム2次電池，燃料電池（固体高分子形，溶融炭酸塩形）の電極反応解析に関連した電気化学その場ラマン計測，赤外吸収計測を行っている[1~3]。充放電時における正極，負極の電気化学反応解析を行い，電極電位規制下の電気化学的な電極界面を分光学の原子・分子レベルにて解析を行ってきている。本目では，高電位領域における正極材料のその場ラマン分光解析に取り組み，電極構造の変化や電極界面における表面生成物の生成等を示唆する情報について述べる。

最近のトピックとして電池の高電位化による高エネルギー化と電極界面におけるガス発生・表面生成物による電池の安全性に関する観点より急速に着目されだしている。通常の電気化学反応を超えた過剰な負荷状態に置かれた電池を分光学のミクロスコピックな原子・分子レベルにて学術的な観点より解析することは，今後ますます高性能化が進むリチウム2次電池の研究開発に必要不可欠な研究開発であると考えられる。

一例として，現在リチウムイオン2次電池の正極材料として用いられているコバルト酸リチウム電極のサイクリックボルタモグラムを図2に示す。現在のリチウムイオン2次電池の充電電圧は4.2V程度であり，このサイクリックボルタモグラムの4.2V近傍の電流応答と対応している（図2(a)）。さらに，この充電電位を高電位とすることができれば，高エネルギー密度とすることができる。そこで，このコバルト酸リチウムに高電位を印加した時の特性を図2(b)，(c)に示している。高電位に電位を印加すると電流応答が観測され，リチウムの脱挿入反応とは別の何らかの電極反応が進行していることが示唆されている。5.0Vにて電位を折り返すと，通常観測される放電電流応答はほとんど観測されず，ブロードな電流応答のみが観測される。このような5.0Vまでの電位掃引時におけるその場ラマン測定を行っている。図3(a)は電位を5.0Vまで掃引した場合，図3(b)は5.0Vから低電位に掃引した場合である。$LiCoO_2$の空間群はR3mに属することが知られており，$LiCoO_2$の振動モードは4種類存在する。そのうちラマン活性な振動モードは2種類存在し，ラマンスペクトル上には2本のラマン線となり観測される。$LiCoO_2$の

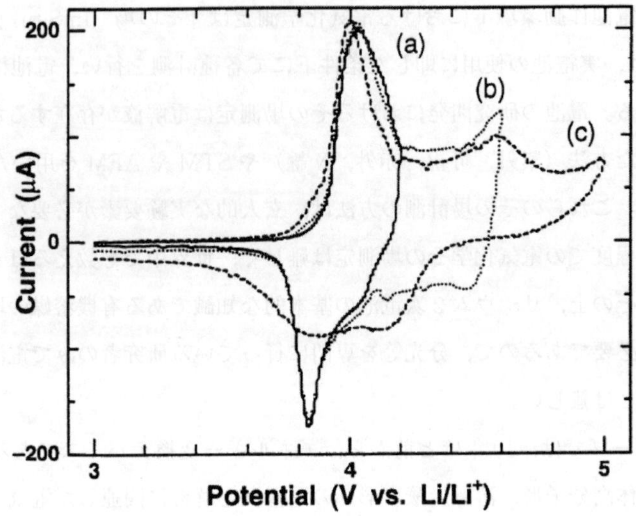

図2　コバルト酸リチウム電極の高電位サイクリックボルタモグラム
折り返し電位：(a)4.2 V，(b)4.6 V，(c)5.0 V

ラマンスペクトルを測定すると，597 cm^{-1}と485 cm^{-1}の2つのラマン線が観測され，R 3 mに属する構造を有していることがラマン分光法により確認できる。この$LiCoO_2$を高電位側に掃引すると，この2つのラマン線は，4.2 V近傍で消失する。これは，Liの脱離に伴い，$LiCoO_2$の構造が変化した結果，$LiCoO_2$の電子伝導性が変化したためラマン散乱強度が減少すると考えられている。さらに電位を高電位側に掃引すると，4.6 V以上の電位領域においてラマンスペクトルの急激なバックグラウンドの上昇が見られ5.0 Vまで上昇したバックグラウンドは維持されている。5.0 Vにて電極電位を折り返し，電極電位を卑な方向に掃引すると，上昇したバックグラウンドは維持されたままのラマンスペクトルが観測された。$LiCoO_2$電極の構造は大幅に変化したと思われるが，さらに電極界面に反応物が生成していることが予想される。電極電位掃引後の$LiCoO_2$電極を取り出し，電極構造や電極界面生成物等を調査するために，Ex Situ FTラマン分光スペクトルとFT-IRスペクトルの測定を行った。FT-IRスペクトルの測定において，有機物の$-CH_2$対称伸縮モードや逆対称伸縮モードが観測され，これらの吸収ピークは$-CH_2$対称伸縮モードと$-CH_2$逆対称伸縮モードに帰属することができる。これらの振動モードは$LiCoO_2$電極表面上に析出している表面生成物に起因すると考えており，EC（エチレンカーボネート）やPC（プロピレンカーボネート）等の電解液成分が酸化反応である開環重合反応を誘発し，電極表面に重合物として堆積していると推測される。

本目では過充電状態である過剰な負荷条件下におけるリチウム2次電池正極材料のその場測定について紹介した。負極でのカーボン中へのインターカレーションと正極でのインサーション反

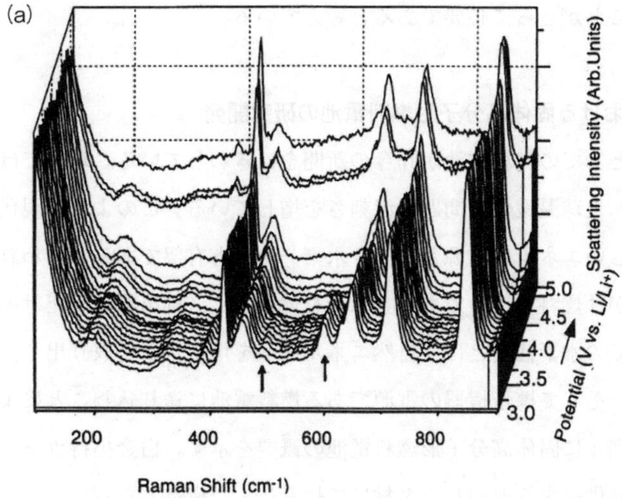

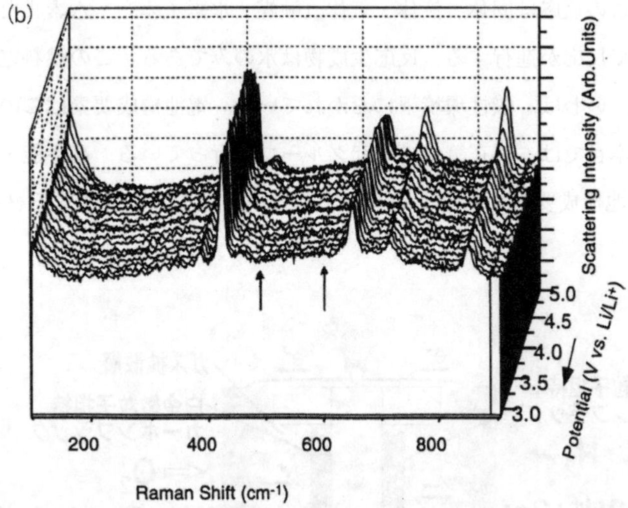

図３　$LiCoO_2$ のその場ラマンスペクトル
(a)電位を正の方向に 5.0 V まで掃引，(b)電位を 5.0 V から負の方向に掃引

応を利用するこの４V 級リチウムイオン２次電池は，現在のコードレスハイテク機器を支える重要なエネルギーデバイスであり，今後スマートハウスや電気自動車等の大型電源として展開すると想定される。$LiCoO_2$ を超えるような特性を持ち，より安価な電極材料を模索するためには，実際に電池として用いられる条件に即した電気化学的な動的条件下，すなわち，電極電位規制下の In Situ 条件で電極材料の物性電気化学を解明し，新規材料の提案へとつなげるその一助として本研究開発を行っている。今後，ますます高性能化と低価格化が求められるが，電池内部を詳

細に解析していくことがさらに必要であると考えている。

2.1.3 東北大学における固体高分子形燃料電池の研究開発

新エネルギー源としての燃料電池が昨今の新聞をにぎわしている。現代では石油枯渇が現実味を帯びだし，一方，地球温暖化の問題は深刻さを増している。このような現代において持続可能な発展を果たす新しいエネルギー源として「水素」が最も有望であるといわれている。この水素を使った発電装置が「燃料電池」である。水素を燃料とし，排出物は水だけのクリーンな発電システムである。究極の水素社会とは，自然エネルギーを用い水素を取り出し，貯蔵しておいた水素を家庭や自動車，そして携帯機器の電源である燃料電池に送り込むことにより成り立つエネルギー社会である。図4に固体高分子形燃料電池の概要を示す。白金担持カーボン塗布した固体高分子膜を水素と酸素供給するセパレータ材にて挟み込んだ構造となっている。燃料極より供給された水素は白金上で水素イオンとなり，固体高分子膜中を拡散し，酸素極にて酸素と結合する反応となっている。この反応は固体・液体・気体（触媒・水素イオン・水素または酸素）の3相を有する三相界面にて反応が進行する。反応生成物は水のみである。この燃料電池は水素イオンが関与しているので，いわば，酸性環境下におかれている。電池構成要素はこの酸性環境下に耐えうる必要がある。本目では，現在筆者の研究グループで行っている，高性能・長寿命・低コストに根ざした燃料電池構成要素であるセパレータと Fe–Pt 電極触媒に関する材料開発を紹介する。

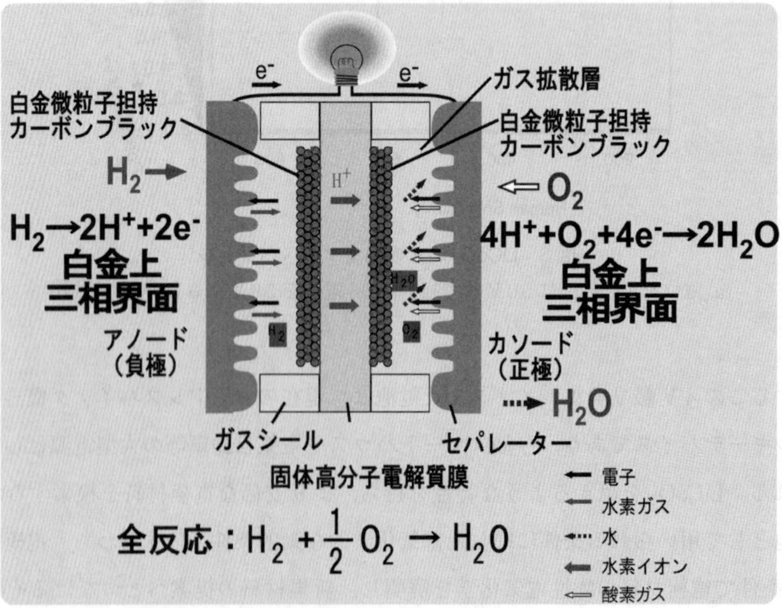

図4 固体高分子形燃料電池の概略図

(1) ハイブリッドセパレータ

固体高分子形燃料電池におけるセパレータ板には黒鉛と樹脂を混合した材料，特殊ステンレス材等の材料が用いられている。これら材料は，コストと耐久性に問題を有しており，材料として安価な金属が使用できると，コストを大幅に押し下げることが可能となる。実電池環境下において多くの金属はそのままでは腐食してしまう。そこで"金属の腐食耐久性をいかに向上させるか"と同時に"電気抵抗の低減"を可能とすることの問題を解決する必要がある。筆者の研究グループでは，金属と炭素薄膜を組み合わせた"ハイブリッド化"とセパレータの構造を考慮し，溝内部を腐食耐久性，溝外部を電気抵抗低減性としたデュアル構造を有するセパレータ材の電気化学的な耐食性評価について検討を行っている[4]。図５にハイブリッドセパレータの概略図を示す。高耐食性と高導電性を付与できるようなハイブリッド構造を有しており，電流の流れる部分は高導電性と高耐食性の材料構成となっており，他の部分については高耐食性を付与できる構造となっている。図６はアルミ合金を基材としたハイブリッドセパレータの試作品である。50 cm^2

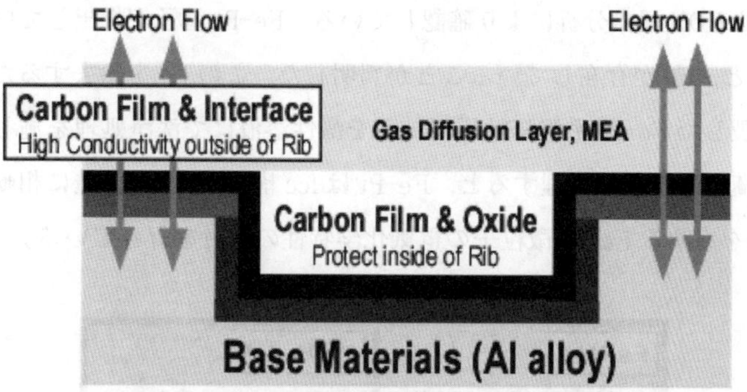

図５　ハイブリッドセパレータの概略図

図６　ハイブリッドセパレータの試作品

の電極面積を持っており，単セルに装着して現在発電試験を行っている。さらに，金属と薄膜炭素界面への分子修飾効果を試みており，この修飾が作り出す高耐食性・高導電性界面についての可能性を追求している。

(2) Fe–Pt 系電極触媒

固体高分子形燃料電池（PEFC）の電極触媒には，①高出力密度を得ることができること，②高耐久性を維持することができること，③低コスト材料であること等の特性が求められている。筆者の研究グループでは，これらの特性に根ざした Fe–Pt 系電極触媒微粒子の合成とその電気化学特性の評価を行っている。この Fe–Pt 系触媒は，耐 CO 被毒触媒である Pt–Ru に比較的電子構造が酷似しており，CO 耐性にも優れていると想定されているが，Fe の溶出に伴う触媒性能の劣化や電解質膜への影響等が懸念されている。ここでは，ポリオールプロセスを用いた Fe–Pt 担持カーボンの作製方法の検討と電気化学特性を検討した結果について述べる[5)]。

図 7 に調整した Fe–Pt 担持カーボン電極触媒の透過電子顕微鏡写真を示す。Fe と Pt の組成比に関わらず，2.5 nm から 3.5 nm 程度の粒子が炭素上に生成していることが観察されている。この粒子の組成は EDX 元素分析により確認している。Fe–Pt 粒子が析出していない部分からの EDX 分析を行うと，Fe が存在していることが判明した。この Fe を除去するために，ポリオールプロセスで作製した Fe–Pt 系電極触媒微粒子を酸性溶液にて洗浄処理を施し，さらに，洗浄処理を施した電極材料を加熱処理すると，Fe–Pt は fcc 構造から fct 構造に相転移することが確認され，fct 構造を有する Fe–Pt 微粒子の電気化学特性の検討を行っている。この fct 構造を有

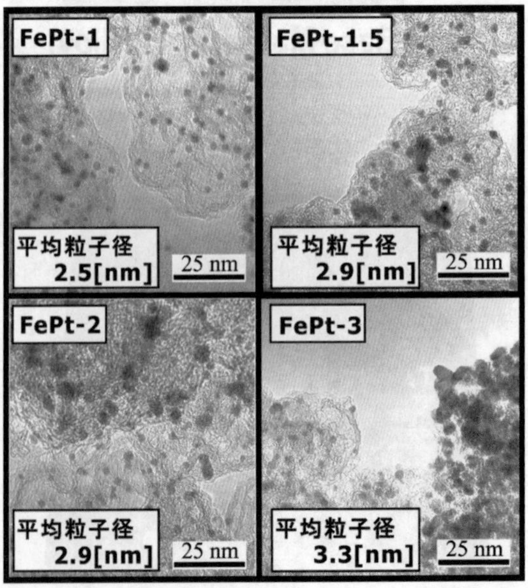

図 7　Fe–Pt 担持カーボン電極触媒の透過電子顕微鏡写真

するFe–Pt触媒は，fcc構造のFe–Ptより良好な耐食性を有していることが判明している。また，作製手法であるポリオール法は，直接的にFe–Pt担持カーボンを生成可能であるので，電極触媒製造方法としても有効な手法である。高出力，高耐久性，低コストを具備した電極触媒開発が，今後の燃料電池研究開発の鍵となると考えている。

文　献

1) Takashi Itoh, Hajime Sato, Tatsuo Nishina, Tomokazu Matsue and Isamu Uchida, "In Situ Raman Spectrosopic Study of $LiCoO_2$ Electrodes in Propylene Carbonate Solvent Systems", *Journal of Power Sources.*, **68**, 333–337 (1997)

2) Takashi Itoh, Naomi Anzue, Mohamed Mohamedi, Yasunari Hisamitsu, Minoru Umeda and Isamu Uchida, "Spectroeoectrochemical Studies on Highly Polarized $LiCoO_2$ Electrode in Organic Solutions.", *Electrochemistry Communications*, **2**, 743–748 (2000)

3) 伊藤隆，"電極材料の過剰な負荷条件下におけるその場ラマン分光解析"，*FC Reports*，**28** (2)，44–48 (2010)

4) Dongzhu Yin, Takashi Itoh, Kazumasa Toki, Atsuo Kasuya, Muneyoshi Yamada and Tatsuo Uchida, "Electrochemical Investigations of Al–Carbon Hybrid Bipolar Plate Materials for Polymer Electrolyte Fuel Cells.", *Electrochemistry*, **75** (2), 187–189 (2007)

5) Takashi Itoh, Masaki Uebayashi, Kazuyuki Tohji and B. Jeyadevan, "Inhibition of the Dissolution of Fe from Fe–Pt Nano Particles by a Structural Phase Transitions", *Electrochemistry*, **78**, 157–160 (2010)

2.2 LED

藤井克司[*1]，八百隆文[*2]

2.2.1 LEDのスマートハウスへの応用

LEDとは発光ダイオード（Light Emitting Diode）の頭文字をとったもので，半導体を用いた固体発光素子である。DC電源で駆動できるほか，今まで用いられてきた蛍光灯を含む照明装置より高効率な電気―光エネルギー変換の可能性を持っているため，次世代の，特にスマートハウスでの照明としての応用が期待されている。しかし，LEDはつい最近まではインジケーターなどに使われるそれほど明るくない発光素子であった。ここでは，LEDの構造とその照明としての利用方法について紹介し，照明用LEDの高効率化に向けた一般的な取り組みと東北大学における取り組みについて述べる。

2.2.2 LEDの構造

LEDは半導体を用いた固体発光デバイスであり，その基本的な構造は図1に示すようなものである。すなわち，正孔を供給するp型の半導体層と電子を供給するn型の半導体層に挟まれた発光領域を有する。このp型半導体層とn型半導体層の発光領域と逆側にそれぞれ電力供給のための電極を設けたものが最も基本的な構造となる。LEDの発光色は発光領域における半導体のバンドギャップによって決定され，また，このバンドギャップは半導体の種類によって決まっている。LEDの発光波長と用いられる材料の関係を表1にまとめる。これから，LEDの材料として用いられるものは基本的にIII-V族半導体であることがわかる。これは，代表的なIV族半導体であるSi，Geやダイヤモンド（C）が間接遷移型半導体と呼ばれる性質を持ち発光効率

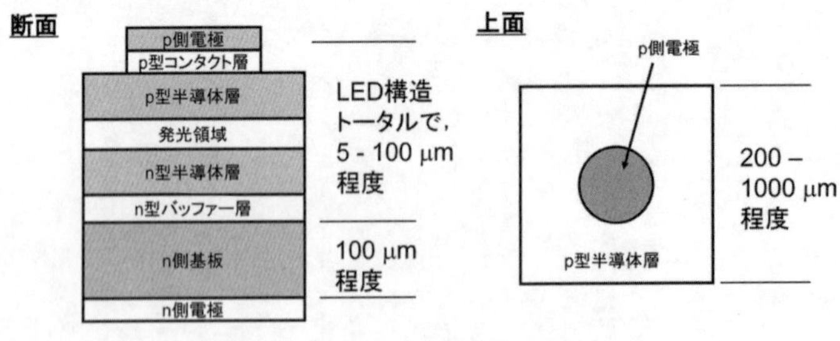

図1　一般的なLED構造の概略図
横から見た形状と上から見た形状を示す。ここにあるようにさいころをつぶしたような構造をしたものが多い。

＊1　Katsushi Fujii　東北大学　大学院環境科学研究科　教授
＊2　Takafumi Yao　東北大学　学際科学国際高等研究センター　客員教授

表1　LEDの発光色とその発光に用いられる主な材料

発光色	波長 [nm]	必要電圧 [V]	効率 [lm/W]	材料
赤外	$\lambda>760$	$V<1.9$		GaAs AlGaAs
赤	$760>\lambda>610$	$1.6<V<2.0$	1 10 20	GaAsP AlGaAs (AlGa)InP
橙	$610>\lambda>590$	$2.0<V<2.1$	1 30	GaAsP (AlGa)InP
黄	$590>\lambda>570$	$2.1<V<2.2$	1 7	GaAsP (AlGa)InP
緑	$570>\lambda>590$	$1.9<V<4.0$	0.5 1 30	GaP (AlGa)InP InGaN
青	$500>\lambda>450$	$2.4<V<3.7$	10	InGaN
紫	$450>\lambda>400$	$2.7<V<4.0$		InGaN
紫外	$400>\lambda$	$3.1<V<4.4$		InGaN AlGaN

波長範囲と発光に必要なおおよその電圧，視感度効率も一緒に示す。

が低いのに比べて，多くのIII-V族半導体が直接遷移型半導体と呼ばれる発光効率が高い性質を持っているためである。

さて，人間の目に感じる光の効率は以下の式で表される。

$$\eta_{\mathrm{lm}}=K\cdot\eta_{\mathrm{c}}\cdot\eta_{\mathrm{i}}\cdot\eta_{\mathrm{ext}} \tag{1}$$

ここで，η_{lm}は人間の目に感じる光の波長に依存した明るさの効率（視感度効率：luminous efficiency），Kは視感度と呼ばれ各波長のエネルギーを人間の見た目の明るさに変換する係数，η_{c}は印加した電圧に対する実際の発光に使われる電圧の効率（$\eta_{\mathrm{c}}\cdot\eta_{\iota}\cdot\eta_{\mathrm{ex}}$を電圧効率：plug-in efficiencyという），η_{i}は印加した電圧を光に変換する効率（内部量子効率：internal quantum efficiency），η_{ex}は発生した光を外部に取り出す効率（$\eta_{\iota}\cdot\eta_{\mathrm{ex}}$を外部量子効率：external quantum efficiencyという）である。また，電圧効率から光に変換するまでの$\eta_{\mathrm{c}}\cdot\eta_{\iota}\cdot\eta_{\mathrm{ex}}$がLED全体の電気から光への変換効率を表す。LEDの効率向上は，LEDという単純な構造に対するこれらそれぞれの効率を向上する地道な努力である。

それぞれの効率向上についての具体的な方法としては以下のような事が行われている。すなわち，LEDへの印加電圧を効率的に活性領域に印加するためには，(a) 電極と半導体の接触抵抗や半導体中の抵抗の低減，(b) 半導体表面などを流れる漏れ電流の低減，(c) 発光領域への十分な電流の拡散，といった対策がとられる。

印加した電圧を効果的に光に変換する対策としては正孔と電子が効率良く再結合を起こす構造で，かつ，発光した光がLEDを構成している半導体で再吸収されないような構造とするよう非常に多くの努力が払われている。すなわち，(a) 非発光再結合の原因となる欠陥や不純物の低減，(b) 単なる同じ物質のp型とn型の接合（ホモ接合）から，p型とn型のバンドギャップが異なるものを接合するシングルヘテロ（single-hetero，SH）接合，発光領域のバンドギャップを周りのp型やn型より狭くするダブルヘテロ（double-hetero，DH）構造へと構造を変更，(c) 活性領域の構造をバルクから量子井戸構造へ変更，といったことが行われる。このうち，特に(b) のバルク→SH→DHの構造変更は正孔と電子の再結合の向上と発光した光の再吸収防止という両方の効果を持っており，LEDの効率向上に大きな効果を発揮している。

LED構造外部への光の取り出しは，LEDを構成する半導体の屈折率が2から4程度と非常に高く，光がある程度の角度（臨界角）以上でLEDの半導体の表面へと向かった場合，半導体表面と外部媒質の界面で全反射を起こしLED側へ戻り，最終的には吸収されてしまうといった問題の回避のため，非常に重要である。外部への光の取り出しの効率向上には，(a) 半導体の構成物質を極力透明な材質とする，(b) 光取り出し方向の電極材質を透明なものにする，もしくは，基板などに装着されている面の電極材質を高反射なものにする，(c) 光が外部に出て来やすいようLED表面を荒らす，もしくは，LED端面の角度を工夫する，(d) 空気層半導体LEDの間に中間的な屈折率を持つ媒質を介する事で光を取り出し易くする，といったことが行われる。

これらの工夫によって，一般的なLED自体の効率はかなり向上している[1~4]。

2.2.3 LEDの照明としての利用

LEDは半導体のバンドギャップに対応した発光しか出来ないため単色光源となり，照明等に用いられるような白色光を単体LEDから作り出すことは難しい。そこで，図2に示すような方法で白色光を得る提案がなされている。このうち，現在の主流は最も高効率になる青色LEDと黄色発光の蛍光体を組み合わせたもの，もしくはそこに少量赤色発光の蛍光体を混ぜたものである。色の再現性という意味では青色LEDと赤・緑色発光の蛍光体を組み合わせるか，紫外LEDを用いて赤・緑・青色発光の蛍光体を用いたものの方が良くなるが，緑・赤色発光蛍光体の波長変換効率が黄色発光蛍光体より低い，もしくは，紫外LEDの効率が青色LEDより低いため，これらの構造はそれほど多く用いられていない。いずれにしろ，LEDと蛍光体の組み合わせを用いる事で白色光を作る事が可能なため，LEDを使った照明という概念が提案されるに至った。しかしながら，LEDの明るさ自体がまだ照明全般に使うには問題があり，更なるLEDの効率向上による明るさの向上が検討されている。

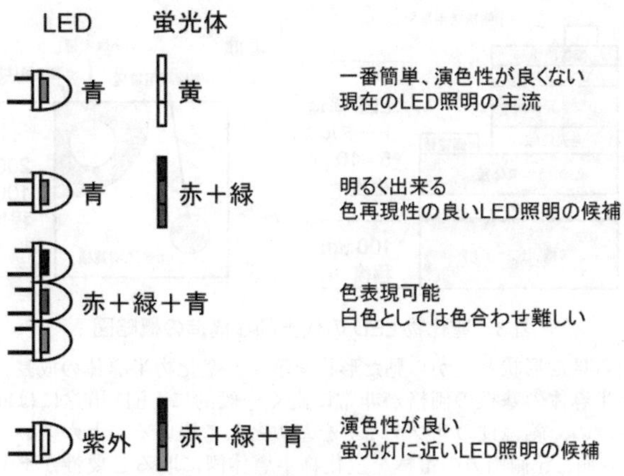

図2　LEDを用いた照明として考えられている構造

青色LEDと黄色蛍光体の構造が最もシンプルで現在のところ効率も高い。青色LEDと緑＋赤色蛍光体の組み合わせでは演色性（色再現性）は良いが，緑色や赤色の蛍光体の波長変換効率が黄色蛍光体に比べ高くなく効率が低くなる。赤＋緑＋青色LEDの組み合わせは最も効率が良くなると期待されるが，緑色LEDの発光効率が低く，LEDの動作回路も複雑になるため実用化されていない。紫外LEDと赤＋緑＋青色LEDの組み合わせも演色性は良いが，紫外LEDの発光効率が低く，明るさから見ると青色LEDと黄色蛍光体の組み合わせに比べて低くなる。

2.2.4　LEDの効率向上

LED照明を実現するためには，青色もしくは紫外LEDが必須である。この青色もしくは紫外の高効率なLEDを実現する材料としては窒化物半導体（$Al_xGa_{1-x-y}In_yN$系：通常AlGaInN系と表記）しか知られていない。そこで，AlGaInN系LEDの高効率化を目指す事となるが，このAlGaInN系LEDは図3に示すように，今までのLEDと異なり，格子整合をする導電性基板がないため(GaNの基板は存在するが非常に高価でLED応用には一般的に向かない)，従来のLEDとは異なる構造を持つことが大きな問題のひとつである。すなわち，(a) AlGaInN系LEDを作製するための基板として絶縁性のサファイアを用いているため，(ｉ) 従来のLEDのように縦方向に電流を流す事が出来ない，(ii) p側，n側の電極ともLED構造がある片面にあるため，電極として発光出来ない面積が大きくなるばかりでなく，電流集中が起きるため電流をLED全体に十分に広げる事が出来ない，(iii) サファイアの熱導電性が良くないため，LEDで発生した熱（光とならなかった無効な電流が熱となる）の放散が十分ではなく，LEDの温度が上昇する事でさらに効率を低下させる，(iv) サファイアとAlGaInN系LEDの間の格子不整合と熱膨張係数差は決して小さくなく，LED構造中に多くの欠陥導入が起こる。さらに，(b) AlGaInN系

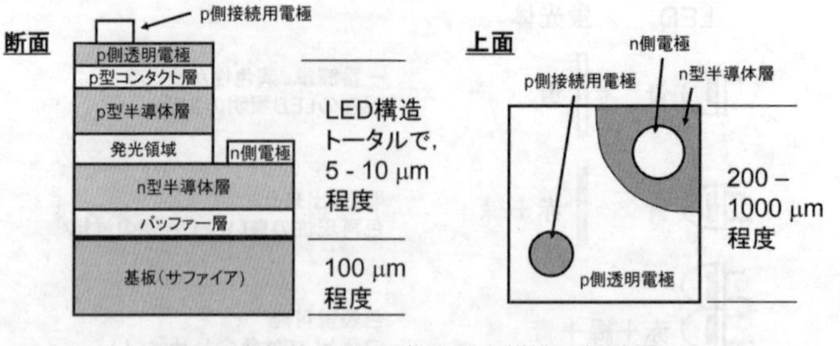

図3　窒化物 LED の代表的な構造の概略図

横から見た形状と上から見た形状を示す。窒化物半導体の成長の場合，窒化物半導体の基板の価格が非常に高く一般的に LED 用途には向いていないため，絶縁性のサファイアを基板として用いることが多い。この結果，p 側，n 側両方の電極を窒化物半導体側に取る必要性があり，発光を行う面積が制限されるばかりでなく，電極間の電流集中が起こりやすく，高効率化には不利になる。

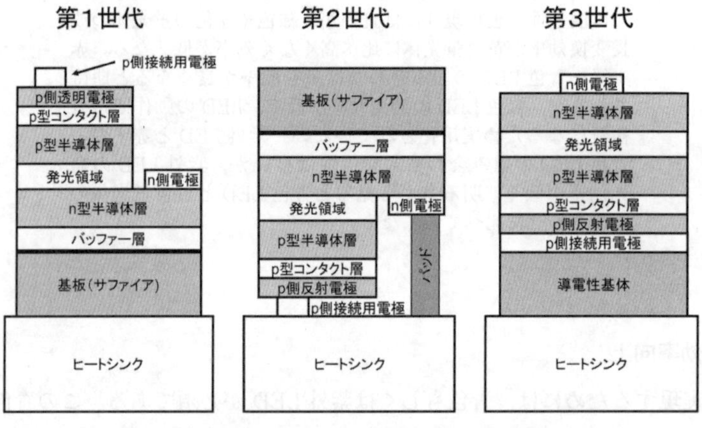

図4　窒化物半導体の高効率化に向けた変遷

第一世代は図 3 にある代表的な窒化物 LED の構造。第二世代はこの第一世代とほぼ同じ構造の LED を窒化物半導体の発光波長に対して透明なサファイアを光取り出し面として装着したもの。電極やヒートシンク側に発光する光の反射構造を設けることで今まで電極やヒートシンクに吸収されていた光を利用できるようになるため，発光効率が向上する。第三世代は絶縁性であるサファイア基板を何らかの方法を用いて取り去り，図 1 にある一般的な LED の構造と同じにするものである。この際，導電性基体に発光する光の反射構造を設けることで，電流拡散と光取り出しのどちらに対しても最適な構造とすることが出来る。

の結晶では本質的に高品質な p 型の結晶を作製する事が難しく，電流拡散に有効な p 型の結晶層を厚く出来ない，といった事も問題となっている。これらの問題点を回避するため，図 4 に示すように，初代の LED 構造から，フリップチップと呼ばれる第二世代の構造へ，さらには，サファイア基板を剥離して全体の構造を変えてしまう第三世代の構造（縦型 LED）へと進化しているのが現状である。少なくとも第二世代の構造であっても，電極に光を反射する構造を導入す

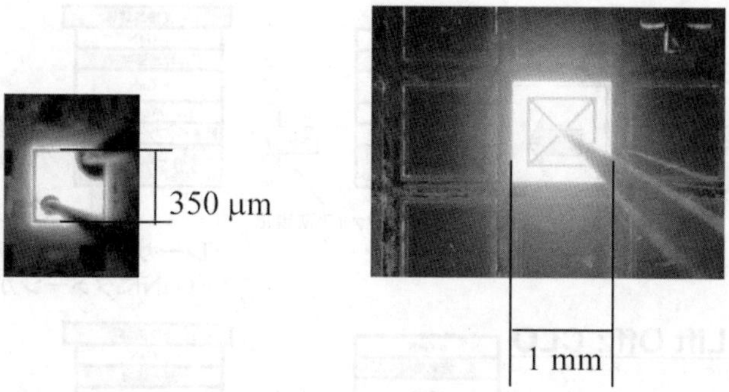

図５　窒化物半導体で作製した第一世代と第三世代の青色 LED の発光の様子
どちらも，チップ分離を行っていないウエハー上のチップ状態で発光を観測しているため，電流を流すためのプローバーが影となって見えている。第三世代の LED はチップの面積に対する発光面積が広いことが判る。

る事により電極による発光面積の減少についての問題はかなり回避でき，また，熱も光と同時に発生する発光領域とヒートシンクが近くなるため，熱放散についても大きく改善可能である。しかしながら，この構造であっても，照明に用いる LED としてはまだ十分な効率ではなく，発光面積が広く取れ，電流拡散を行いやすい第三世代の構造が必須となる。第一世代と第三世代の青色 LED の様子を図５に示す。

2.2.5　窒化物半導体 LED の高効率化

先に述べた第三世代の LED の作製は AlGaInN 系もサファイアも非常に化学的に安定なため，半導体でよく用いられる組成選択的な化学エッチングではサファイア基板のみをエッチングするといった事は出来ない。そこで考案されたのがレーザーリフトオフ（Laser lift-off，LLO）法とケミカルリフトオフ（Chemical lift-off，CLO）法である。両者の違いを図６に示す。LLO 法はサファイアと AlGaInN 系 LED の境界にある GaN 層を GaN が吸収する非常に強いレーザーを照射する事により分解し，サファイアと LED 構造の間に室温付近に融点を持つ Ga のみを残して窒素を蒸発させ，この Ga を化学的に除去する事でサファイアと AlGaInN 系 LED 構造を分離しようという技術である[5~9]。他方，CLO 法を用いる場合はサファイアと AlGaInN 系 LED の間にある，（サファイア上への窒化物半導体成長の鍵となる技術のひとつである）成長初期の低温で成長される GaN バッファー層を，他の化学的エッチング可能な物質に置き換える。この上に AlGaInN 系 LED の成長を行い，このエッチング可能なバッファー層を化学的に除去する方法が CLO 法である[10~14]。サファイアと AlGaInN 系 LED の間を化学的に除去するため，強いエネルギーを持つレーザーによる結晶へのダメージがなく，また，高価な短波長レーザー等の装置を利

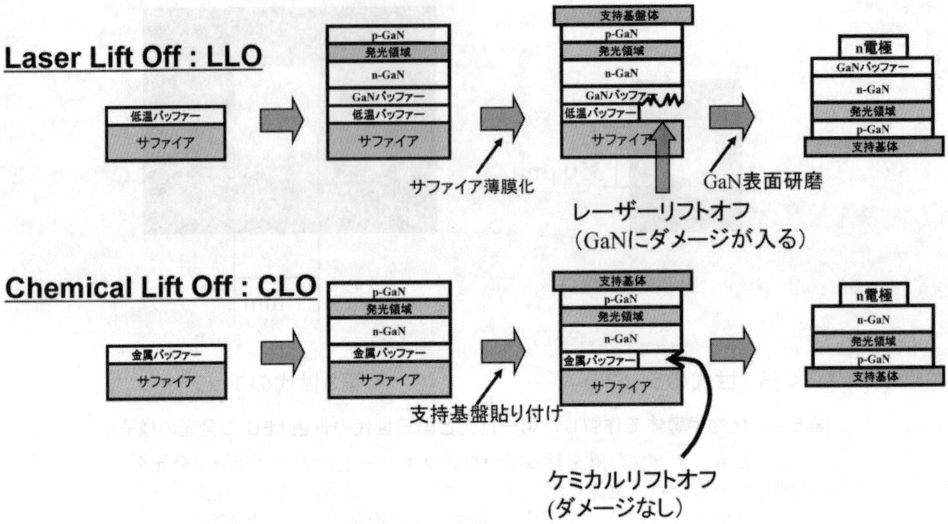

図6　第三世代のLEDを作製する主な方法であるレーザーリフトオフ（LLO）法とケミカルリフトオフ（CLO）法の比較

LLO法ではサファイア基板は透過するがGaNでは吸収される深紫外波長のレーザーを用いてサファイア基板直上のGaN層を分解することでサファイア基板とLED構造を分離する。レーザーの使い方によってはLED側にもGaN分解時のダメージが入る。CLO法ではサファイア基板とLED構造を作製する間のバッファー層としてGaN以外の化学的にエッチング可能な物質を用いることで，LED構造を成長したあとでこのバッファー層を化学的に溶解してLED構造を分離するため，サファイア基板とLED構造を分離する際のダメージはない。バッファー層として用いる物質の選択が鍵となる。

用しないでも済む点がこの方法の特徴である。この化学的にエッチング可能な層としてCrNを選択したものが東北大学での技術である。

この縦型LEDはLLO法を用いた場合においても，供給電力に対してLEDの発光効率が向上することが報告されている[5]。そこで，サファイア基板剥離時の熱ダメージのような欠陥導入が少なくなるCLO法によるサファイア基板剥離とLED特性の評価を行った。まず，CLO法による基板剥離に対する評価として，サファイア基板上にCrNバッファー層を用いてGaNを成長した試料を用いて，サファイア基板とGaN層をCLO法により部分的に剥離し，その77 KでのフォトルミネッセンスPL発光（PL）を観察した[10]。その結果，図7に示すように，サファイア基板上にCrNバッファー層を介してGaNの結晶成長が行われたままの状態では，GaNバルクとPL発光が異なっており，GaN中にひずみが導入されているが，サファイア基板から剥離された部分のストレスは緩和され本来のGaNの状態に近くなっている事がわかる。すなわち，CLO法はGaN層に対しストレスの導入は無いばかりでなく，CLO法によりサファイア基板を剥離することで，格子定数や熱膨張係数の違いにより結晶成長時に導入されたひずみを開放できることを示している。

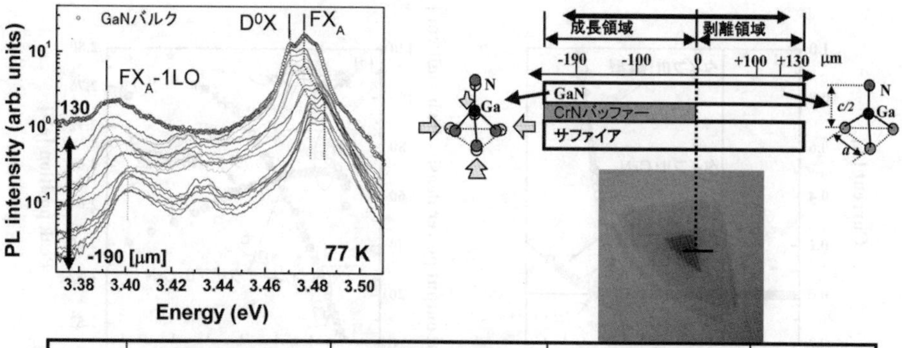

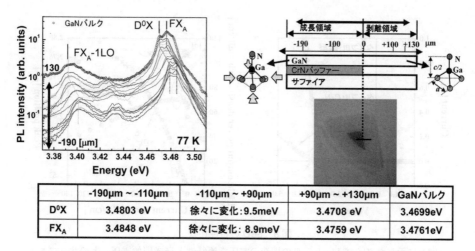

	-190μm ~ -110μm	-110μm ~ +90μm	+90μm ~ +130μm	GaNバルク
D^0X	3.4803 eV	徐々に変化：9.5meV	3.4708 eV	3.4699eV
FX_A	3.4848 eV	徐々に変化：8.9meV	3.4759 eV	3.4761eV

図7　CLO法によるサファイア基板上にCrNバッファー層を介して成長したGaN層の剥離に対する評価

430 μmのサファイアの上に30 μmのGaNを成長したものを用いて評価した。この場合は，CrNを部分的に残して剥離を行い，剥離されていない部分と剥離された部分にある応力を77 Kにおけるフォトルミネッセンス（PL）により評価，GaNバルクと比較した。剥離されていない部分には応力が残り，剥離された部分はGaNバルクと同じ状態になっている。すなわち，CrNバッファー層の剥離により，GaN層へは欠陥等の導入が無いばかりでなく，格子定数や熱膨張係数の違いにより導入されたひずみも開放していることがわかる。

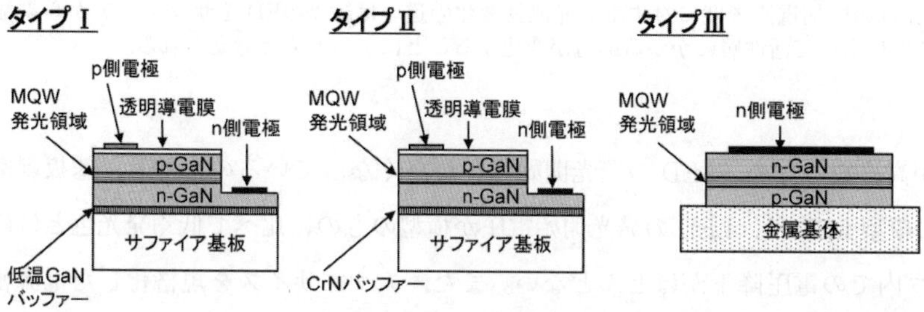

図8　比較を行ったLED構造

サファイア基板上に，通常の低温GaNバッファー層を用いて作製した横型LED（タイプⅠ），CrNバッファー層を用いて作製した横型LED（タイプⅡ），タイプⅡの構造を用いてCrNバッファー層をCLO法により剥離して作製した縦型LED（タイプⅢ），である。チップサイズは横型のタイプⅠ，タイプⅡは350 μm×350 μm，タイプⅢは1 mm×1 mmである。

このCLO法を実際のLED構造作製へ応用した[11~13]。すなわち，図8に示すような（a）通常の低温GaNバッファー層を用いて作製した横型LED（タイプⅠ），（b）CrNバッファー層を用いて作製した横型LED（タイプⅡ），（c）CrNバッファー層を用いてサファイア基板をCLO法を用いて剥離して作製した縦型LED（タイプⅢ）の特性比較を行った。結果として図9に示すように，タイプⅠやⅡの横型構造のチップはn型GaNの非常に薄い層を電流が通過する関係で

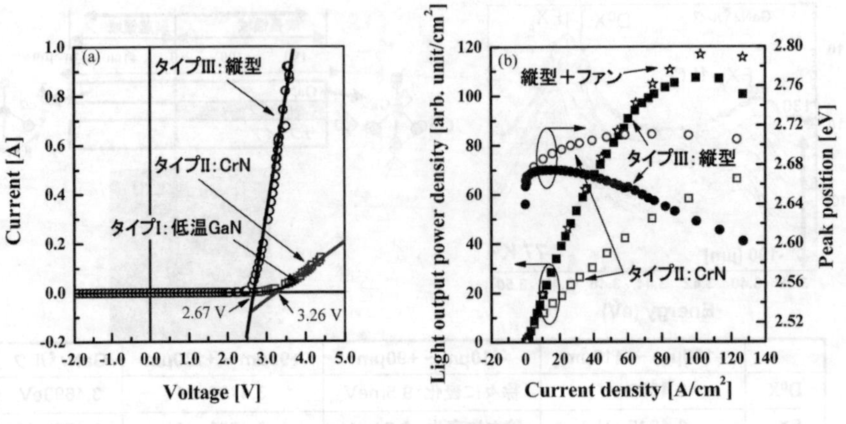

図9　LEDの特性比較

(a)図8に示したタイプⅠ，Ⅱ，Ⅲの構造の電圧電流特性と発光開始電圧。どのサンプルもチップ分離を行っていないウエハー上でチップを分離した状態で評価した。
(b)CrNバッファー層を用いて作製した横型LED（タイプⅡ）とCrN層をCLO法によって剥離して作製した縦型LED（タイプⅢ）の印加電流密度に対する単位面積当たりの発光強度と発光ピーク波長の変化。四角は発光強度，丸は発光のピークエネルギーで，白抜きはタイプⅡのCrNバッファー層上の模型LED，ぬりつぶしたものはタイプⅢの縦型LEDを示している。横型LEDはn型GaNの非常に薄い層を通過するため，LED内部での電圧降下があり発光開始電圧が高くなっている。また，縦型LEDのほうが印加電流密度に対する発光密度は向上しており，これは電流の広がりが関係しているものと思われる。また，縦型の素子は高電流密度領域でファンによる冷却を行うことでさらに発光密度は向上しており，チップの放熱を工夫することでまだ効率が向上することを示している。また，横型LEDと縦型LEDの印加電流密度に対する発光波長変化の違いは縦型LEDをサファイアから剥離することによって活性層にかかる応力が変化することによるものと考えられる。

直列抵抗が高くなるため，LEDの発光開始電圧が高くなっているのに対し，基板剥離を行ったタイプⅢの縦型LEDは，LEDの発光開始電圧が横型のものに比べて低く発光色とほぼ一致し，LEDチップ内での電圧降下がほとんどない。また，チップサイズを規格化した電流密度に対する単位面積当たりの発光密度の比較においても，基板剥離を行ったLEDと基板剥離以外は同様な構造になると思われるタイプⅡのCrNバッファーを用いた横型LEDに比べ，タイプⅢの縦型LEDの効率のほうが高いことがわかった。このようにCLO法の特徴として期待されていたとおり，基板剥離時にGaN層側への欠陥の導入がなく，LEDにおいても供給電力に対する発光効率が向上する事がわかった。これらの事から，CLO法は照明用途等に用いられる高出力LEDの製造方法として用いることが可能であることが判る。

このように，さまざまな手法を用いて作製した第三世代の窒化物縦型LEDは今までの第一世代，第二世代LED構造と比べ高効率である。このような第三世代のLEDは今後も改良を重ねながら，ますます照明分野における主流のLEDとなっていくと思われる。

文　　献

1）波多腰玄一，応用物理，**68**，133（1999）

2）山田範秀，応用物理，**68**，139（1999）

3）E. Fred Schubert, "Light-Emitting Diodes (2nd Ed.)", Cambridge University Press, Cambridge（2006）

4）八百隆文，藤井克司，神門賢二，共訳，"E. Fred Schubert, 発光ダイオード"，朝倉書店（2010）

5）C. A. Tran, C.-F. Chu, C.-C. Cheng, W.-H. Liu, J.-Y. Chu, H.-C. Cheng, F.-H. Fan, J.-K. Yen, and T. Doan, *J. Cryst., Growth*, **298**, 722（2007）

6）Y. S. Wu, J.-H. Cheng, W. C. Peng and H. Ouyang, *Appl. Phys. Lett.*, **90**, 251110（2007）

7）W. H. Chen, X. N. Kang, X. D. Hu, R. Lee, Y. J. Wang, T. J. Yu, Z. J. Yang, G. Y. Zhang, L. Shan, K. X. Liu, X. D. Shan, L. P. You and D. P. Yu, *Appl. Phys. Lett.*, **91**, 121114（2007）

8）H. P. Ho, K. C. Lo, G. G. Siu, C. Surya, K. F. Li and K. W. Cheah, *Mater. Chem. Phys.*, **81**, 99（2003）

9）C.-F. Chu, F.-I Lai, J.-T. Chu, C.-C. Yu, C.-F. Lin, H.-C. Kuo and S. C. Wang, *J. Appl. Phys.*, **95**, 3916（2004）

10）S.-W. Lee, T. Minegishi, W.-H. Lee, H. Goto, H.-J. Lee, S.-H. Lee, H.-J. Lee, J.-S. Ha, T. Goto, T. Hanada, M.-W. Cho and T. Yao, *Appl. Phys. Lett.*, **90**, 061907（2007）

11）J.-S. Ha, S. W. Lee, H.-J. Lee, H.-J. Lee, S.-H. Lee, H. Goto, T. Kato, K. Fujii, M.-W. Cho and T. Yao, *IEEE Photonic Tech. Lett.*, **20**, 175-177（2008）

12）S.-W. Lee, J.-S. Ha, H.-J. Lee, H.-J. Lee H. Goto, T. Hanada, T. Goto, K. Fujii, M.-W. Cho and T. Yao, *Appl. Phys. Lett.*, **94**, 082105（2009）

13）K. Fujii, S.-W. Lee, J.-S. Ha, H.-J. Lee, H.-J. Lee, S.-H. Lee, T. Kato, M.-W. Cho and T. Yao, *Appl. Phys. Lett.*, **94**, 242108-1-242108-3（2009）

14）S.-W. Lee, J.-S. Ha, H.-J. Lee, H.-J. Lee, H. Goto, T. Hanada, T. Goto, K. Fujii, M.-W. Cho and T. Yao, *J. Phys. D : Appl. Phys.*, **43**, 175101（2010）

第2章　スマートハウスにおける配線システムとLED導入

1　住宅用AC/DCハイブリッド配線システム

小新博昭*

1.1　まえがき

近年，地球温暖化問題への取り組みとして一般家庭での省エネの推進が大きな課題となってきている。

この課題に向けて，電気器具メーカーは機器の電力損失削減や運転制御の工夫によって，その使用電力を低減したり，使用していない状態の待機電力の低減を図る等の対策を実施してきている。

パナソニックグループにおいても，エアコンや冷蔵庫等家全体の96製品で，使用段階でのCO_2排出量を53%削減している（2009年と1990年の当社モデル比較）。

しかしながら，快適空間の実現や利便性の追求から住宅設備として組み込まれる機器は，年々増加傾向にあり，その結果，家庭内の電力消費は実質的には減少していないというのが現状である。

このことに対して，パナソニックグループでは，図1に示すコンセプトで，エネルギーの消費

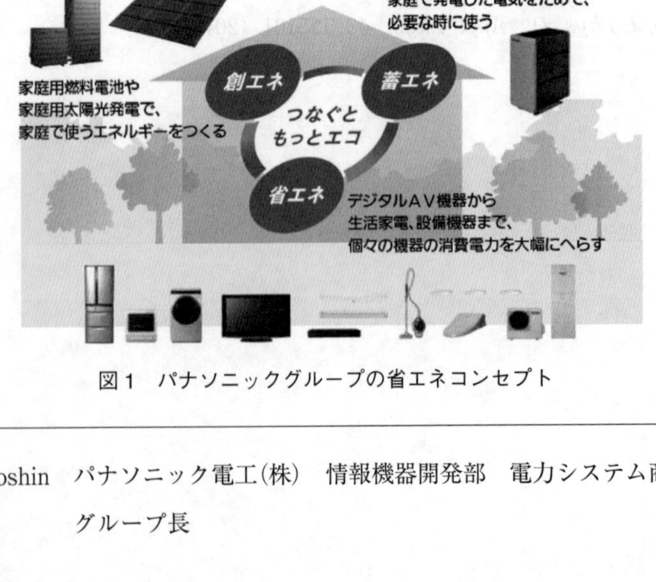

図1　パナソニックグループの省エネコンセプト

*　Hiroaki Koshin　パナソニック電工(株)　情報機器開発部　電力システム商品開発グループ　グループ長

を減らす「省エネ」，必要なエネルギーを作る「創エネ」，つくったエネルギーをためる「蓄エネ」，そしてそれらをホームエネルギーマネジメントによって家全体につなぎ，かしこくコントロールすることで，よりエコで快適なくらしを提案している。

分電盤や配線器具を主たる事業とする弊社は，このコンセプトに基づいた新たな配電形態の導入により，住宅内の電力損失の改善を図り，省エネを推進するシステムを構築すべくその配電形態を実現するためのコンポの開発を進めている。

1.2　DC配線の有用性

地球温暖化対策として，政府が提唱しているクールアース構想（2008年）の中間目標値として現政権は，2020年に日本のCO_2排出量を25%削減（1990年比）を目標値として示している。この目標値に向けた民生側への取組みとして重点を置かれているのが，太陽光発電システムの導入促進であり，現時点では図２のような導入計画が掲げられている[1)]。

電力会社側のインフラ整備が不十分なままこの計画に従って多数台の集中連系が行われると，図３のように各住宅からの売電が阻害されるようなケースが起こりうる。このことを解消する一手段として当社コンセプトで掲げている「蓄エネ」の導入により，昼間に電気をためて，夜間に使うという地産地消型のシステムに切り替えてゆくことが有用である。このような「蓄エネ」設備の普及は，電気自動車の普及による蓄電池の低コスト化の進展と共に現実性を帯びてくる。

このような地産地消型のシステムにおいては，太陽電池や燃料電池等の「創エネ」源も「蓄エネ」部分も共にDCのため，負荷機器もこれらのDC電力を直接利用できるようになっているこ

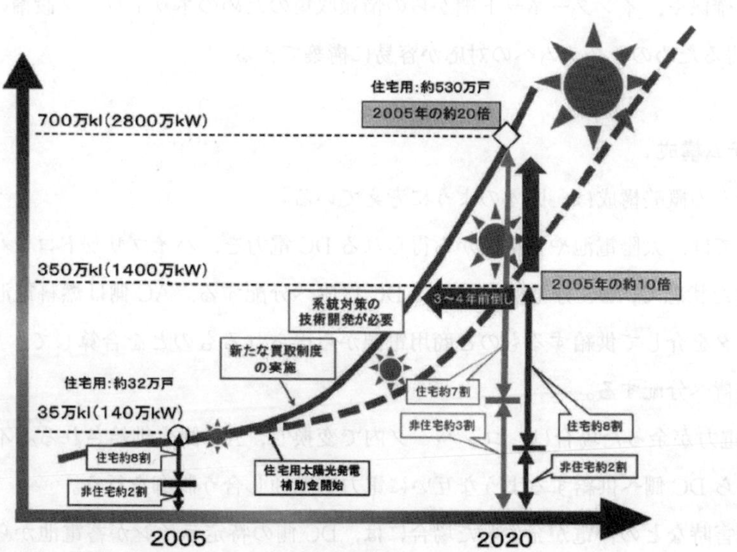

図２　太陽光発電の導入計画

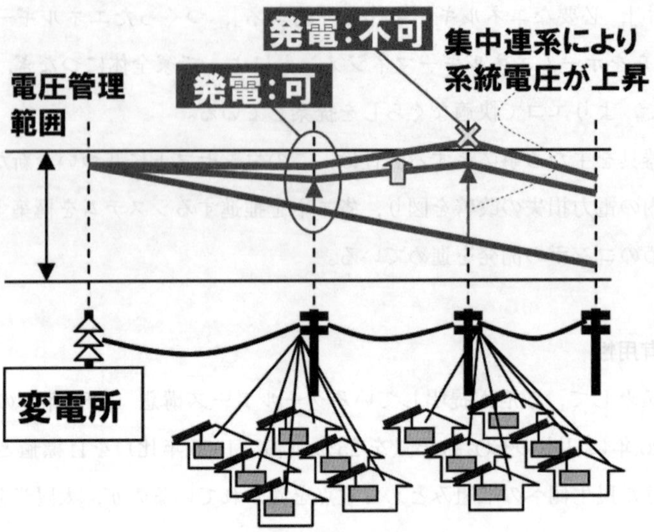

図3　太陽光発電集中連系の問題点

とが，ACを介した中間の電力変換が不要となることで，より高効率なものとなる。

実際のところ，民間の住宅における大半の機器は，内部でACからDCへ変換して利用しているため，DCインフラの整備さえ行えれば，機器側の対応は，それほど難しいものではない。

また，省エネ以外のメリットとして，従来，負荷機器毎に設けられていたAC/DCコンバータが不要となり，コストダウンや小型化といった効果も期待できる。

さらに，商用電源の停電時にも「蓄エネ」側の電力供給が確保されていることで，災害時の避難用照明の確保や，インターネット網からの情報収集のためのネットワーク設備の運転確保等の「安心」を得るためのシステムへの対応が容易に構築できる。

1.3　システム構成

本システムの概略構成は，図4のように考えている。

動作としては，太陽電池や蓄電池から得られるDC電力を，ハイブリッドコンバータを介して安定化された状態で，DC分電盤を通じてDC負荷へ分配する。AC側は燃料電池で作った電力をインバータを介して供給するものと商用電源から得られるものとを合算して，AC分電盤を介してAC負荷へ分配する。

DC側で電力が余った場合は，コンバータ内で変換し，AC側へ供給される。不足した場合にはAC側からDC側へ供給するような互いに電力を融通し合う制御を行う。

また，災害時などの停電が発生した場合には，DC側の特定ラインが蓄電池からの電力供給を受け，継続して使用できる。

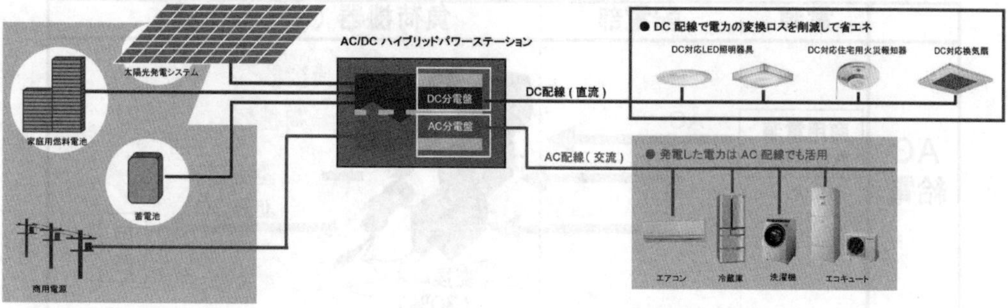

図4　システム構成

ここで区分けしたDC負荷機器は，小型のLED照明器具やディジタル機器を中心とするAV機器，通信機器など比較的低電圧のものを対象としているため，個々の使用電圧の違いはあるものの，互いに協議の上，IEC規格等で示されている安全電圧の範囲内で電圧の統一化を図り，一つの系統として構築することが必要である。

さらに，省エネの観点からみるとエアコンや冷蔵庫といった大型機器は住宅内の電力使用の大きな部分を占めており，これらをDC駆動することは非常に有用であるが，扱う電力が大きいため，配電線ロスやモーター巻線のロスを考えると比較的高電圧の直流電圧を供給する必要があり，前記の低電圧の直流系統とは分離して別系統として扱うことが妥当と思われる。但し，高電圧の直流系統を実用化するには，安全性確保の点や配電制御機器の技術的課題が多く残されているため，本システム導入初期段階においては，これらの大型機器類はAC系統の範疇に入れている。

以上のように，電力供給の要のところにハイブリッドコンバータを設置することにより，「創エネ」，「蓄エネ」系までを含めたアクティブなHEMS制御が可能となり，その制御はスマートメータとの連動動作にも展開可能となる。

1.4　導入効果

情報機器等の小規模の製品は，ACアダプタ等効率の低い変換部を有している場合が多く，これらをまとめてハイブリッドコンバータ側で一括変換してDC供給すると図5のように，約20%の効率向上を得られる場合がある。

また，太陽電池からの変換段数でみた場合，図6のように，DC電力を直接取り出すと，変換段数が1段省略できるため，太陽電池の利用効率が5～10%程度向上する。

1.5　開発状況

これまでの開発のベースとして，環境省の地球温暖化対策技術開発事業「リチウムイオン2次

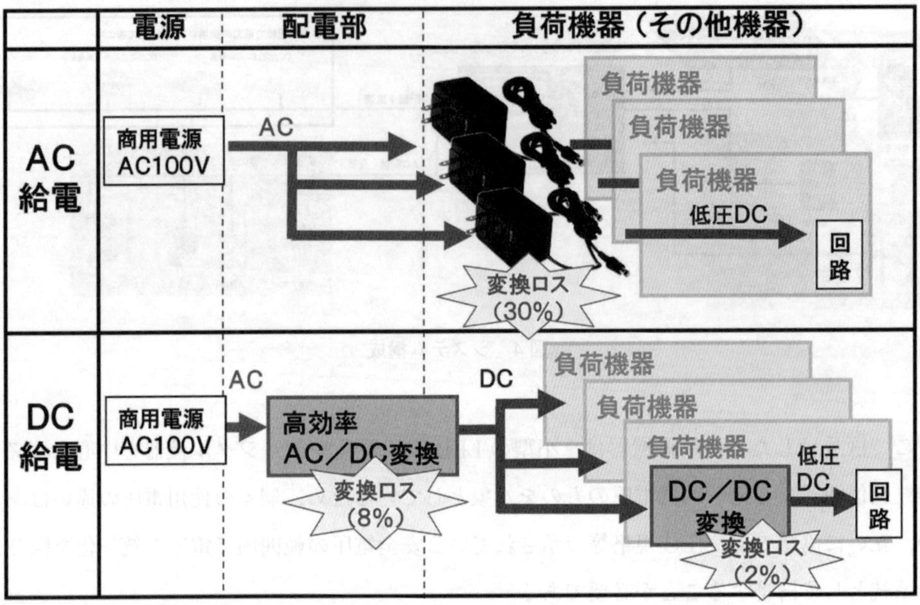

図5　集中DC給電の効果

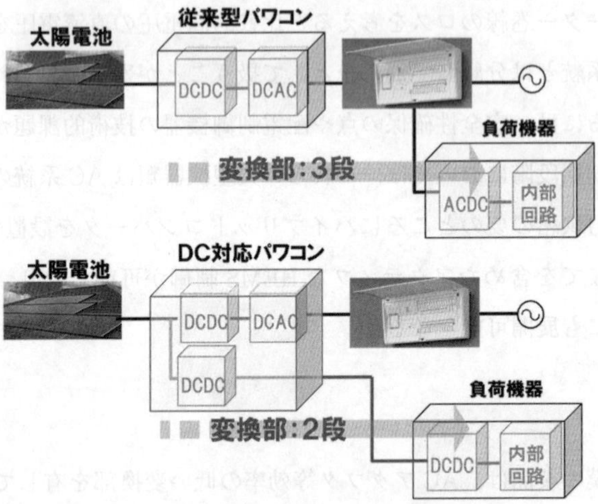

図6　太陽光発電システム構成比較

電池を用いた家庭等民生用省エネシステムの開発」を行い，リチウムイオン電池を用いたDC系統における太陽電池，商用電源との連携制御技術の開発やAC/DCコンバータの高効率化技術開発を2007年から3年間取り組んできた。

この開発内容を拡張した内容で，2009-2010年はNEDOプロジェクト「次世代高効率エネルギー利用型住宅システム技術開発・実証事業」を実施している。ここではDCとACの電力融通

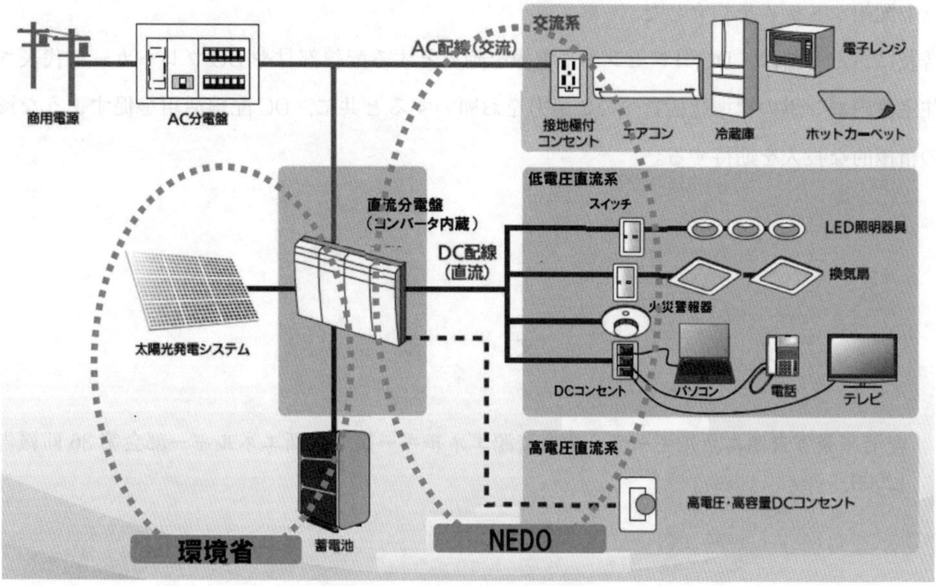

図7　環境省プロジェクトとNEDOプロジェクト

も含めた省エネシステムの実証を行う（図7参照）。この実証事業では，AC/DCハイブリッド配線システム関連コンポそのものの特性評価に加えて，実際に人が居住した場合の生活シーンにおけるシステムや家電機器の稼働状況に対応した省エネ制御も加えたトータルエネルギーマネジメントの評価を可能としている。

1.6　今後の展開

AC/DCハイブリッド配線システムを普及させるためには，DC配線関連機器の標準化や施工基準の標準化が必須である。

また，近々必要とされるのは，DC 48 V程度の低電圧系についてのインフラ整備であるが，将来的にはDC 380 V系等高電圧のDCが特定の機器に配線されることを想定して，配線関連機器の規格化，開発を進める必要がある。具体的には，データセンターのDC化で議論が先行しているIECへ追加提案を働きかけたり，国内でもJEMAや日本配線器具工業会への提案活動を行い，推進している。

さらに，負荷機器側の入力電圧の統一化についてもDCアライアンスに参画し，議論を進めている。

1.7　あとがき

本稿では，省エネとバックアップという視点から直流配線の良さを取り込んだAC/DCハイブリッド配線システムを紹介した。

普及にあたっては，DC コンセントや電線を始めとする配線部材や DC ブレーカーに代表される住宅盤内コンポの標準化活動へのご協力をお願いすると共に，DC 配線活用を促すような機器群の積極的な投入を期待する。

文　献

1) 経済産業省資源エネルギー庁，総合資源エネルギー調査会新エネルギー部会第 36 回報告書 (2009)

2　LED照明の現状と将来展望

松下幸詞*

2.1　まえがき

地球温暖化対策として，CO_2排出量削減が叫ばれており，日本は2020年に1990年比25%削減を目標に掲げている。2008年実績において日本全体のCO_2排出量における照明の割合は約5%だが，電力由来のCO_2排出量では約20%を占めており，照明器具での消費エネルギー削減が日本のCO_2排出量削減目標達成に向けて一定の役割を果たすことは間違いない[1)]。照明器具分野においては，これまでにも，白熱灯から蛍光灯に光源を替えていくとともに，蛍光灯に必要な安定器の効率アップやインバータ化，高周波点灯ランプの開発などにより，消費エネルギーを削減する技術開発が絶え間なく行われてきた。

近年，更なる省エネが期待できる次世代光源としてLEDが着目されており，その技術革新は目覚しいものがある。電球も含めLEDを使用した照明器具は大幅に増加・成長しており，黎明期から拡大期のステージに踏み込んだと言える。

2.2　LEDの特長とLED照明の現状

LEDとはLight Emitting Diodeの略で，電気を流すと発光する半導体の一種である。1993年に高輝度青色LEDが開発され，1996年には，これに黄色蛍光体を組み合わせた白色LEDが登場した。開発当初は，光出力も小さく，効率（投入電力に対する光束）も数ルーメン／ワット程度であった。その後の高出力化や高効率化などの技術の進展に伴い，LEDは照明分野における次世代の光源として大きく注目を浴び，応用範囲も着実に拡大してきている。LED照明には既存光源と比べて下記のような特長がある。

① 長寿命

LEDは半導体そのものが発光するという性格上，フィラメントが切れて消灯することはない。点灯時間の経過とともにLED素子を封止している樹脂などの材料が劣化することなどにより，透過率・反射率が低下し光束減退が起こる。一般用照明器具の主光源として使用する場合のLEDの寿命は，全光束が初期全光束の70%，又は，光度が初期光度の70%に低下するまでの時間（ただし，表示又は装飾の用途に使用する場合はこの限りではない）と規定されており，現状は約4万時間としている製品が多い。これは1日10時間点灯で約10年以上に相当し，照明器具の推奨交換期間まで光源を交換する必要がないということを意味する。

② 省電力・高効率

* Koji Matsushita　パナソニック電工(株)　照明事業本部　LED総合企画部

LEDの高出力・高効率化の技術の進展により，従来光源の照明器具と比較して，少ない消費電力で同等の明るさを実現することが可能になっている。LED照明器具の発売当初は白熱灯との比較レベルであったが，その後，電球型蛍光灯と並び，銅鉄式安定器形直管蛍光灯との比較になり，最新のオフィス用照明器具においては，高周波点灯形蛍光灯器具を上回る効率（省エネ）の製品が実用化されている[2]（図1）。

③ 熱線・紫外線が少ない光

一般的な白色LED照明器具は，図2のように熱線・紫外線をほとんど含んでいないため，美術品・化粧品などのような被照射物への影響を抑えることができる。

④ 直流点灯

LEDは直流（DC）で点灯するため，一般商用電源（AC）で点灯させるために，器具に電源ユニット（直流電源回路）を必要とする。光出力に応じて，複数のLED素子を器具内にて直列・並列回路構成して使用するが，DCで配電することで，ACからDCへの変換ロスを無くし，より省エネを図ることが期待できる。

これ以外にも⑤デザインの自由度が高い，⑥低温で発光効率が低下しない，などの特長がある。

図1 ベース照明の例

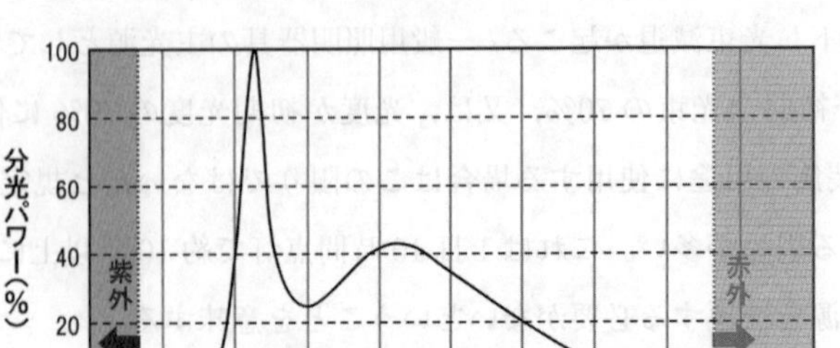

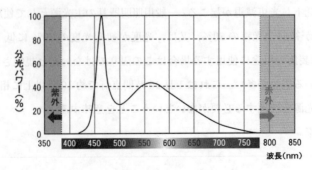

図2 熱線・紫外線を含まない

弊社ではLEDの持つ特長にいち早く注目し，1998年よりLEDを用いた照明器具を販売してきた。その変遷を図3に示す。当初は，常夜灯や足元灯など，「長寿命」の特長を活かした製品からスタートし，カラー演出器具やニッチ照明へと品種を拡大した。2004年頃より，「ものを照らす」明かりに取組み，ショーケースなどの近接照明器具を展開した。2005年には，「長寿命」かつ「白熱灯と比較して省エネ」の天井照明として，白熱灯40 W相当の明るさを持つ白色LED照明器具を先駆けて市場投入した。2007年以降は更なる高効率化とともに価格も下がり，白熱灯代替照明として本格的に市場が拡大されてきている。

白色LED単体での発光効率は100ルーメン／ワットを超えた製品が実用化されている。しかし，照明器具として使用した場合，幾つかの要因で効率が下がることに注意が必要である（図4）。

① 電源回路の影響

前述のとおりLEDは直流で点灯するため，交流を直流に変換する電源回路を内蔵しており，

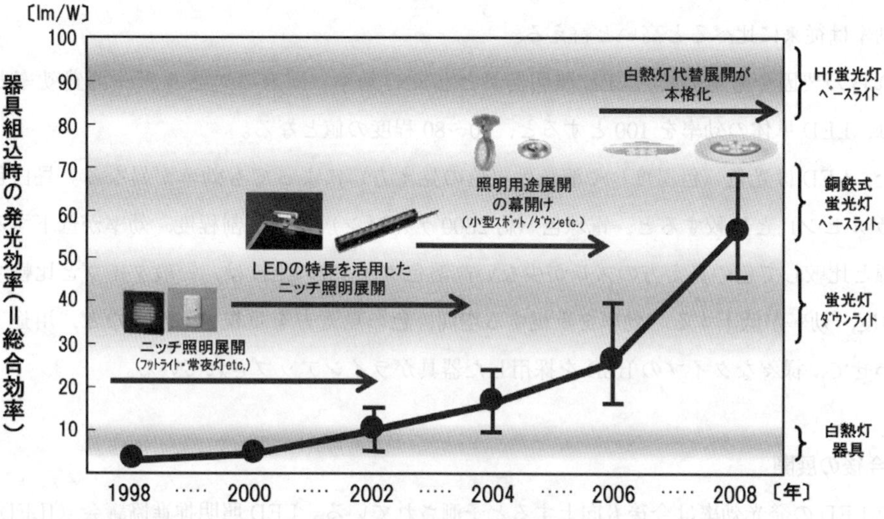

図3　LED照明器具の変遷

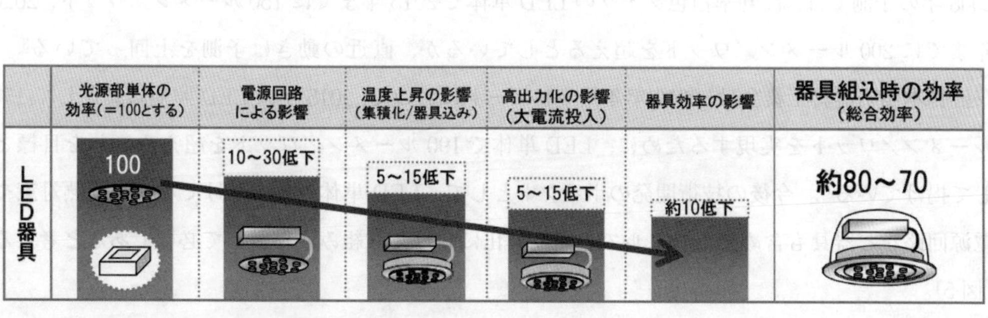

図4　効率低下の要因

変換時に10～30%程度，効率が低下する。

② 温度上昇の影響

LEDは温度が上がると効率が下がる性質を持つ。LED単体の性能は周囲温度25℃で表記される場合が多く，器具内に組み込んだ場合，LED自身や電源回路の発熱により周囲温度が上昇し，効率が5～15%程度低下する。

③ 電流値の影響

LEDは固有の上限値を超えない範囲であれば電流値を自由に設定して使用することが可能である。定格電流より多く電流を流せば，光出力を増やすことができるが，効率は下がる。逆に定格電流より少ない電流を流せば，光出力は減るが，効率を上げることができる。このことは，効率を重視する器具においては有効である。

④ 器具効率（器具の光束／光源の光束）

白熱灯や蛍光灯などは全方向へ光を放出しているので，器具の反射板等により光を必要な方向へ向けることが必須である。LEDは主として前面へ光を放出するため光を前面へ出しやすく，器具効率は従来に比べると高いと言える。

これらの要因を考慮して，LED照明器具としての効率（固有のエネルギー消費効率ともいう）は，LED単体の効率を100とすると，70～80程度の値となる。

また，LEDは光色（色温度）や演色性（色の見え方）によっても効率が異なる。昼白色（約5000ケルビン）と比較すると，電球色（約2800ケルビン）では2割程度，効率が低下する。基準光源と比較して色の見え方のズレが少ない高演色タイプのLEDは，一般タイプと比較すると2割程度，効率が低下する。効率を重視する空間，色の見え方を重視する空間など，用途・目的にあわせて，様々なタイプのLEDを採用した器具がラインアップされている。

2.3 今後の展開

白色LEDの発光効率は今後も向上すると予測されている。LED照明推進協議会（JLEDS）の2008年の予測では，高効率白色タイプのLED単体で2015年までに150ルーメン／ワット，2020年までに200ルーメン／ワットを超えるとしているが，直近の動きは予測を上回っている[3)]。(社)日本照明器具工業会は，2010年4月のレポートにおいて，2015年にLED照明器具として150ルーメン／ワットを実現するために，LED単体で190ルーメン／ワットを超えることを目標として掲げている[1)]。今後の技術開発のポイントとして，LED単体の効率だけでなく，放熱対策や電源回路など器具も含めたトータルでの高効率化に向けた取組みが継続して必要であると考える(図5)。

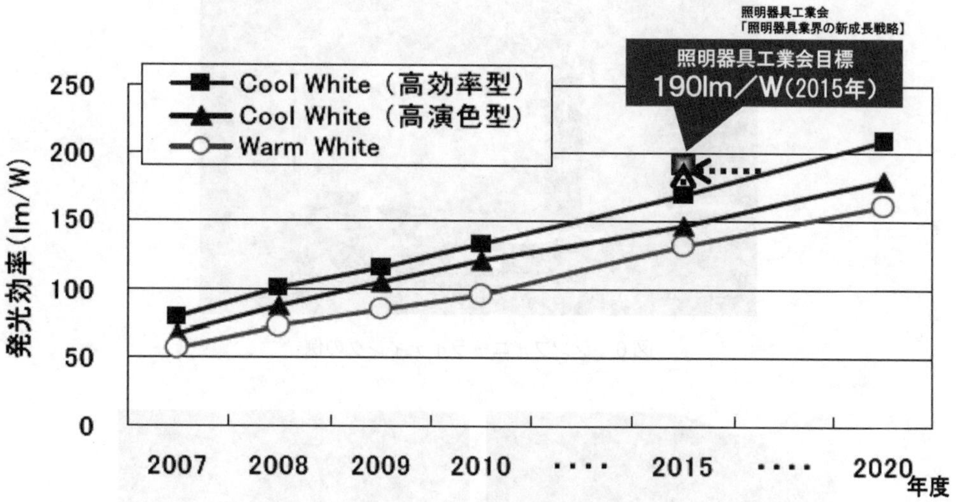

図5　白色LEDの効率ロードマップ
JLEDS Technical Report Vol. 2に加筆

2.4　関連法規・規格

2010年9月の時点において，LED照明器具の大半は「電気用品安全法」の対象品目ではないため，安全性に対する品質は製造または輸入業者の判断に委ねられているのが現状である。昨今の急激な普及に対し，これらのLED照明器具及びLEDランプの電気用品安全法対象化の動きが進められている。

一方で，既設の蛍光灯照明器具のランプ代替を目的として，従来の蛍光ランプと長さや口金などの互換性を持った，さまざまなタイプの「直管形LEDランプ」が販売されている。既存器具の安定器をそのまま使用するタイプ，口金部に直接商用電源を印加するタイプ，ランプと別にDC電源を用意し，口金からDC電源を印加するタイプなど方式が様々であり，これらの異なる方式の直管形LEDランプや従来の蛍光ランプを取り付ける事が構造的に可能なため，安全性の懸念事項も多い。(社)日本電球工業会や(社)日本照明器具工業会が「直管形LEDランプ」使用時の懸念事項・注意点についての喚起を行うとともに，標準化に向けた取組みも行っている[4,5]。

(社)日本電球工業会では，2010年10月に従来の蛍光ランプと互換性のない口金を有した「直管型LEDランプシステム」の規格化を行った[6]。

2.5　住宅分野でのLED照明の導入事例

住宅のリビング・ダイニングにおいては，これまでシーリングライトひとつで部屋を照らす方法が主流であった。弊社では，新しいスタイルとして，図6に示すような，いくつかのあかりを組み合わせ，切り替えて照らす一室複数灯「シンフォニーライティング」を提案している。食事

図6　シンフォニーライティングの例

図7　ホームアーキの例

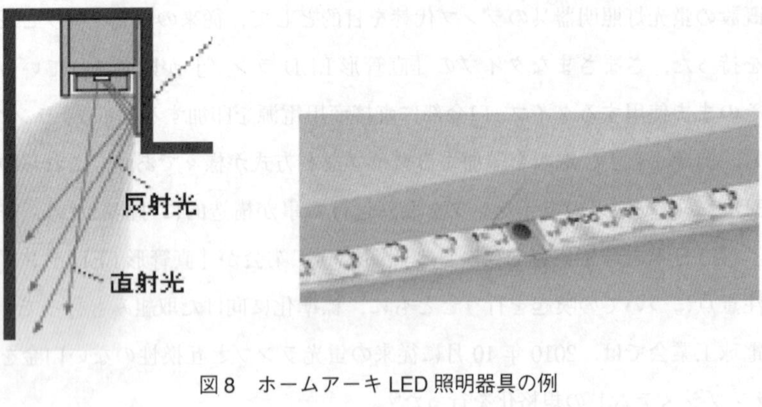

図8　ホームアーキ LED 照明器具の例

やだんらん，くつろぎなどのさまざまなシーンを演出することができるとともに，あかりを切り替えて必要以上に点けないことで省エネにもつながる。ダウンライト（天井埋込）・ブラケット(壁付)・ペンダント（吊下げ）など，従来は白熱灯や電球型蛍光灯を使用していたが，LED を使用することで更なる省エネを実現可能にしている。

また，より建築的な視点から住空間を見つめ，建築空間を創造する人が自由に使える「素材」

としてのあかりに徹した「ホームアーキ（HomeArchi）」の商品展開も行っている（図7）。あかりの可能性とその素晴らしさを伝えるために，「魅せるあかり」と「主張しないデザイン」を徹底して追求し，空間における照明器具の物理的なボリュームを減らすことを目指しており，高効率でコンパクトな光源であるLEDは，その実現に大きく貢献している（図8）。

2.6　あとがき

本稿では，次世代照明として脚光を浴びている，LED照明の現状と課題を紹介した。LED照明は黎明期から拡大期に移行しており，今後もますます普及が進んでいくものと考えられる。一方で基準類が整備されていない部分もあり，規格化や基準の整備が急がれている。

省エネ・長寿命という特長を活かした既存光源の代替だけではなく，形状やあかりの「質」などで特長をもった「新の次世代照明」としてのLED照明実現に向け，ハード・ソフト両面での技術革新を今後も継続して行っていきたいと考えている。

文　　献

1）社団法人日本照明器具工業会，「照明器具業界の新成長戦略」
2）パナソニック電工(株)，「EVERLEDS」ホームページ，http://denko.panasonic.biz/Ebox/everleds/
3）特定非営利活動法人LED照明推進協議会，「白色LEDの技術ロードマップ」（JLEDS Technical Report Vol. 2）
4）社団法人日本照明器具工業会，JLA 2004 : 2010/7，「直管蛍光ランプ型LEDランプなどの装着時，蛍光灯照明器具改造での注意点」
5）社団法人日本電球工業会，ホームページ「LED照明の正しい普及促進のために―課題と対応―」，http://www.jelma.or.jp/99news/led090615.html
6）社団法人日本電球工業会規格　JEL 801「L形口金付直管形LEDランプシステム（一般照明用）」

第3章　オフィスにおける取り組み

飯沼朋也*

1 「エコライブオフィス」における直流蓄電と給電技術

「コクヨエコライブオフィス品川」は，コクヨが考えるエコを詰め込んだ最先端のオフィスとして，2008年11月にオープンした。改修工事で実現したエコオフィスであり，同時にさまざまな新しいアイデアを具現化し，自社のワーカーが自ら実験台となって実験検証する場として位置付けている。本稿では，前半でコクヨのエコライブオフィスにおけるエネルギーの削減の施策を，後半でエコライブオフィスにおける実験的な試みである「クリーンエネルギーの直流給電システム」の開発を紹介する。

2 コクヨにおけるエコの取り組み

そもそもコクヨのエコに関する全社的な取り組みは，2007年に始まった。環境への配慮の度合いを示す「エコバツ」という評価システムを構築したのだが，当時はエコに関する統一された基準はあいまいであったため，①作る，②運ぶ，③使う，④捨てる，の4項目で自ら評価基準を作成し，自社で販売する製品に対して，この評価基準に満たないものにはカタログ上で「エコバツマーク」を付けた。顧客に対し，エコバツの商品は環境への配慮が足りないところがあることを認識してもらうという仕組みである。

一方，コクヨの事業の半分はオフィス家具を中心としたオフィス分野であり，コンサルティングから始まり設計や工事，さらには家具や備品や消耗品に至るまでオフィスのほとんどすべてを構築・提供するという業務を行っている。オフィス構築に関しては先進的に取り組んでおり，社会的な課題であるエコとオフィスとの関係への考察は必須であった。こういった経緯から2008年にエコライブオフィスを計画し，開設する運びとなった。

オフィスは仕事をする場であり，快適性だけでなくワーカーの生産性，創造性を支援することが重要となる。これに加えて，特にここ何年かで最も重要なキーワードとなったエコを新たに取り込むことで，これからのオフィスはどうあるべきか，ということをゼロベースで考察した。

---

* Tomonari Iinuma　コクヨ(株)　RDIセンター　課長

3　エコライブオフィスにおける CO_2 削減の施策

エコライブオフィスは，屋外で働ける「ガーデン」，外部との交流のための「スタジオ」，ワーカーが主に働く「オフィス」で構成されている（図1）。「ガーデン」では屋外で低エネルギーに働くことができ，さらに自然を感じながら刺激を受けることで創造的に働く場所であることを目指している。「スタジオ」は，外部との交流のためのスペースであり，構造的にも，屋外の自然を取り込み一体化できる作りになっている。「オフィス」はワーカーが主に働く場所であるが，エコでクリエイティブな働き方を実現するべく，自分の席を持たないで自由に働く場所を選ぶことができるフリーアドレスという仕組みを採用している。

後述する CO_2 削減のための施策の効果を測定するべく，オープン後1年間かけて使用エネルギーの測定を行った結果，旧来型のオフィスに比べて CO_2 排出量を44％削減することに成功した（図2）。

削減への貢献度に関しては，照明や空調といった建築付帯の設備によるところが大きい。自然換気の利用やその他も合わせると，設備などによる CO_2 削減は約51.55トンとなり，全体の削減量のうちかなりの割合を占めている。

運用による削減もエコライブオフィスでの取り組みの中で重要な要素だと考えている。ワーカーの働き方（ワークスタイル）を工夫したり，設備の稼動のさせ方を働き方に合わせたりするこ

図1　エコライブオフィス品川（全体像）

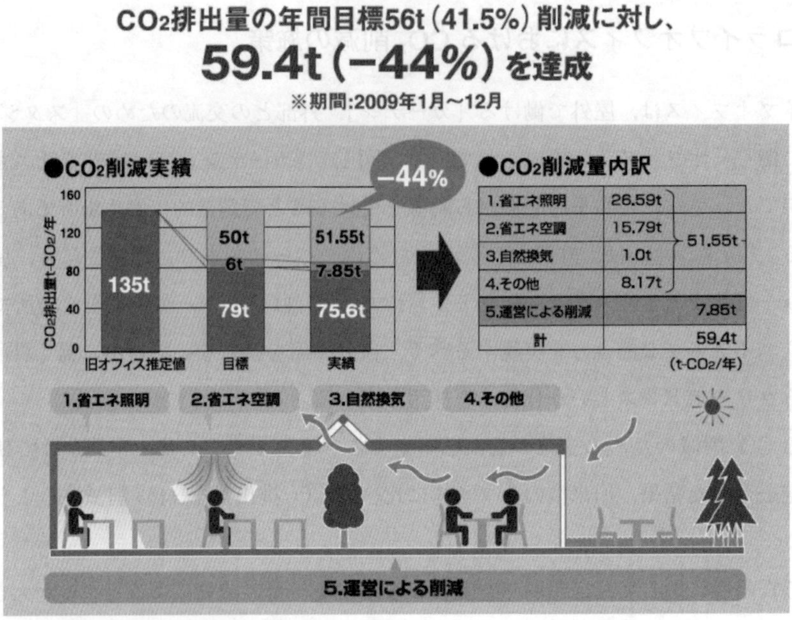

図2　エコライブオフィス品川（CO_2 削減目標と実績）

とにより，効率的にエネルギーを使うことで，約 7.85 トン分の CO_2 削減につながっている。

ここで触れておきたいのが，オフィスではエコが最優先されると不具合が生じる場合もあるということである。最近のエコ重視の流れで，オフィスでの生産性が下がったり，従来の仕組み，やり方が壊れたりといったことが生じている例もあるようであるが，コクヨではオフィスのあるべき原点に立ち返って，エコと合わせ快適性やワーカーの生産性，創造性といった要素を両立させようと考えている。そのためのワークスタイルとは何かを考え，どのようなアプローチが必要かを探っている。

エコライブオフィスにおいて CO_2 削減効果が最も高いのが照明や空調といった省エネ型設備の導入である。CO_2 を削減するソリューションを考える際に，オフィスで使われるエネルギーの構成を考慮する必要がある。照明，空調がそれぞれ約 3～4 割ずつを占めることになるのだが，それらへの対策を抜きにして大きな削減は望めないのが実情である。

エコライブオフィス向けに新たに導入したのが，人感センサと組み合わせた照明と空調のシステムである（図 3）。人感センサと LED 照明，空調吹き出し口が一体となったモジュールを開発し，人がいる場所に照明と空調を定格の出力で効かせ，人がいない場所では照明や空調の出力を落とし，消費エネルギーの最小化を図っている。

まず照明についてだが，従来の蛍光灯から LED 照明に変更することで基本消費電力量を抑えるだけでなく，人感センサを組み合わせることで，朝や夕方以降の人が少ない時間帯に一層の消

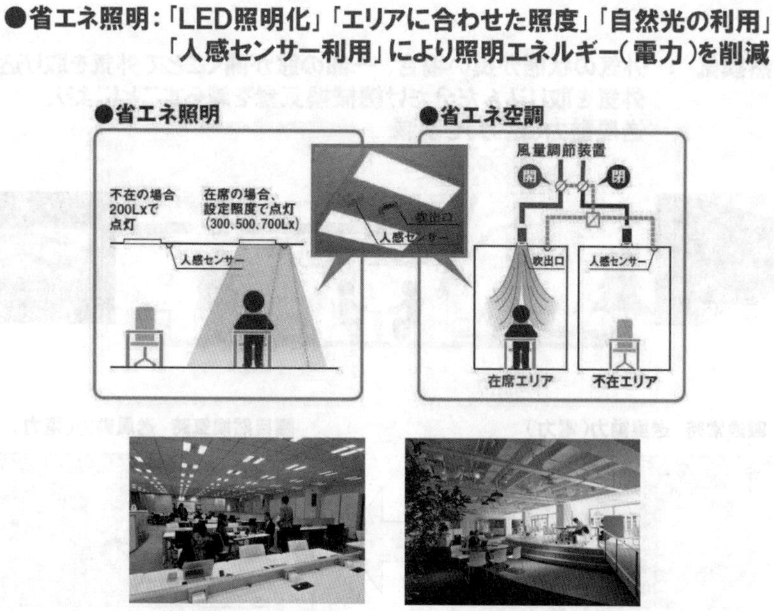

図3　設備による省エネ（省エネ照明＋省エネ空調）

費電力削減を図ることができる。照明に関してはこのほか，オフィスのレイアウトに合わせた照度設定も効果を上げている。一般的なオフィスは照度を750 lx程度と均一に設定しているが，エコライブオフィスではデスクエリアは700 lx，ミーティングエリアは500 lxや300 lxというように照度を変えている。また，仕事の内容や自然光が入っているかどうかなど条件の違いにも考慮している。

空調も照明と同様に人感センサを用いて制御し出力の調整を行っており，さらに加えて自然換気の利用も図っている（図4）。外気の状態が良い際には，トップライトを含めた風上と風下の一部の窓が開き，心地よい風が吹き込んでくる。自然換気をしているときは，屋内の換気のための送風機械の動力が下がり，その分が省エネになっている。

4　オフィスにおける発電・蓄電・給電システム（直流給電）

省エネ設備の導入と運用による努力でCO_2の削減量は59.4トンに達したが，現実にはまだCO_2を年間75.6トン程度排出している。ここをどうやって削減していくかを考え，エネルギー系の対策に昨年から取り組み始めた（図5，6）。この取り組みは「オフィスにおける発電・蓄電・給電システム」を開発することを目的としているが，基礎技術や要素技術の面で，東北大学大学院環境科学研究科（田路研究科長）と共同して進めている。

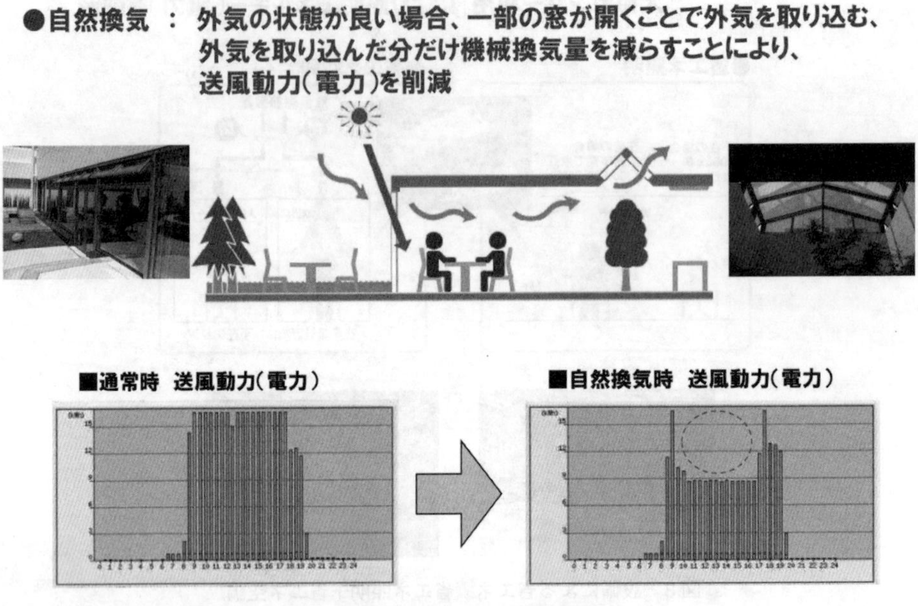

●自然換気 ： 外気の状態が良い場合、一部の窓が開くことで外気を取り込む、
外気を取り込んだ分だけ機械換気量を減らすことにより、
送風動力（電力）を削減
■通常時 送風動力（電力）
■自然換気時 送風動力（電力）

図4 設備による省エネ（自然換気）

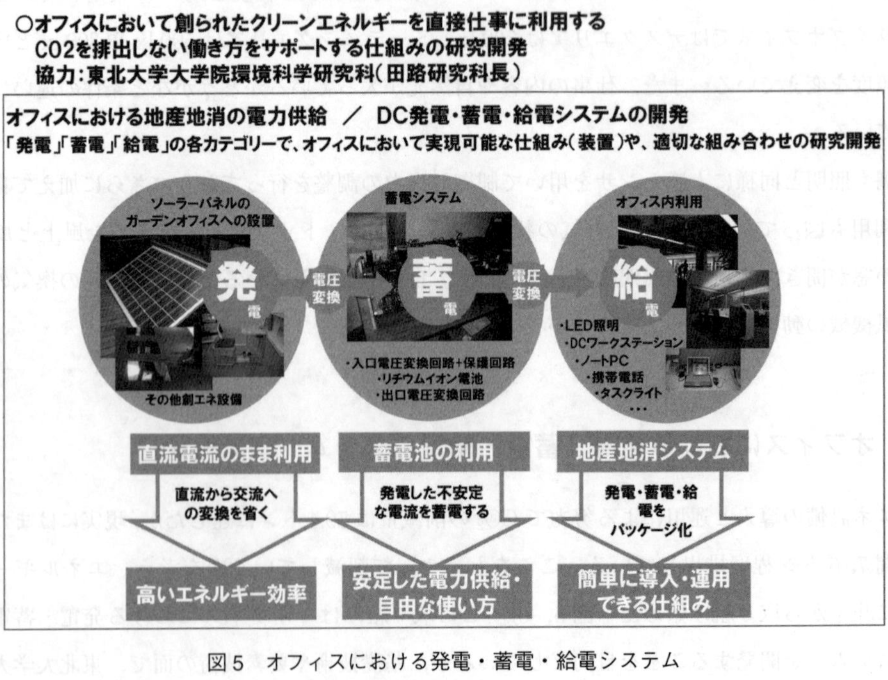

図5 オフィスにおける発電・蓄電・給電システム

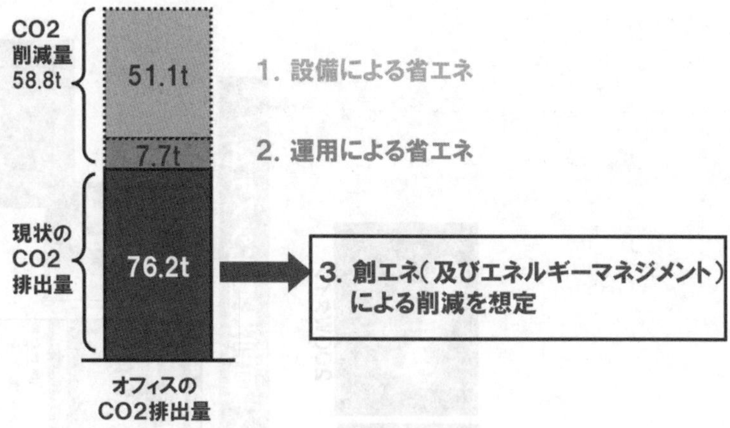

図６　位置づけ

基本コンセプトは，自らクリーンなエネルギーを創り，自らの仕事に直接利用できる仕組みを実現するということであり，それによりCO_2をより排出しない働き方を支援したいと考えている。2009年12月から実施している一次実験では，太陽光で発電された直流電力を，直流のまま蓄電し，オフィス内にて直流で給電・利用する，電力の地産地消システムとして具現化させた(図7)。

発電，蓄電，給電の３項目について，オフィスで扱える仕組みを開発しており，発電については，現時点では太陽光発電を中心としているが，このほか，振動発電も候補としており，コクヨ霞が関オフィスでは振動発電床を用いてLEDライトを点灯させるシステムを設置し検証している。

蓄電については，太陽光などの出力が不安定な自然エネルギーを，整流し安定化させるために必要な機能だと考えており，リチウムイオン電池を用いたシステムを構築している。蓄電池の用途開発として，クリーン・エネルギーで充電した電池を持ち運んで使うことの効果検証も行っている。有効な電池の使い方を検討し，エコの面だけではなく，自由な働き方を支援することを狙っている。

給電については，家具メーカーとしてのコクヨの利点を活用し，仕事をする際に必ず使うワークステーションデスク自体を給電装置化するべく開発を進めている。電力を直流のままパソコンなどの機器で利用できるように，直流給電システムが組み込まれた家具の開発および実用化を目指している。直流給電は，電力ロスを小さくするための方策である。太陽電池からの直流電力を交流に変換して既存の電力系統に配線する方式は，太陽電池から実際に機器を駆動するまでの経路で何度か直流と交流の間で変換を繰り返すため，発電された電力の半分近くをロスしている可能性がある。太陽電池や２次電池，そしてオフィスで使用している機器の多くは，実は直流の電

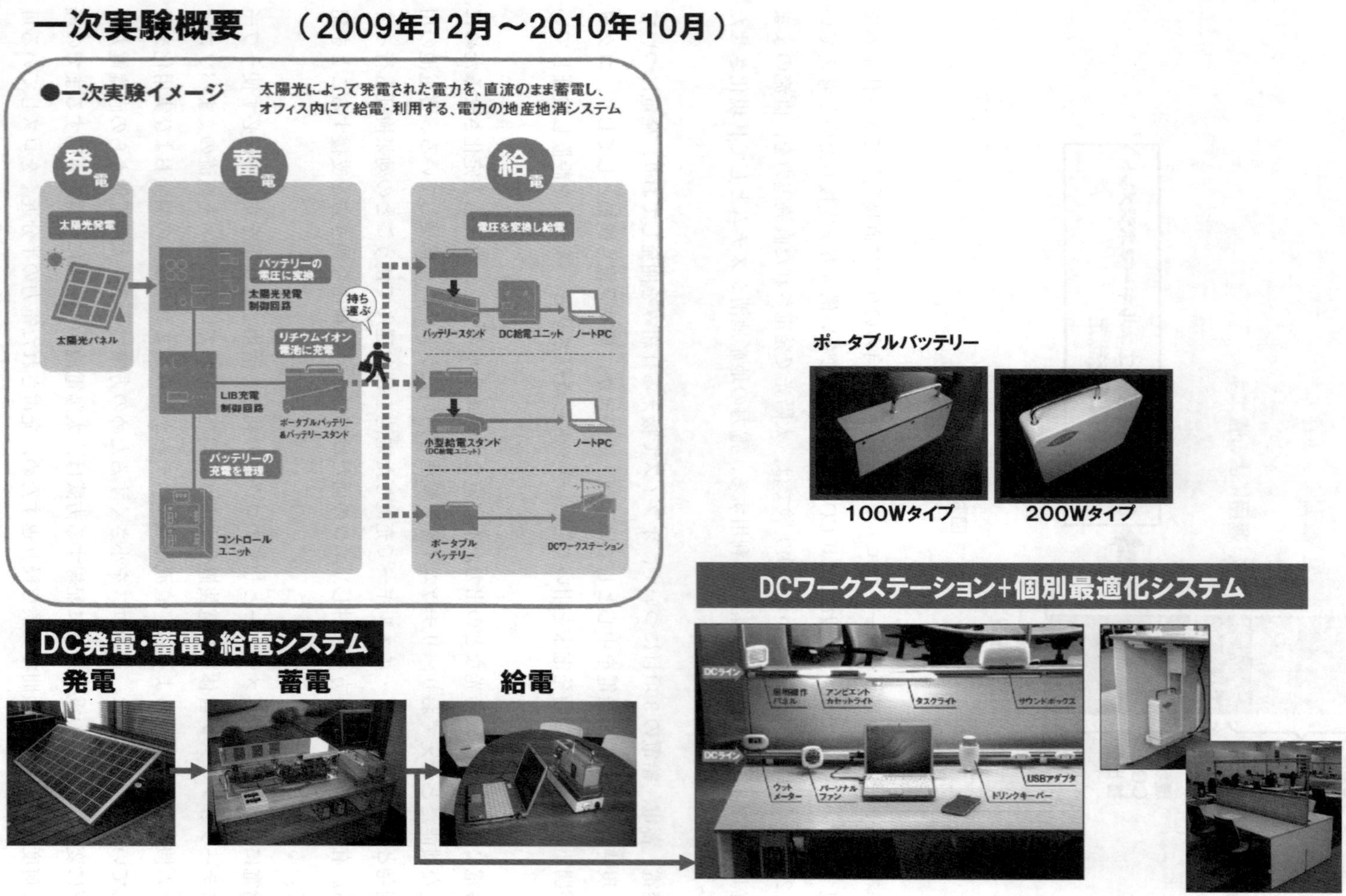

図７　電力の地産地消システム

力で動いているため，直流のままつなぐ仕組みにより，変換による電力ロスが少なくなる。

コクヨではワーカーが無理なく使える直流給電のシステムを構築したいと考えており，直流給電レール（コンセント）を備えたDCワークステーションの開発は，直流給電普及のための重要な要素だと考えている。

4.1　一次実験：ポータブルバッテリーシステム（持ち運び可能な電池モジュール）

エコライブオフィスにて，2009年12月から行った一次実験設備の詳細だが，太陽電池と発電制御回路，充電制御回路，リチウムイオン電池の基本モジュールで構成されている。リチウムイオン電池はパッケージ化し持ち運べる「ポータブル電池」とし，自由に場所を選んで働くワークスタイルを支援できるか使用検証した。

ポータブル電池からの給電対象としては，ワーカーが持ち歩くノートパソコン（ノートPC）を設定した。エコライブオフィスにおいて，ワーカーのほぼ全員が持っており，常に使用するノートPCは，クリーンエネルギーを使って仕事をすることの意義や有効性を直に感じられるのではと考えたからである。この時点では，まだかなり大きめのポータブル電池だったのだが，頻繁に使用されていた状況から，その意図は十分に認識されたと考えている。

ポータブル電池の容量は100W程度で設定しているが，省エネ型のB5ノートPCであれば，1日弱使えるだけの電力量である。

あわせて，ポータブルバッテリーを組み込むことで，直流給電できる「DCワークステーション」も2010年2月から設置し実験をスタートさせた。クリーンエネルギーを充電したポータブルバッテリーを，ワークステーションデスクの天板下面に設置した引き出し式のスタンドにセットし，直流電力をデスクを介して機器類に給電するシステムである。コクヨで製品化している直流給電レールである「Eレール」を通じて，個人のデスク環境を好みに調節できる「個別最適化システム」の各アイテムに直流給電している。Eレールに接続するアイテムはLED照明やファン式の局所空調，そしてアロマ噴霧器など，ワーカーの好みや仕事の内容に合わせて調整ができ，環境を自らの好みに合わせられることから，ワーカーの生産性にまで良い効果を与えられると考えている。照明や香りによって，人間や仕事に対してどのような効果があるのかを，コクヨでは実験検証しており，その成果を個別最適化システムに取り入れることを行っている。

4.2　二次実験：直結システム（建物電力系統とは独立した回路）

2010年11月から設置したシステムでは，建物の電力系統から独立したシステムとして，発電から蓄電・給電までを直結でつないだ仕組みを構築し，実使用による実験検証をスタートさせている（図8）。

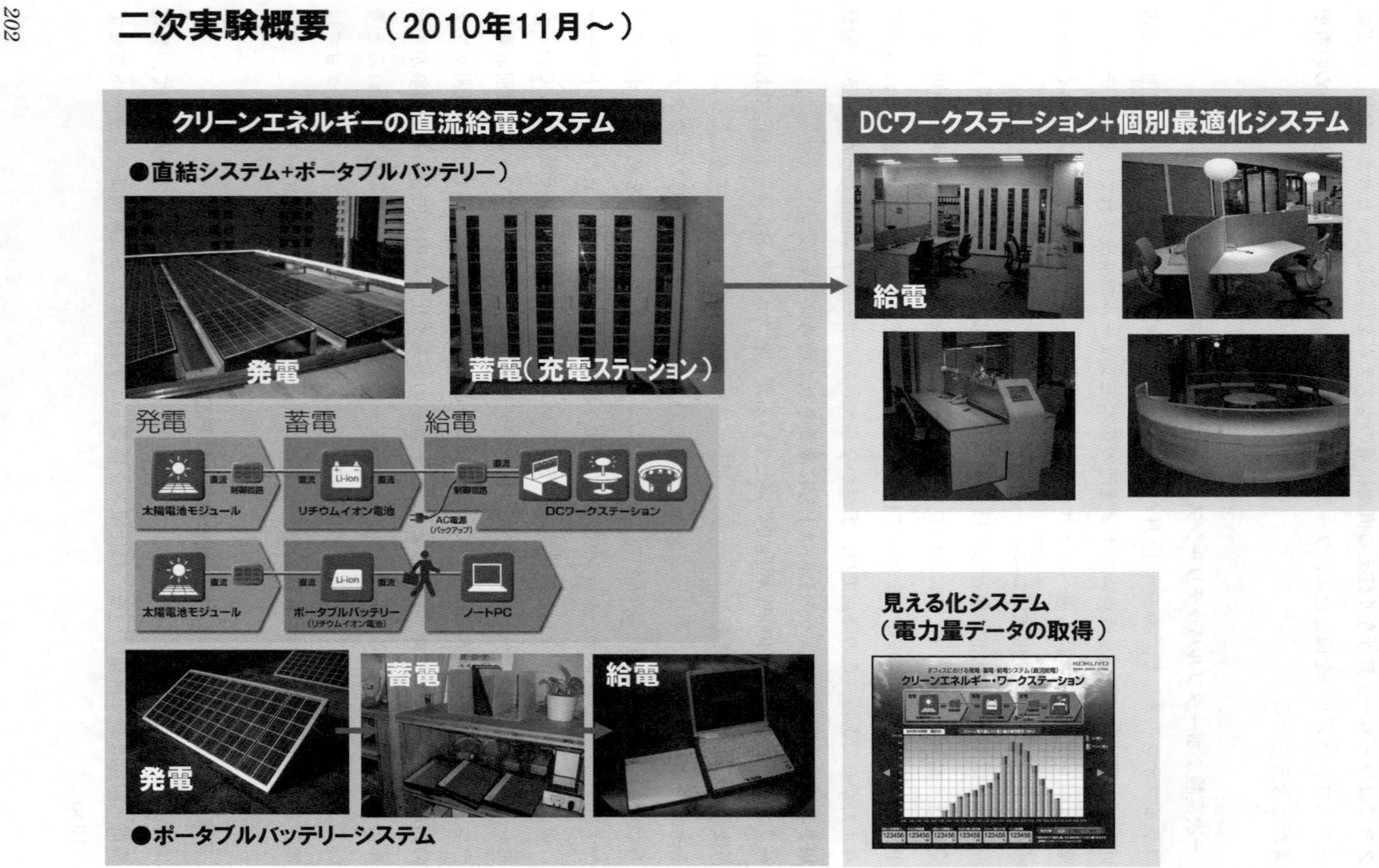

図8　クリーンエネルギーの直流給電システム

一次実験からの発展として企画開発しており，基本的な要素技術を進化させている。屋上に設置した太陽電池モジュールから，建物の電力系統を介さず独立系統としてケーブルを敷設し，調整回路やバッテリーをまとめた「充電ステーション」へ直結させている。充電ステーション内では，出力が不安定なクリーンエネルギー電力を調整回路にて安定させ，リチウムイオン電池に充電している。充電ステーションから各ワークステーションデスクまでは，OA フロアの下部空間に敷設したケーブルを通じて電力を供給しているが，電力を使用する負荷側からの要求にあわせ，安定した直流電力を給電することを実現している。曇りや雨の日など日中でも発電量が十分でない際や，夜間などの発電がない際で，同時に負荷側で電力需要が発生している場合には，建物の 100 V 電源からの交流電力を直流電力に変換した上で自動的に補充される方式となっている。DC ワークステーションには，建物の天井照明を消すことができるほど十分な照度の LED 照明や，パソコンなどの機器への給電回路が組み込まれており，それらの直流で駆動する機器に対して，デスクが直流給電の装置としての機能を持っている。発電・蓄電・給電を直流でつなぎ，一連のシステムとすることで，オフィスに家具を導入するように簡単に導入できる仕組みとなっており，デスク単位で全体のシステム規模を増減したり，オフィス移転の際にシステム自体を移設することもできるように開発を進めている。

また，ポータブルバッテリーシステムも大きく進化している。クリーンエネルギーを充電し持ち運んで使うポータブルバッテリーは，薄型となり書類やノート PC と一緒に持ち易くなり，また鞄にも無理なく入れることができる。それにより，時間と場所の制約を受けず，クリーンエネルギーを自由に使うことができるようになると考えている。

二次実験は 2011 年 3 月まで行い，その後は実用化に向けた開発を行う予定である。

5　直流給電の現実的な課題

オフィスにおいて直流給電を進める上で，現実的な課題は，機器への給電方法である。例えば，ノート PC は駆動電圧がさまざまで，しかも，電源の差込口形状がそれぞれ違っており，すべてのノート PC に直流で給電するためには様々な給電方式を用意しなければならない。コクヨでは使われるパソコンの種類を限定することで対応しているのだが，今後ユニバーサルに電圧を調整できる装置を開発する必要があるかもしれないと考えている。

LED 照明は直流で駆動するため，直流給電の対象機器としては重要な要素であるのだが，これも照明器具により駆動電圧が様々である。そのため効率的に給電を行うには，電力特性を限定することが必要となってくる。コクヨでは，オフィスの家具やインフィルに組み込める LED 照明器具を開発していく予定である。

6　今後の展開

今後の展開としては，クリーン・エネルギーをより効率的に利用できるシステムとするべく，発電量や蓄電量，使用量の関係性を見える化するシステムと，そのデータから最適なエネルギーの配分や使い方を判断して制御するシステムを構築したいと考えている。発電状況や蓄電状況，電池の場所と残量，そして使用状況などの情報を計測し，見える化するシステムによってリアルタイムで把握できれば，スマートグリッド的な技術を使うことで，「今あるエネルギーを融通して効率的に使う」，「今あるエネルギーの形態を変えて多様に利用する」といった効率的で制御性の良いシステムの構築も可能だと考えている。

コクヨでは，クリーン・エネルギーを直流給電する技術を基幹技術として継続開発し，オフィスにおいて，発電・蓄電・給電が効率的につながった一連のシステムの実用化を目指している。

第4章　ワイヤレス給電技術

1　直流送電とワイヤレス送電を組み合わせた電力供給技術

原川健一*

1.1　はじめに

現代社会において家庭内で各種家電機器へ電力を受け渡す方法は，コンセントからの交流送電が主流であり，副次的手段として電池による直流給電が用いられている。1890年代にジョージウェスティング・ハウス，ニコラ・テスラ陣営と，トーマスエジソン陣営の間で交流送電と直流送電の戦いが勃発し，電圧変換が容易で，送電範囲を広くできる交流方式が勝利した[1]。周波数や線数に違いはあるが，その時に定められた規格が世界で広く使用されている。

現行のシステムは，コンセントを基点としてケーブルを伸ばすことにより，自由な位置で電力が得られる。これは簡便性，コストを考えた時非常に優れた配電方法であると思われる。ただし，ケーブルを必要とするため今日の問題を誘発している。

近年，アダプタを介しての直流送電ケーブルも増大してきており，コンセントやテーブルタップを占領してきている。さらに，LANケーブル，USBケーブル，I-EEE 1394ケーブル，S端子ビデオケーブル，同軸ケーブル，HDMIケーブル等の多種の通信・制御用ケーブルが加わってくる。その結果，図1に示す様な，スパゲティ状態が日常的にみられる状況になった。これは，電気と情報を必要とする機器が増大してきたからに他ならない。昭和30～40年代ならば，一家

図1　スパゲティ状のケーブル

*　Kenichi Harakawa　(株)竹中工務店　技術研究所　主任研究員

にある電化製品は，テレビ，ラジオ，洗濯機，アイロン，トースターと各部屋にある電球ぐらいであった。現在は，オーディオ，パソコン，モバイル機器，白物家電，ゲーム等と，増大しているために急激にケーブルのスパゲティ状態が起きている。

1.2 目的の再確認

目的を再確認するなら，図1のような状態を現代的に解決したいということである。

1980年代に作られたコンセントによる配線システムを現代的にアレンジするとなると，単に電力供給機能だけを考えれば良いものではなく，次の特性を備えていることが必要である。

① 高効率なエネルギー伝送能力を有すること。
② 高い安全性を有すること（感電対策，EMI対策，防火性）。
③ 高速通信機能を有する（家電のスマート化，センサネットワークの構築）。
④ フリーポジションでの受電が可能なこと。
⑤ 構造がシンプルで，安価であること。
⑥ 資源的裏付けが有ること。
⑦ 施工・改修が容易なこと。

以上，電源コンセント代替えシステムの外観を示したが，これを実現するためには，さらに階層化構造も考える必要がある。階層化構造としては，図2に示すような，3階層構造を提案したい。

最下層の電力・通信統合層は，電力を供給するとともに，通信環境を提供する層である。

機能モジュール層は，電力・通信統合層の上にあって，電力を得るとともに，通信環境を得て各種の機能を発揮する層である。例えば，センサ（温度センサ，ID認識センサ等）やアクチュエータ（ディスプレイ，照明，スピーカ等），ワイヤレス電力供給機能等がこの層に位置づけられる。

最上層のアプリケーション層は，ロボットやパワードスーツ，家電機器，テーブル上に置かれる機器であったりする。

このような階層構造を採用することにより，階層間のインタフェースさえ明確ならば，新機能

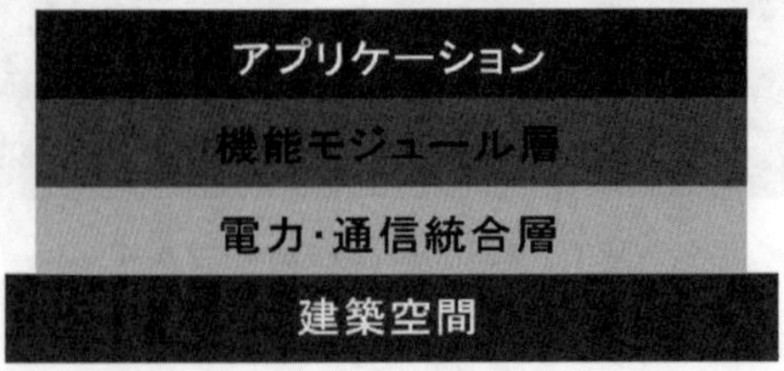

図2 階層構造

の組み込みや改善が容易に図れるようになる。

本報告では，1.3 項で電力・通信統合層について述べ，1.4 項でエネルギー伝達方式としてワイヤレス電力供給技術について議論していきたい。最後の 1.5 項では，このようなものが実現した時の統合イメージについて述べてみたい。

1.3　電力・通信統合層

1.3.1　直流送電

多くの家電製品や IT 機器は，直流で動作するものが多く，高効率・低コスト DC/DC コンバータの発達により，任意の電圧に変換して使用できる。一方，AC から変換するのでは変換効率が低減してしまう問題がある。さらに，太陽電池，燃料電池や EV との相互電力供給などを考慮した場合にも，基幹配線が直流であることが望ましい。

ここで問題となることがある。既存の商用電源用配線に直接 DC を流してもよいかという点である。結論から言えば，導線の断面積が小さく抵抗が無視できないため，負荷が大きくなるほど電圧降下が大きくなる問題点がある。電圧降下に対しては，印加電圧を大きくすることで対応できるが，施設の規模（送電距離）に応じて電圧を変えなければならなくなるとともに，大電圧を印加した際には安全上の問題（感電，絶縁）が大きくなる。さらに，取り出す電圧が送電端からの距離によって異なるという問題が発生する。

では，導線の断面積を増大させればよいのかというと，これも問題がある。断面積を大きくすれば，銅の使用量が増大する。すべての施設を直流化するとなると大変な資源使用量の増大が予想される。ところが，銅資源は，頭打ちになってきているにもかかわらず，発展途上国（特に中国）での使用量が著しく増大してきていて，枯渇しないまでも市況価格が上昇して実質的に使用できない状態に陥る可能性がある[2,3]。これは，直流化するかしないかに係らず，中期的に起きる可能性が指摘されている（ベースメタル問題）。近年，レアメタルが問題になったが，ベースメタル問題はもっと深刻である。したがって，銅線の断面積を大きくするというのは取るべき方策ではないと思われる。

金属材料を導電率の高い順番で並べていくと，Ag（銀），Cu（銅），Au（金），Al（アルミニウム）…と続く。貴金属といわれる銀や金を利用することは論外であるので，アルミニウムが代替金属としては有望である。幸いアルミニウムの資源量は大変多く，安定している。ただし，アルミニウムの導電率は銅の約 63% しかないため，配線としての断面積を約 1.6 倍にしなければならない。ちなみに，合金にすると，単一の金属よりも抵抗が増すため，解決策にはならない。

ここで提案したいのが，アルミニウムサンドイッチパネルを活用することである。現在の建築には，外装および内装の一部には，アルミ複合機能建材パネルが使用されており，多くの実績が

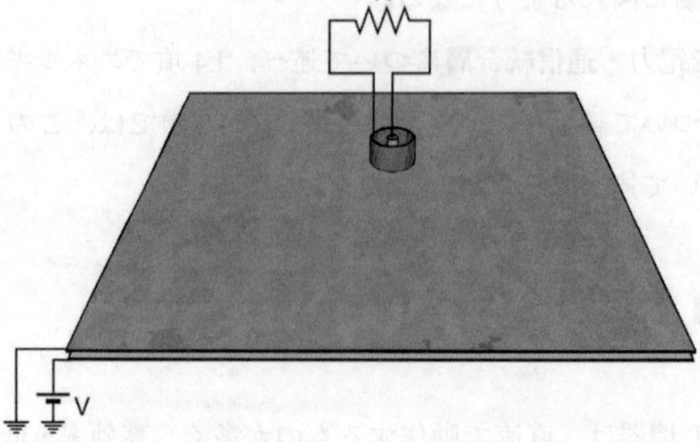

図３　並行平板パネルを用いた電力送電

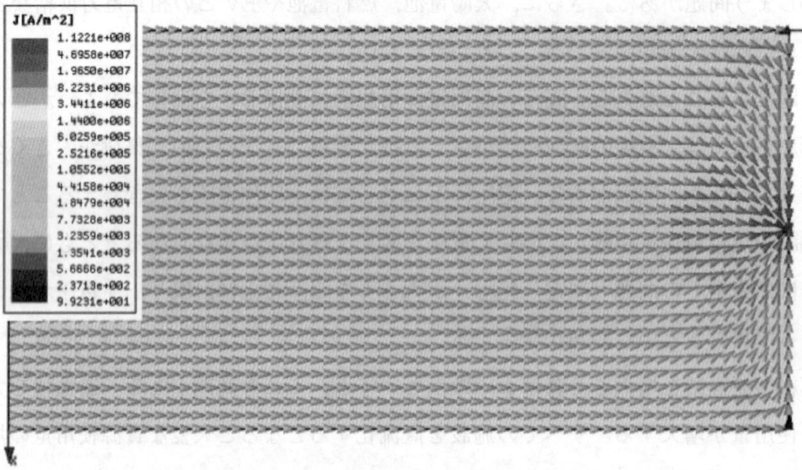

図４　平板を流れる電流（辺対点）

積まれている[4]。軽量であるが，かなりの機械的強度を有し，密閉性も高いのが特徴である。接合技術等，多くの問題を解決する必要があるが，このパネルを利用することを考えたい。

構造としては，図３に示すような，アルミニウム板を二層にした構造である。人に近い側をGND極にして用いることを考えている。スラブ側に（＋）極がでるため，絶縁性を持たせて設置する必要がある。三層にして（＋）極をGND極で挟んだものを設置してもよい。

平面に電流を流した様子を図４に示す。この図は，左側の端面より，右側の点電極間に電負圧を印加した時の電流密度分布を示したものである。これにより，均一に電流が流れ，点電極に収束していることが判る。点電極の大きさは，負荷の大きさから，過度に電流密度が上がらないようにする必要がある。

このような構造を採用することの利点は下記のとおりである。

(1)　アルミニウムを板状にして利用する

アルミニウムは，銅に比して1.6倍の断面積を必要とするため，ケーブルでは太くなって可撓性が失われてしまう。さらに，アルミニウムは，銅に比して粘りがないため，繰り返し屈曲した時には破断する。このため，アルミニウムを使って直流送電する場合には，ケーブルよりは面状または棒状として使用する必要がある。

(2)　送電電圧を低く，一定にできる（低定電圧送電が可能）

面構造の採用により，伝送路として利用できる断面積を大きくとることができる。このため，電圧降下を小さくすることが可能になる。このことは，50 V程度の低電圧送電が利用でき，万が一の接触感電時にも被害を小さくできる。

さらに，部屋の大きさに応じてアルミニウム板の厚さを選定すれば，送電電圧を標準化することも可能になり，機器の標準化を進めやすくなる。住宅ではアルミニウムの厚さを0.15 mm程度にし，負荷が大きく電圧降下が大きい場合や面積の広い施設ではその厚さを1～2 mm程度に変えるだけで済み，建築設計時に厚さを決定する。断面積の大きな棒材と薄い平板を組み合わせても良い。

(3)　平面的に電力を分配できる

この機能こそが必要か所に電力を分配でき，ワイヤレス化につながる点である。電流が流れていないときには，電圧は並行平板上で均一である。電力を取り出すためには，並行平板に穴を開けて電力ピックアップを設けなければならない。電力端子を作る毎に，アルミニウム板に穴を開けて図3に示すコネクタを作らなければならないのは，問題である。この問題は，後述する非接触電力供給技術を組み合わせることにより，利用者には見えなくすることが可能である。

(4)　ノイズ抑制効果

並行平板電力送電パネルは，絶縁層の厚さが面積に比して十分小さく，巨大なキャパシタンスになる。このため，直流送電に商用周波数等のノイズが重畳していても，巨大バイパスコンデンサとして働くため，ハム雑音が取り除かれた良質な直流電力が供給可能になる。

1.3.2　通信機能

並行金属平板は，絶縁層の厚さと同程度に波長を短くしていくと，導波管として機能してくる。単純な並行平板ではあるが，いろいろな伝播方式，伝播モード，プローブ形状，電場吸収体の設置方法等について検討が進められている[5,6]。

並行平板パネル内の通信の利点は，いろいろな用途に電波が利用される一般空間と異なり，電磁波を外部に放射しないため，広帯域を占有でき，超高速通信が実現できることである。

さらに，光ファイバーを適当な間隔で張り巡らせ，OE/EO変換（O：Optical，E：Electricity）を伴うAP（Access Point）を要所に配置すれば，受電ポイントから近傍のAPまでパネル内で通信できるのならば，減衰の問題から解放されてどこにでも通信可能になる。APの電源は，並行平板の直流電源からとればよい。

光ファイバーを用いないまでも，複数のAPを用いてアドホック通信を行わせることも可能である。

1.4　ワイヤレス電力伝送

今までは，電力・通信統合層について述べてきたが，ここからは機能モジュール層におけるワイヤレス電力伝送技術について述べる。さらに，電界結合非接触電力供給技術について述べる。

利用者は，家電機器等の受電体をワイヤレス送電モジュール上であれば，絶縁層に密着させるだけで受電できる。このため，アルミ板にいちいち穴を開ける必要はなくなる。ただし，ワイヤレス電力伝送モジュールを取り付ける工事では，アルミ板に穴を開けてワイヤレス電力伝送モジュールに給電する必要がある。

電界を用いる方式は，磁界結合方式に比して，コスト，軽量性，安全性，通信機能，銅の使用を低減できる等の点でメリットがあり，今回の適用には最適と思われる。

電界結合方式には，図5に示すように，直列共振方式，並列共振方式，アクティブキャパシタンス方式がある。本項では，直列共振方式を説明するとともに，実際に電力が伝送できたことを

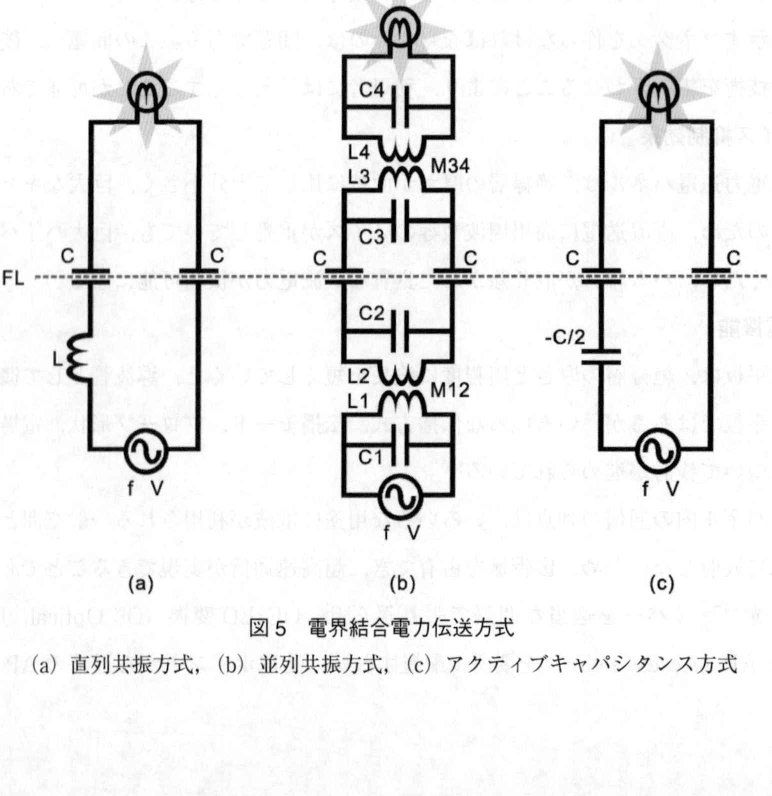

図5　電界結合電力伝送方式
(a) 直列共振方式，(b) 並列共振方式，(c) アクティブキャパシタンス方式

示す。なお本項では，詳細説明を省くが，他方式について簡単に説明する。

図 5(b)に示す並列共振方式は，直列共振方式に比して接合部のコンデンサ容量の変化に対してロバスト性を有し，少しの距離であれば離して送電することも可能である。

図 5(c)に示すアクティブキャパシタンス方式は，アクティブな負性キャパシタンスを作る方式であり，共振現象を用いずに接合容量を等価的に極大化させることが可能な方式である。IC 化に向いていると思われる[7]。

1.4.1　直列共振電力伝送方式

直列共振方式の電力伝送回路を図 5(a)に示す。中央の破線は，床面やテーブル面等の絶縁層を示す。この絶縁層は，電源側の電極（以下,「送電電極」という）上に張り付けられている。テーブルに適用した場合には，テーブルの表面材になる。テーブルの上には，携帯電話，PC，プロジェクタ等の電力を必要とする機器が載せられている。これらの機器の底面には，送電電極に対向させた受側電極（以下,「受電電極」という）が付いており，送電電極と受電電極でコンデンサを形成している（以下,「接合容量」という)。さらに，本回路中に，インダクタ（コイル）と負荷を直列に接続している。

コイルのインダクタンスを L，一つの接合容量を C，電源の周波数を f，電源電圧を V，負荷抵抗を R とするならば，電流と電圧の関係として(1)式が成立する。いま，(2)式に示す直列共振条件が成立したとすると，(1)式の分母内の虚数成分は消えて(3)式となり，電源と負荷を直結したのと同じ状態になる。

$$i=\frac{v}{R+j\left(\omega L-\dfrac{2}{\omega C}\right)} \quad (\Theta\omega=2\pi f) \tag{1}$$

$$f=\frac{1}{2\pi\sqrt{LC}} \tag{2}$$

$$i=\frac{v}{R} \tag{3}$$

1.4.2　直列共振方式の特性，問題点

電界結合方式は，容量結合方式であるため，接合部の問題が付きまとう。すなわち，受電体を移動させる度に，ゴミや表面の凹凸状況によって接触状態が変化するために，接合容量が変化してしまう。このため，(2)式に示す共振条件が変化してしまい，電力送電が不安定になる。

この様な問題を解決する一方法として，受電電極を導電性ソフト電極にすることが考えられる。一般に送電電極と受電電極に硬いものを採用した場合には，平坦化した電極であっても，接触面は点接触となっており，微小ギャップが多くの面を占有する。この様な状況における静電容量を

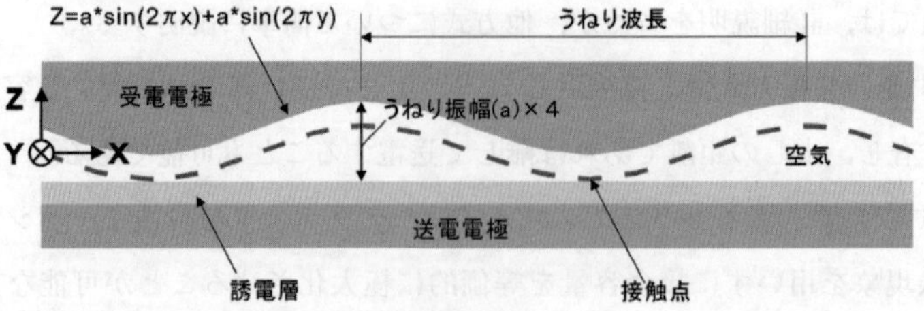

図6　電界結合部モデル

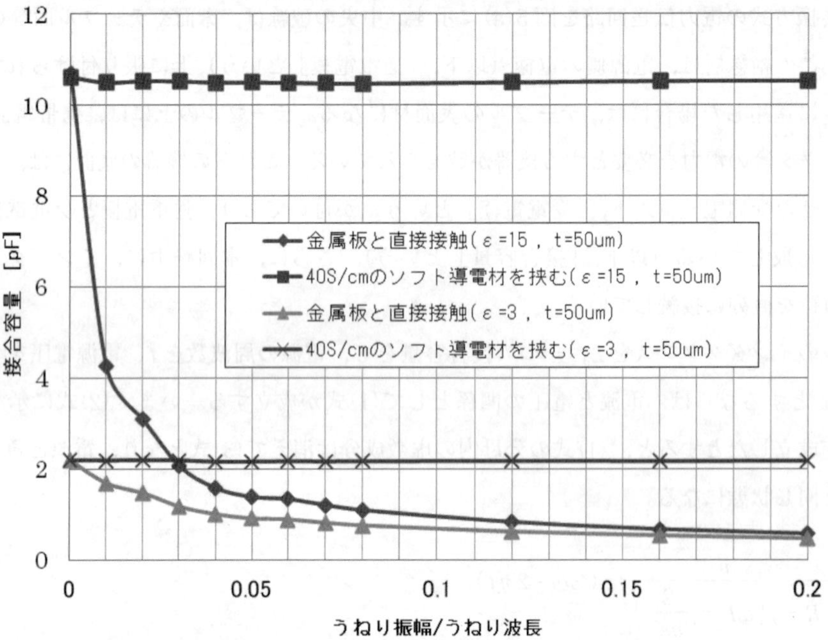

図7　ギャップ間隔に対する静電容量の変化

見るため，図6にモデルを示す。このモデルは，送電電極とその上の絶縁層は理想的な平面を有したものとするが，受電電極は平面方向に正弦波によるうねりを付けた面電極としている。モデルは正方形（各辺4 mm）で，うねり波長を2 mmとした。

図7には，この接合電極の静電容量が，うねりの波長に対するうねり振幅の比に対してどのように変化するかを示している。これから判るように，誘電率が15と3の絶縁層（厚さ50 μm）を用いた場合には，うねりがなくて密着している場合には，それぞれ約10 pF，2 pFの容量があるが，うねりが出てくると，急激に静電容量が低減し，誘電率に関係なく一定の値まで低減してしまう。ところが，40 S/cm程度の導電率を有するソフト電極が受電電極に張られ，加圧変形させて接触し，空気等が追い出されている場合には，静電容量は殆ど低下していない。

導電性ソフト電極としては，Agフィラーを混入したシリコーンゴム，導電性CNTを混合し

図 8　直列共振による送電の様子

て導電性を持たせた弾性ゴム等が利用可能である。これらは，ソフトであるため凹凸があっても馴染んで接合容量を維持できる。

ソフト電極を厚くし，相応の圧力をかけて接触させれば，微小な硬いゴミがあってもソフト電極が凹んで全体の密着面を維持させることも可能である。

1.4.3　実験結果

図 8 には，直列共振方式を用いて実際に製作したコードレス電力供給システムを示す。送電電極上の誘電体には，$BaTiO_3$ 粒子を混合したエポキシ樹脂を用い，誘電率は 42，厚さ 0.3 mm とした。上部電極には，Ag フィラーを混合した導電性シリコーン樹脂（$\sigma = 40$ [S/m]）を用いた。電極サイズは，辺長 10 cm の正方形とした。これより，600 kHz の発振周波数にて 90 W の電球を 90% の効率で点灯させることができた。

受電部を押し付けると，発光強度が多少変化するため，接合容量が変化して共振状態が変わっていることが判る。

受電体を取り外した状態で，送電電力を最大にして二つの誘電層付き送電電極に跨るようにして素手で触っても感電しない。この状態で，受電体を付けると，発光する。すなわち，共振条件を満足しないものが，誘電層付き送電電極の上に載っても送電されないことがわかる。これは，本方式が原理的に有している安全性である。

1.4.4　通信機能

電界結合式電力供給系は，二つの接合容量を通し，数百 kHz～数十 MHz の周波数を用い共振条件を満足させることで送電できるが，この接合容量は，数 GHz～数十 GHz の電磁波に対しては，カップリングコンデンサとして機能し，共振現象を用いずとも，低いインピーダンスが実現できて，通信信号を流すことが可能になる。このため，電力伝送と同時にビデオレートの通信回線を構成することも可能と思われる。

1.4.5　安全性

感電に対する安全性については，次のように考えている。

① 常時は，発振器は送電しておらず，通信部のみがウェークアップしていて，送電要求信号を受けた時にのみ送電を開始する。省エネルギー化の点からも必要であり，不要な電界が発生しないようにしている。

② 送電している個所に手を触れたり，金属板が落ちたりしていても，共振条件が満足されない限り，送電されない。

この様に，コンセントに比べて高い安全性が確保できる可能性がある。

1.5　統合イメージ

直流送電と電界結合非接触電力供給技術によるワイヤレス送電を組み合わせた家庭やオフィスのイメージについて述べてみたい。

図9はテーブルからのワイヤレス電力伝送のイメージを記す。テーブルの上に置かれたPCおよびプロジェクタにはコードは一切なく，テーブルの上にフリーポジションで置いただけで送電され，ビデオデータも電力伝送している電極を介して高速に送信される。テーブル表面材としては，誘電率2～8で厚さ200～300μmの塩化ビニルクロスの使用を想定している。

図10は，介護施設において，床に各種機能を設置して介護ロボットを支援している様子を示している。最下層には，電力・通信統合層があり，ローコストな床ユニットが敷き詰められているが，一部の床ユニットに機能を持たせ，電力供給ユニット，センサーユニット，無線ユニットとしている。これにより，介護ロボットは，電力供給を受けるとともに，無線LANによっても

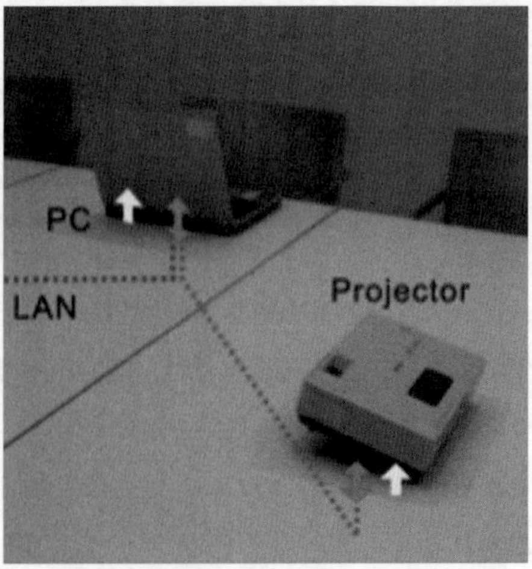

図9　ワイヤレステーブルのイメージ

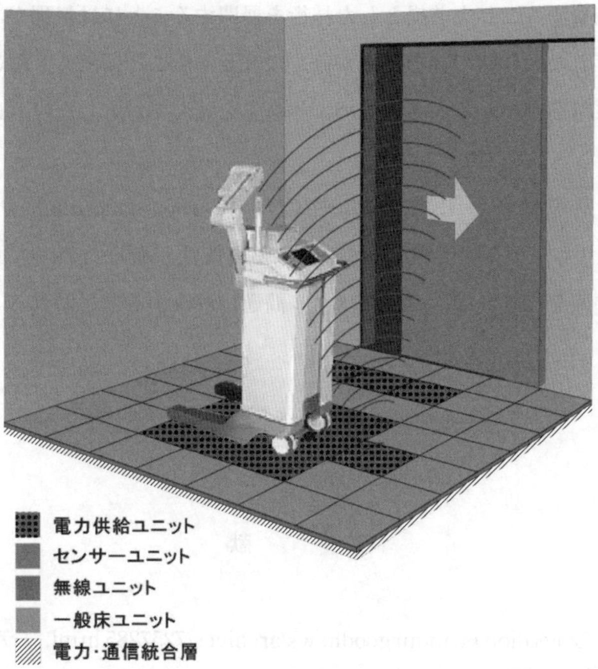

図10　介護機器への給電のイメージ

情報を受け，ドア近傍ではセンサが働いてドアを開けている。各ユニットにID認識機能を付けておけば，電力送電に対して課金を行ったり，ドアの開閉を制限したりすることも可能になる。

1.6　まとめ

図1に示すような，ケーブルのスパゲティ状態を改善すること，低定圧直流送電を採用すること，銅資源に依存しないアルミニウム主体のシステムにすること，スマート化したシステムにすること，機能を階層化すること，フリーポジション・ワイヤレス送電を実現すること等を考えると，今回提案したシステムになった。

また，今回は触れていないが，①施工技術の開発，②本システムに適した建築設計，③水濡れ対策，④電力系統管理（過電流対策，ショート対策），⑤耐火性等，検討しなければならないことが山ほどある。

資源の問題は，かなり深刻な問題と受け止めている。資源問題というのは，枯渇すると言われてからも新鉱山が発見されたり，市況価格が上がると今まで採掘できなかった鉱山から採掘可能になったり，市場メカニズムが働いて安定化するのが常である。しかし，銅以外に実現できる方式・材料がない状態で，発展途上国における銅の消費量が急激に伸びれば，銅の需要と供給のバランスが崩れて急激な価格の上昇が起き，実質的に使用できなくなる可能性も否定できない[2]。

このため，銅を多消費することを前提とした技術を展開することには無理があると思われる。

一方で，銅に依存しない今回の様な提案が直ぐに普及することは無く，仮に標準化されたとしても普及には相当に時間がかかる。このため，相当先を読んで対応しなければならないと思われる。

他方，カーボン系の材料として，導電性CNT（Carbon nanotube）やグラフェン（graphene）は，金属よりも3ケタ程度導電率が高くなる可能性があるため，大面積生産技術や接合技術等の周辺技術が開発できれば，ベースメタル問題は解決すると思われる。今後の技術発展に期待したい。

文　献

1) 例えば，http://blogs.dion.ne.jp/mrgoodnews/archives/7257285.html，"テスラとエジソンの交流・直流論争"（2008）
2) 安達　毅，"元素の枯渇問題　鉱物資源の世界情勢と将来のゆくえ"，化学，**62**，No. 12（2007）
3) 神谷夏実，"デマンドサイド分析 2010(1)―銅―"，JOGMEC，金属資源リポート（2010）
4) http://www.alpolic.com/japan/index.html（三菱樹脂，アルポリック）
5) H. Shinoda, Y. Makino, N. Yamahira and H. Itai, "Surface Sensor Network Using Inductive Signal Transmission Layer", Proceedings of Fourth International Conference on Networked Sensing System（INSS 07）, pp. 201–206（2007）
6) T. Sekitani, H. Nakajima, H. Maeda, T. Fukushima, T. Aida, K. Hata and T. Someya, "Stretchable active-matrix organic light-emitting diode display using printable elastic conductors", *NATURE MATERIALS*, **8**, 494–499（2009）
7) Hirohito Funato, Yuki Chiku and Ken-ichi Harakawa, "Wireless Power Distribution with Capacitive Coupling Excited by Switched mode Active Negative Capacitor", The 2010 International Conference on Electrical Machines and Systems（ICEMS 2010）, PCI-18, pp. 117–122（2010）

2　電磁誘導方式ワイヤレス給電システム

高橋俊輔*

2009年，当時の鳩山首相は，気候変動枠組条約第15回締約国会議（COP 15）において，条件付きながら2020年までに温室効果ガスを1990年比25%削減することを世界に向け宣言した。さらに，長期的展望ではより厳しく2050年までに80%削減することを明らかにしており，それを実施するための法案が2010年3月に閣議決定された。この実現は従来技術の延長では困難であり，革新的技術が不可欠であるとの考えから，経済産業省では運輸部門において電気自動車（EV），燃料電池自動車，バイオマス系燃料の導入を進展させる計画が示されている。これらの目標を達成するための切り札としては，現状ではCO_2排出削減効果が高く，ガソリン車の約1/4に低減できるとされているEVの大量普及によるしかない。しかしながら，車両に搭載されている蓄電池の容量が少ないことによる1充電走行距離が短いこと，充電作業が繁雑であることから，未だ普及段階とは言えない状況である。そこで，普及に向け自動車の電動化を促進する画期的な技術が期待されており，その一つが安全かつ容易なワイヤレス給電技術である。

充電装置において，車両外の電源から車両に電力を供給するコネクタ部のプラグとレセプタクルの組み合わせを，充電カプラという。この充電カプラは通電方式から，接触式と非接触式に大別される。接触式は，通電方法として金属同士のオーミック接触を用いて，電気的に電力電送するものであり，非接触式とは一般的にはコイルとコイルを向かい合わせ，その間の空間を介して電磁気的に通電させて電力伝送するものである。

EVに使用可能と考えられるワイヤレス給電システムとしては，①マイクロ波方式，②電磁誘導方式，③磁界共鳴方式の3種類が挙げられるが，出力，効率の点から現状において実用に最も近いシステムは電磁誘導方式である。本項では電磁誘導方式について解説する。

2.1　電磁誘導方式の開発動向

1820年にデンマークのHans C. Oerstedにより電流の磁気作用は発見されていたが，1831年に英国のMichael Faradayによって磁気から電気が発生することが発見された。これは，静止している導線の閉じた回路を通過する磁束が変化するとき，その変化を妨げる方向に電流を流そうとする電圧（起電力）が生じるという電磁誘導現象の発見であり，この発見から変圧器の基本となる原理であるファラデーの電磁誘導の法則が導き出された。1836年にアイルランドのNicholas Callan牧師が誘導コイルを発明し，これが変圧器として用いられる初めてのものとなった。

---

* Shunsuke Takahashi　昭和飛行機工業(株)　特殊車両総括部　EVP事業室　技師長

それ以降，送受電コイル間に共通に鎖交する磁束を利用するワイヤレス給電システムはいろいろ研究されたが，この技術を用いた製品が具体的に身の回りで見られるようになったのは1980年代になってからである。これは電磁誘導による電力伝送にインバータにより商用電源を高周波にした電力を用いるが，大電力半導体デバイスの普及により，安価で小型，高性能なインバータを容易に入手できるようになったのが，1980年頃であることによる。この頃から，電磁誘導方式のワイヤレス給電システムの本格的な研究が始まった。EV等の移動体関連の研究は1986年，LashkariらがEVへの給電システム，1993年にはGreenらが移動型の基本となるシステムを発表，1995年にはKlontzらが鉱山機械への応用を提案した。2002年に湯村らはエレベータへの給電を発表，2008年に紙屋らはEVへの充電システムを，2010年に保田らもEV用ワイヤレス給電システムを発表した。これらの研究の結果，現在では微小電力から数百kW以上の電力を，数mmから10 cm以上のギャップを隔てて90% 以上の総合効率で，ワイヤレス給電ができるようになっている。

実際に使われたEV用のワイヤレス給電システムとしては1980年代の米国でのPATH（Partners for Advanced Transit and Highways）プロジェクトで，道路に埋め込んだケーブルからの高周波の電磁誘導で，走行中の車両に給電するシステムが最初のものであるが，実験は成功した

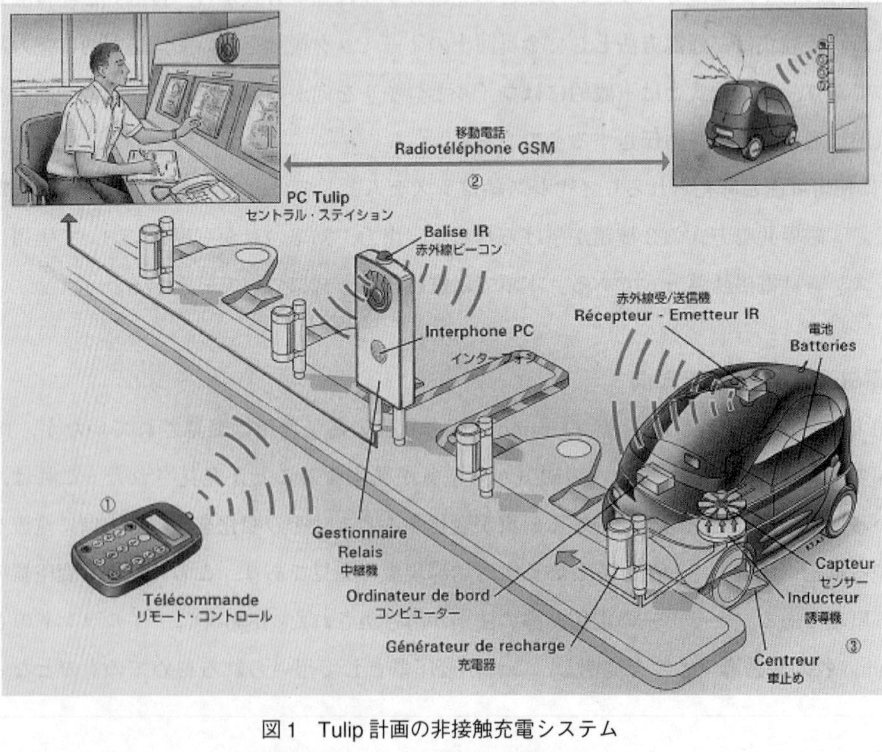

図1　Tulip 計画の非接触充電システム
（出典：カースタイリング別冊 NCV 21）

ものの漏れ磁束が大きく，実用にはならなかった。1995年仏国のPSA（プジョー／シトロエングループ）が発案したTulip（Transport Urbain, Individuel et Public）計画では図1に示すように，地上に設置した送電コイル上にEVが跨り，床面に設置した受電コイルとの間で給電すると共に，通信システムで充電制御を行うという，現在のものと殆ど変わらないシステムが採用されたが，満充電に4時間が必要であった[1)]。1997年仏国の公共交通運営受託会社の一つCGEA社およびルノー社が，パリ郊外のサンカンタン・イヴリーヌ市で実験を行ったPraxiteleシステムの構造は，高周波による電磁波漏洩問題から逃れるために床下につけた低周波トランスによるワイヤレス給電であったが，効率が悪く，車両の位置決めが難しいという課題があった。日本では1990年代に，本田技研工業がツインリンク茂木で，ICVS-シティパル用の自動充電ターミナルにおけるワイヤレス給電システムのデモを一般公開した。その構造は棒状の分割トランスをロボットアームで車両に差し込むものであったが，製品化には至らなかった。最近では，同様のシステムが米国SemaConnect社から「Cpod AX」という製品名で発表されたが，仕様の詳細は不明である。

製品化されたEV用のワイヤレス給電システムとしては，米国GM社が開発したMagne Chargeと呼ばれるパドル型のものがあり，1993年に豊田自動織機にて国産化され，国内数百台，国外に数千台以上が販売された。入力単相200 V，周波数130 kHz～360 kHz，最大出力が6 kWと容量が小さく，対象車両の満充電に2時間必要なうえ，図2に示すように1次コイルに相当するパドルを2次コイルとなるインレット部に差し込まねばならず，コネクション操作が不要というワイヤレス給電の特徴を損ねる構造をしていたため，広く普及するには至らなかった。大電力で，地上コイルに跨るだけで容易に給電できるものとしては図3に示すドイツWampfler社のワ

図2　Magne Chargeによる充電の状況

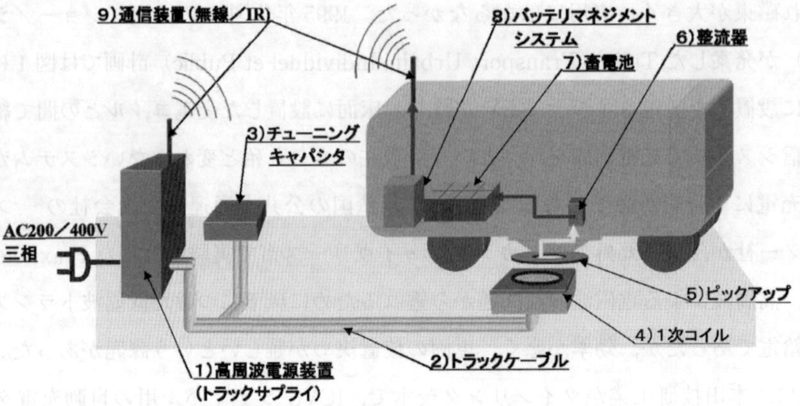

図3　Wampfler 社製電磁誘導式非接触給電システム

イヤレス給電システム（IPT）があり，欧州ではトリノなどの電気バス用として数十台が採用され，日本でも日野自動車の IPT ハイブリッドバスや早稲田大学の先進電動マイクロバス（WEB–1）などに採用された。仕様は入力 3 相 400 V，最大出力 30 kW である。

このように，電磁誘導方式は実用的な出力と効率を有し，幅広い応用が始まっているが，大きなコイルにしなければコイル間のギャップを広げることができないという短所がある。コイル間のギャップ拡大はコイルの位置ズレ許容寸法の拡大に繋がるため，できる限りのギャップ拡大を目指す開発が各社で進められている。

2.2　電磁誘導方式の原理

電磁誘導方式のワイヤレス給電には，静止型（図 4 a）と移動型（図 4 b）の 2 つの方式がある。静止型はヒゲ剃りなどの家電品や EV 用として使われるように，給電中は 1 次側コイルの直上にギャップを隔てて 2 次側コイルを置いておく必要があり，移動体側に搭載した電池に電気エネルギーを充電する。移動型は，静止型の 1 次側コイルのコアを取り去り，コイルをレール状に

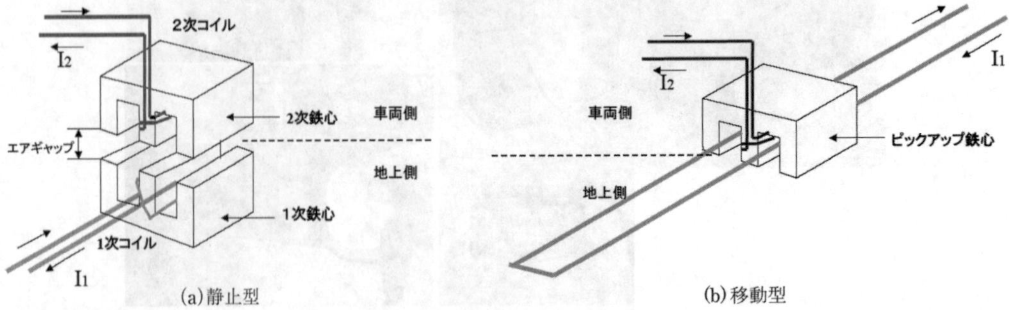

(a)静止型　　(b)移動型

図4　電磁誘導式非接触給電の原理

伸ばして給電線としたもので，ピックアップが給電線上にある限りは搬送車の移動中にも給電が可能である。

いずれの方式も，基本的にはコア間に大きなギャップ長のある変圧器である。変圧器のように 1 次コイルに交流電流を流すとコイル周囲に磁界が発生し，1 次／2 次コイルを共通に鎖交する磁束により 2 次コイルに誘導起電力が発生する。理想的な変圧器の磁束は全て主磁束で構成され，漏れ磁束がない。この場合の 1 次コイルと 2 次コイルとの結合の度合いを示す結合係数 k は 1 である。しかし，非接触にするための大きなギャップ長により磁路が切れていて，漏れ磁束があるために結合係数は 1 よりも小さくなる。この漏れ磁束が変圧器の 1 次側，2 次側にそれぞれ直列に接続されたインダクタンスとして，チョークコイルと等価な働きをする。これが漏れインダクタンスである。つまり，変圧器として働く励磁インダクタンスは自己インダクタンスのうちの k 倍で，残りの部分は漏れインダクタンスになる。ワイヤレス給電は変圧器に比べ励磁インダクタンスが小さく，漏れインダクタンスによる電圧降下が大きいシステムと言うことができる。そこで，電力を効率よく伝達するために，1 次側の印加周波数を 10 kHz 程度から数 100 kHz の範囲で最適な値の高周波にして 2 次誘起電圧を上げたり，漏れインダクタンスの補償のために，図 5 のようにコイルのインダクタンスにコンデンサを並列もしくは直列に接続した共振回路を用いる。1 次コイルから出る磁束が 2 次コイルに鎖交し易くするためと，1 次コイルに流す電流を低減できるため，コアとして磁性体が使用されるが，周波数が高いためフェライトを用いる。また周波数が高くなると，導線の表面近くしか電流が流れない表皮効果が現れる。電流が導体表面に集まって導体の中心部に電流が流れないと，導体の有効断面積が小さくなって導体抵抗が増加，損失となる。そこで，コイル抵抗が増大するのを防ぐため，径を細くした素線を絶縁して，多数より合わせ，導体の表面積を増やしたリッツ線を使用する。2 次コイルの出力は 1 次コイルと同じ周波数の高周波電流のため，整流器により 2 次電池に充電できる直流に変換する。

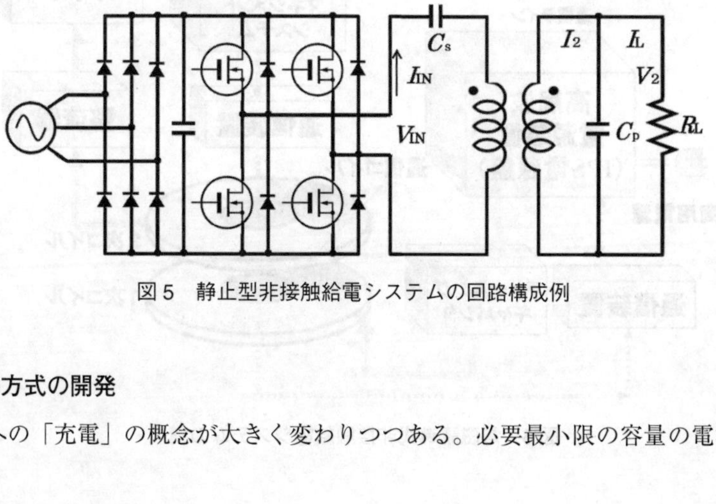

図 5　静止型非接触給電システムの回路構成例

2.3　電磁誘導方式の開発

現在，EV への「充電」の概念が大きく変わりつつある。必要最小限の容量の電池を搭載し，短いサイクルで充電を繰り返しながら使う，という考え方が導入された。これにより，高価なLi-ion 電池の搭載量が減るため，イニシャルコストが大きく下がることになる。また，重い電池搭載量が減るため車両重量が軽くなり，内燃機関車の燃費に相当する電費が良くなるとともに，電費向上の分だけ Well to Wheel ベースの CO_2 排出量も減少する。しかしながら良いことばかりではなく，電池の絶対搭載量が減るので1充電走行距離は短くなる。それを，充電操作が安全で，ケーブルの接続に時間の掛からないワイヤレス給電で，短時間充電を行うことにより，小さな電池でも走行距離を確保できることになる。このコンセプトに従い，WEB-1 に IPT を搭載し，路線1往復毎にターミナルで急速充電を行うことで，電池搭載量を必要最小限に削減，大幅な車重減による走行エネルギー削減と車両初期コストを低減することができた。しかしながら，IPT は WEB-1 のようなサイズの EV に搭載するには，車両サイズに比較して相対的に大きい，重い，効率が悪い等の，大きな改善課題が存在することが明らかになっている[2)]。

そこで昭和飛行機工業らの研究グループは，EV への充電を安全・簡便・短時間で行えるワイヤレス給電システム（IPS）を 2005 年から4年間，新エネルギー・産業技術総合研究開発機構（NEDO）の委託を受けて開発した。具体的な装置構成例は，図6にあるように地上側システムが高周波電源，1次コイル，高周波電源から1次コイルまでの給電線とインピーダンス調整用のキャパシタボックス，それに移動体側システムとしては2次コイルと高周波を直流に直す整流器，バッテリーマネジメントシステムと地上側の高周波電源との間で充電制御信号をやりとりする通信装置からなる。高周波電源装置の内部は，商用電源を直流に変換する AC/DC コンバータ，高周波（方形波）を出力する高周波インバータ，方形波をサイン波に変える波形変換回路，安全対

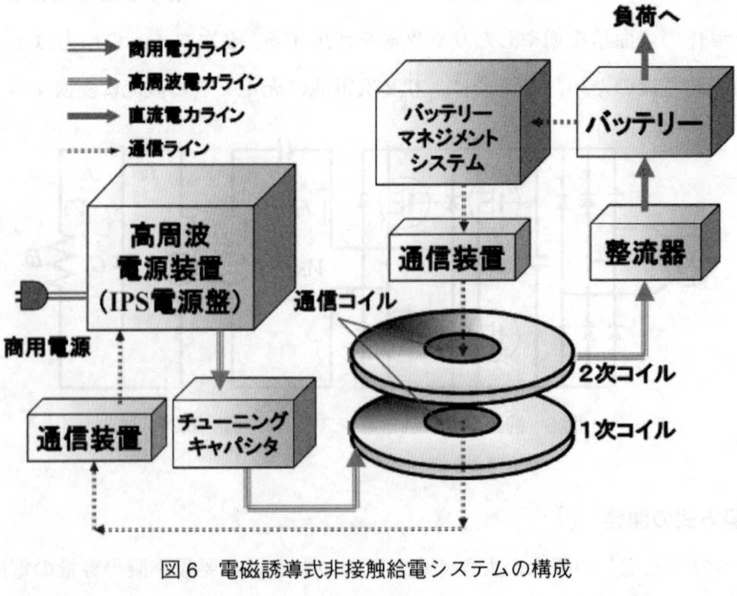

図6　電磁誘導式非接触給電システムの構成

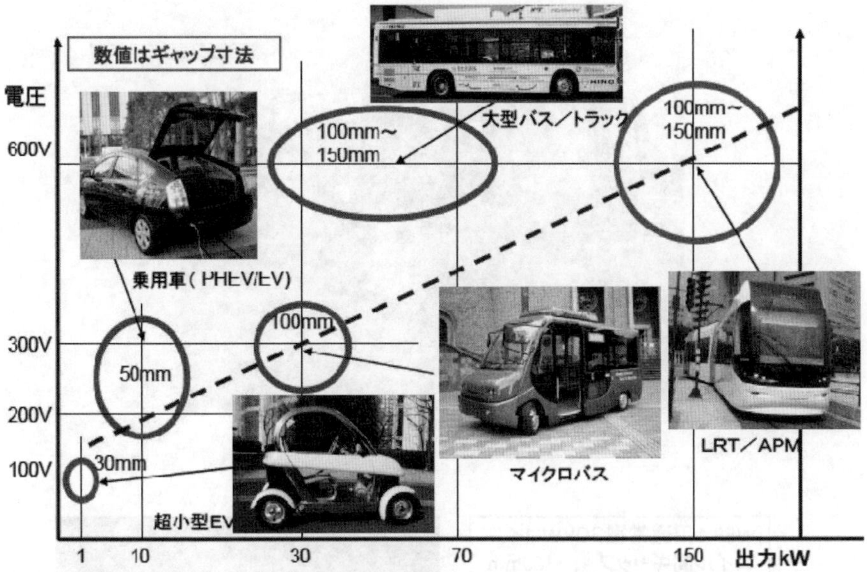

図 7　電磁誘導式非接触給電システムの展開

策のための波絶縁トランスで構成されている。IPT と同じ 30 kW，22 kHz の仕様で開発した IPS は，コイル形状やリッツケーブル構造，高周波電源装置の最適化により，円形コア，片側巻線，1 次直並列 2 次並列共振コンデンサシステムで，コイル間ギャップを 50 mm から 100 mm に増加，商用電源から電池までの総合効率は 86% を 92% に改善した。その他，2 次側コイルの重量や厚みを半分にするなど小型，軽量化がはかられている。このシリーズは図 7 のように，一人乗り EV 用の 1 kW，普通車サイズ PHEV や EV 用の 10 kW，マイクロバスなど中型車両用の 30 kW，IPS バスやトラックといった大型車両用の 60 kW，LRT（次世代型路面電車）や連接バス用の 150 kW を超える大電力まで，ラインアップされている[3)]。

2.4　太陽光発電電力利用型非接触充電ステーション

上越新幹線本庄早稲田駅前に位置する早稲田大学本庄キャンパスの駐車場に WEB-1 用の充電ステーションとして IPT を設置してあったが，早稲田大学が 2009 年度に環境省の補助金を得て 25 人乗り先進電動マイクロバス（WEB-3，図 8）を新規に開発するのに合わせ，ワイヤレス給電装置も IPS に換装した。この IPS は出力 30 kW であるが，コイル径を従来の 847 mm から 1200 mm にすることでコイル間ギャップを 120 mm にしている。そのため，1 次コイルを充電ステーションの地表面と面一に埋め込んでも WEB-3 のバリアフリー用のニーリング機能により車高を下げるだけで，ワイヤレス給電が可能となっている（図 9）。

図 9 のようにこの充電ステーションにはカーポートが設けられ，その屋根に出力 3 kW の太陽

図8　先進電動マイクロバス（WEB-3）

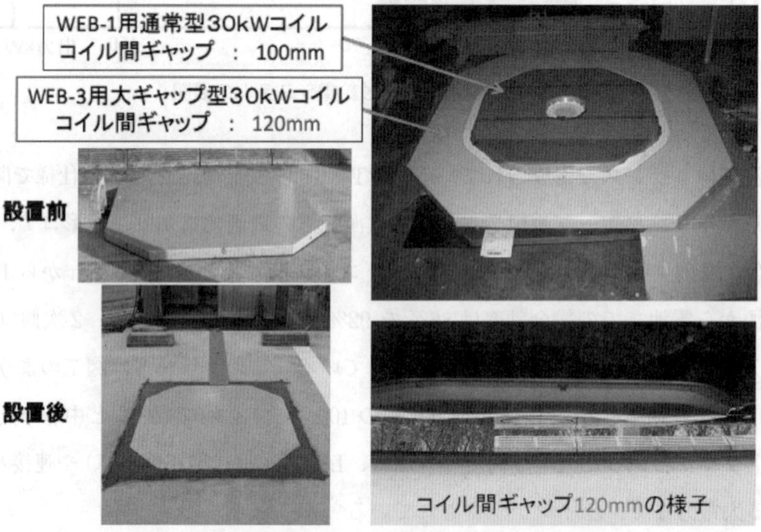

図9　WEB-3 用埋込コイルとギャップの様子

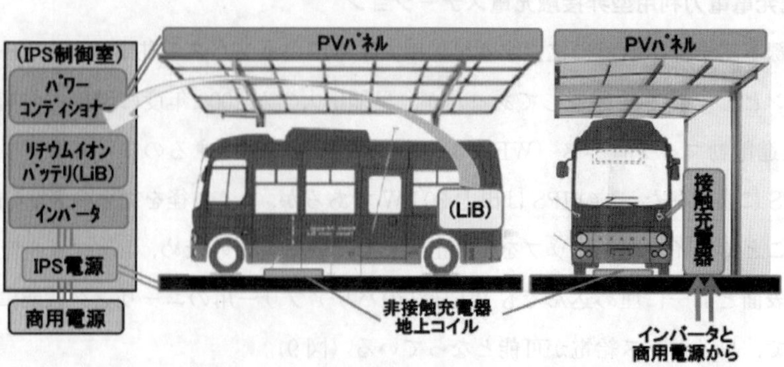

図10　太陽光発電電力利用型非接触充電ステーションシステム

光発電パネルが敷かれている。図10に示すように，このシステムは太陽光発電パネルからの電力を地上に設置された容量2.6 kWhのLi–ion電池に蓄えた後に，昇圧コンバータと3相200 V出力のインバータを通してワイヤレス給電システムに対し商用電力と並列に電力供給できるようになっていて，グリーンな太陽光電力を一部使用することでWEB–3の更なる低炭素化を目的に構築された。また，今後のEVの普及により数年後には廃車されたEVから搭載していた電池が中古品として市場に多量に出回ることになる。経年による電池容量の低下でEV用途としては使えないものの，太陽光発電電力蓄電など地上設置用途としては未だ充分に使用が可能である。まだ中古品が出回らないため新品であるが，WEB–3搭載電池のセカンドユースを考慮して同じタイプのLi–ion電池を地上側に設置してある。このシステムの出力が3相200 Vなので，将来的には接触式急速充電器も設置して，各種EVの総合充電ステーションとすることも可能である。

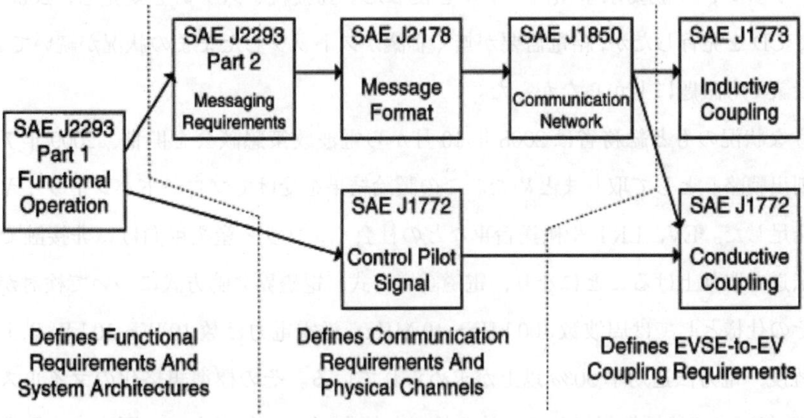

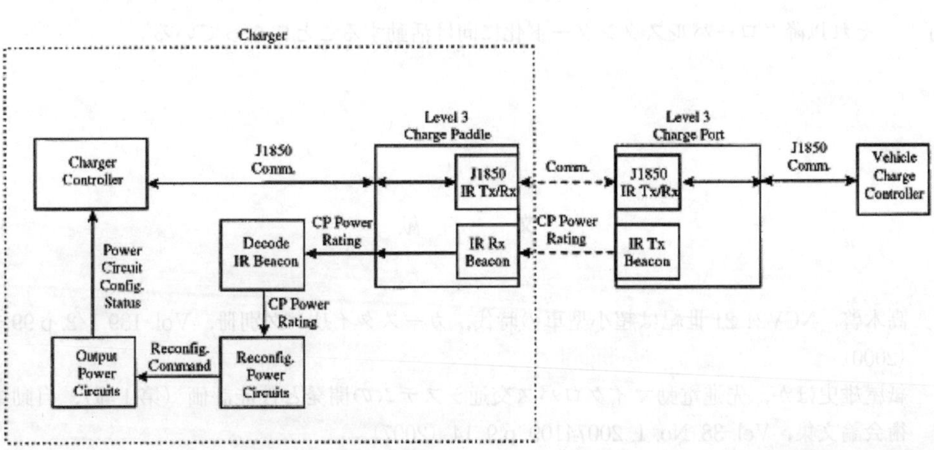

図11　SAE制定の流れとブロックダイアグラム
（出典：SAE J 2293–1）

2.5 標準化に向けた取り組み

充電器における互換性を確保するための標準規格の策定は，1990年代，米国においてEV導入が進められた際に，図11に示すようにSAEは接触給電システムに対しSAE J1772を，ワイヤレス給電システムに対しては電磁誘導方式でSAE J1773を取りまとめた。それらを受けて，日本自動車研究所はJEVS（日本電動車両規格）において前者はJEVS G 104-1995として急速充電システムの通信プロトコル，G 105-1993でコネクタ形状を，後者はJEVS G 106-2000として非接触給電システムの一般要求事項を，G 107-2000で手動接続，G 108-2001でソフトウェアインタフェースを規定した。

IECはTC 69/WG 4においてIEC 61851-1，21，22の急速充電器の一般要求事項，車両側要件，通信プロトコルの改訂を進め，2010年末までには発行する予定である。しかしながらワイヤレス給電システムにおいては，TC 69/WG 4でIEC 61851-23，61980-1，2の非接触充電器の充電ステーション，一般要求事項，パドルを使った手動接続システムを規定し，2000年にドラフトとしてCDを発行したが，給電需要が無く審議がストップしたままの状況が続いており，2009年9月の会議でも議題に上がらなかった。

そのような状況のもと総務省は2008年10月から電波政策懇談会を開催，2009年7月に「電波新産業創出戦略」として取りまとめた。この議論結果を受けてブロードバンドワイヤレスフォーラムが発足した。EV，LRTや搬送台車などの社会インフラ・産業用向けに非接触で数10 kWの大電力伝送を取り上げることになり，電磁誘導方式，電磁界共鳴方式について検討が進められている。その仕様としては周波数100 kHz～10 MHz，送電電力は数10 W～10 kW以上，送電距離30 cm程度，電力伝送効率90% 以上が求められている。その標準規格化のマイルストーンとしては2012年度までに標準規格化の方法の検討と策定，2014年度までに国内での標準規格化を終了し，それ以降グローバルスタンダード化に向け活動することになっている。

文　献

1）高木啓，NCV21 21世紀は超小型車の時代，カースタイリング別冊，Vol. 139 1/2, p 99-105（2000）
2）紙屋雄史ほか，先進電動マイクロバス交通システムの開発と性能評価（第1報），自動車技術会論文集，Vol. 38, No. 1, 20074109, p 9-14（2007）
3）高橋俊輔ほか，非接触給電システム（IPS）の開発と将来性，自動車技術会シンポジウム前刷集，No. 16-07, p 47-52（2008）

第5章　微小電力回収システム

松崎辰夫*

1　身近なところにある微小電力に注目

微小電力回収システムは，日常生活の中で普段捨てている電気を回収し，利用することで（小さな電気をこつこつと）微小な電力の有効活用を考えたものである。その構成は，微小電力を回収し貯めることを目的としたリム発電充電BOX，それを多数の人に利用して貰い各々に貯めた電力を更に上位で集蓄電するエコバケットから成る（写真1）。

写真1　リム発電充電BOXの風景

2　微小電力回収の動機

身近な所に存在し発生するエネルギーには次のようなものがある。

① 主に小企業や農商工業の生産活動により出される排気，排熱，排水，場内雨水等のエネルギー。

② 自然エネルギー：太陽光，風力，水力，地熱，波力など。

③ 人の生活活動や家庭やオフィスや家屋場内より発生している未利用エネルギー。

自転車，階段の昇降，照明，ダイエット運動や食物残渣や完全利用されずに廃棄される乾電池など，これらは比較的小規模だと商業規模に合わない，生活活動では気づかれない，微小である

＊ Tatsuo Matsuzaki　(有)品川通信計装サービス　取締役

が故に利用が難しい，設置設備が大がかりとの思いこみなどがあるが，本当にそうであろうか。

他方に砂漠に苗木一本でもエコに貢献，買い物袋一枚の分別など，これらを考えると廃棄され，着目されないエネルギーも利用シーンや活用方法を変えることでエコ対象，取得対象に成りうるのでは無いだろうか。

本研究試作では生活の中で廃棄されている前項①～③の中で主に③に着目して電力としての回収に取り組んでみた。

3 微小電力としての廃棄エネルギー回収源の例

① 自転車

リム発電機（ハブダイナモ）は昼間の走行は多くの場合点灯の必要はないので脚負荷も少なく発電が可能である（昼間は発電チャンスを捨てている）。

② ダイエット

エアロバイクや健康管理の運動利用は多い。しかし，せっかく自分の体から発生させたエネルギーを捨てる必要はない。

③ 自然エネルギー

自然エネルギーである風や太陽光は大型の発電タイプが主流であるが小型の太陽電池パネル，風車も販売されている。

自然エネルギーの中で上記①，②の回収規模に合うものは微小電力として組み入れる対象とした。

4 微小電力回収システム構成

その構成は，微小電力を回収するリム発電充電BOXとエコバケットで構成され集蓄傾向や各種管理情報の取得のためにパソコンや上位サーバーなどへの通信機能を持った構成とした（図1）。

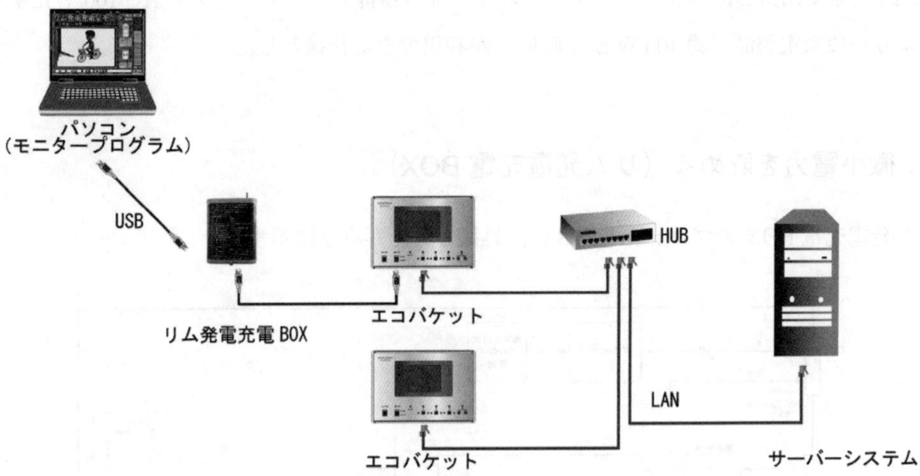

図１　微小電力回収システムの構成

5　回収した電力の活用方法

２通りの活用シーンを想定した（図２）。

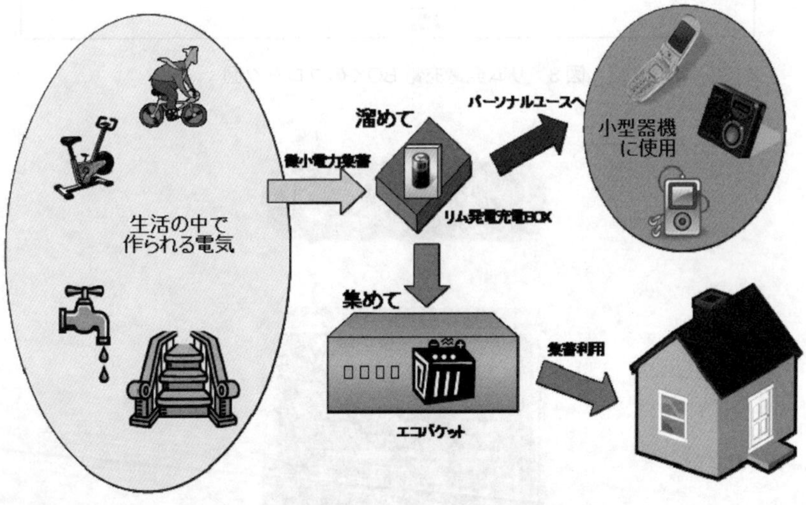

図２　回収した電力の活用

①　個々に回収した電力は個々に小型機器への電力供給に利用する

小型機器はパソコンとの通信や電源供給目的に変換ケーブルが多く出ている USB インタフェースに着目し，USB-A コネクタ／DC５V 出力の汎用仕様とした。

②　大きな電力として使用する場合は，集めてさらに電力量を増やす

DC 24 V 系で出力し，バッテリーシステムでの電力移蓄や，インバータで AC 100 V 化することにより一般家電製品（約 100 W が 1 時間）が利用できる仕様とした。

6　微小電力を貯める（リム発電充電 BOX）

リム発電充電 BOX のブロックを図 3 に，外観写真を写真 2 に示す。

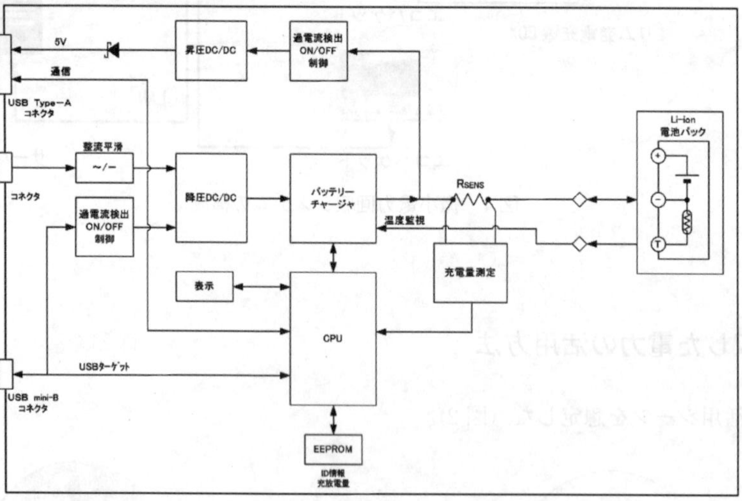

図 3　リム発電充電 BOX のブロック図

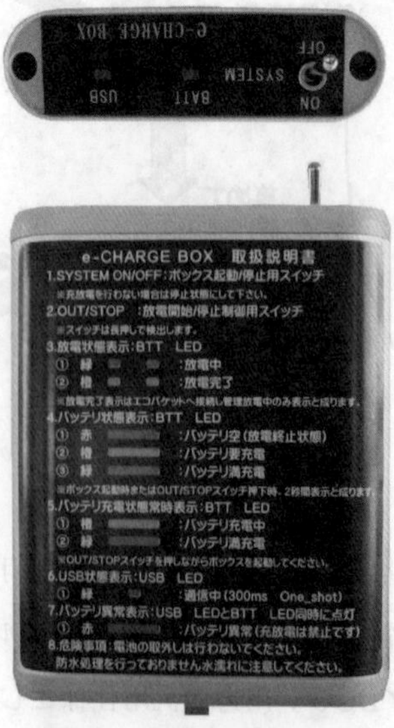

写真 2　リム発電充電 BOX

表1　発電ランプの定格（JIS C 9502）

区分	定格電圧［V］	定格出力［W］
1灯用	6	2.4
	6	3.0
	6	3.0
2灯用	6	3.2，3.2

※自転車速度が15 km/h のときの発電機定格

表2　出力特性（JIS C 9502）

負荷速度［km/h］	出力電圧の定格電圧に対する比率［%］	
	最小値	最大値
5	50	117
15	85	117
30	95	117

※自転車用灯火装置に規定がある発電機特性

(1)　入力について

リム発電機から出力される電力がどの程度のものであるか調査を行った。その結果，ランプ負荷（DC 6 V／2.5 W）接続の場合，AC 5 V～AC 8 V（時速10 km～30 km）が出力されることが分かりシステムとして使用可能と判断した。また　発電機出力が交流であるため，整流回路が入力部にあることで入力が交直両用に対応でき他の小型ソーラーパネルなど電力ソースにも対応が可能となった。「JIS C 9502　自転車用灯火装置」に規定がある発電ランプの定格を表1に，発電機の出力特性を表2に示す。

(2)　電池について

電力貯蔵には，エネルギー容量が大きいリチウム電池を使用し携帯電話で使用している物を採用（3.7 V／800 mAh 程度）した。制御監視にCPUを搭載し，充放電量監視とエコバケットとの通信およびパソコンとのデータ通信ができる。また，個別ID情報・充放電量情報をメモリに保持し，個別管理を可能にした。

(3)　充電動作について

充電動作は定電流（CC），定電圧（CV）を行っている。電池電圧が低い場合はプリチャージ充電にて電池状態を判断し，充電可能と判断した場合に定電流充電を行っている。電圧が終止電圧になったら定電圧充電に切替える。定電圧充電動作では充電電流が減少していく為，入力電力が徐々に減少する。

(4)　放電動作について

放電出力は，2種類のモードを用意した。

①　管理放電：エネルギーの共用用途のため→多く集めてまとめて使う集蓄電利用

電力回収装置への電力移動を通信制御で自動化し接続するだけで放電動作が完了すると共にID情報から回収量の個別管理ができる。

②　個別放電：エネルギーのパーソナルユース→自分で作って自分で使う

使用者が小型機器に回収した電力を使用したい場合，出力ONでDC 5 Vを出力する。USBコネクタタイプ懐中電灯，携帯電話への充電に利用可能である。

動作状態はLEDで表示したがLED点灯は自転車運転中の事故を考慮し，点灯させず確認スイッチ操作時のみ充電状態を表示することにした。

(5) 制御について

充放電動作管理，エコバケットとの通信による管理放電処理およびパソコンと接続しての充放電情報通信を行っている。

7 貯めた電力を確認する（リム発電充電量モニタ）

リム発電充電BOXでは，使用者が使用状況を確認したい場合を考えパソコンと接続し充放電量が確認できるソフトを提供した（図4）。特徴としては以下のようなものがある。①ID，名前の表示を行う（IDは固定，名前は使用者が入力可能）。②更新時からの電力量及び，トータルの電力量とCO_2に換算した場合のペットボトル表示仕様にした。

このソフトを使用した場合には，設定によりパソコンのUSBコネクタを経由してリム発電充電BOXへの充電も可能である。

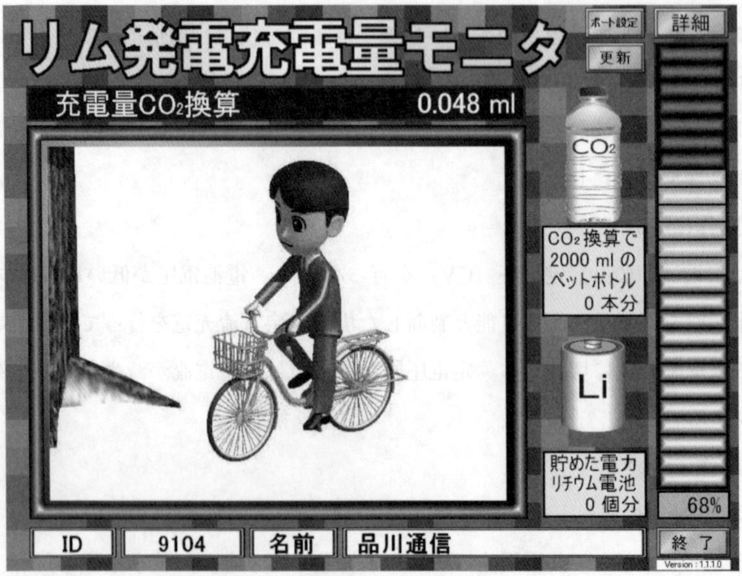

図4 リム発電充電量モニタソフト画面

8 リム発電充電BOXの成果

自転車に乗り2〜3時間（速度で変化）程度でバッテリー定格3.7 V／800 mAhのリチウム電

池容量に80%の充電は確認できた。又，安全を考慮して電圧定格に対して定格の80%で充電量を管理している回路構成もあり，それ以上は電池が満充電に近づくと充電量を下げるため回収効率が下がる。しかし，廃棄していた電力が回収でき充分利用可能であることは確認出来た。

改善点を以下にまとめた。

① 小型，軽量は市販ケースに収納した為大きさが限定されたが更なる小型化，防水対応等が必要である。

② 電力回収装置への放電時間が電池充放電電流に対して2C程度で行っているため，満充電状態まで20分程度かかる。使用者の待ち時間ストレスを考えるとさらなる短縮が必要である。

9 貯めた電力を集める（エコバケット）

エコバケットのブロックを図5に，外観写真を写真3に示す。

(1) 入力について

入力は2種類の入力方法を用意した。

① リム発電充電BOXを3台接続可能で同時に電力移動ができる。また，動作は自動電力移動制御を行い終了したBOXは別のBOXと交換すれば電力移動を継続する（図6)。リム発電充

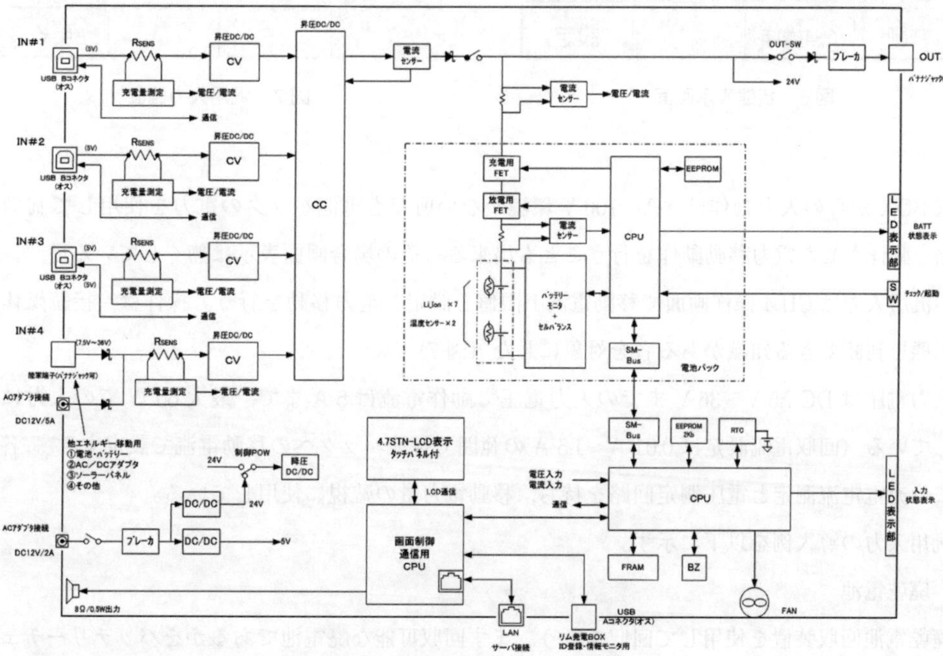

図5 エコバケットのブロック図

写真３　エコバケット

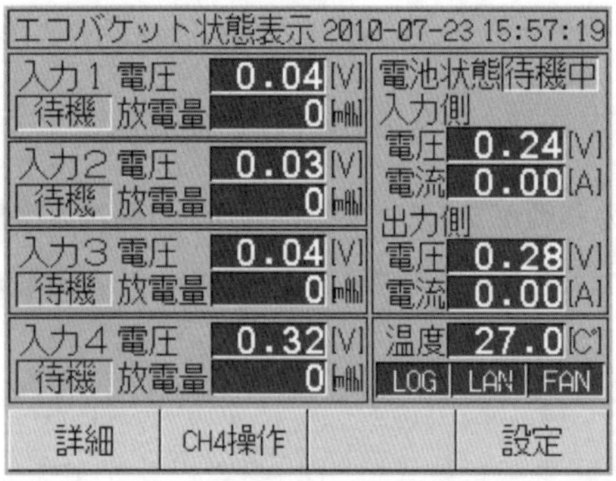

図６　状態表示画面

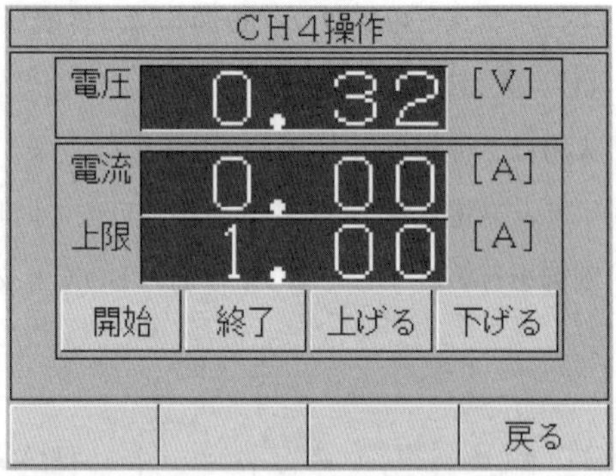

図７　汎用入力画面

電 BOX からの入力動作は，AC 100 V 環境がない所でも電池パックの電力を使用して制御回路を動作させた電力移動動作を行うことも出来る（その場合画面表示は無くしている）。

② 汎用入力は CH 4 操作画面で移動電流上限値を設定し電力移動を行う。操作は，接続媒体の状態を判断できる知識がある者を対象にした（図 7）。

入力電圧は DC 7.5 V〜36 V までの入力電圧で動作電流は 5 A まで，最大 60 W での入力に対応している（回収電流設定は 0.01 A〜1.5 A の範囲で電池パックへの移動電流で設定する）。各入力には充電電流測定と電圧測定回路を持ち，移動電力量の監視に使用している。

汎用入力の導入例を以下に示す。

① 廃乾電池

廃乾電池回収装置を使用して回収を行う。まず回収可能な廃電池であるかをバッテリーチェッカーで確認後，廃乾電池を直列に接続し入力可能な電圧を確保して回収を行う。

②　廃バッテリー

自動車等で使用している鉛バッテリー（12 V／24 V タイプ）を廃棄する場合には残電力の抜き取りが必要である。強制放電にて無駄に廃棄させずに回収を行う。

(2)　充電制御について

充電動作は定電流（CC）動作で電池パックへの充電を行っている。電池電圧が低い場合はプリチャージ回収モード（エコバケット本体へ充電）にて電池状態を判断し，回収可能と判断した場合に定電流充電で行っている。

リム発電充電 BOX の場合は，１個時の電流×n（接続数）で充電を行い，汎用入力の場合は指定電流値で充電を行う。電圧が終止電圧になった場合，定電圧充電を持たないため，充電電流を減少させて擬似的な定電圧充電動作を行っている。

(3)　電池パックについて

電力貯蔵には，電池パック方式を採用しラミネートシート型リチウムイオン二次電池を７枚直列接続し，その電池の制御監視回路で構成した。外部との制御には SM–bus を採用し，必要な設定や，情報の取得が可能である。

電池パックの容量は 26.6 V／8 Ah であるが約 6 Ah で使用している。また，制御監視回路は CPU を搭載し，上位との通信（SM–bus 対応），セル電圧監視，セルバランス動作，充放電電流監視，充放電 ON／OFF 制御および過電流検出時の遮断，電池温度監視を行うと共に電池残量表示が可能である（写真４）。

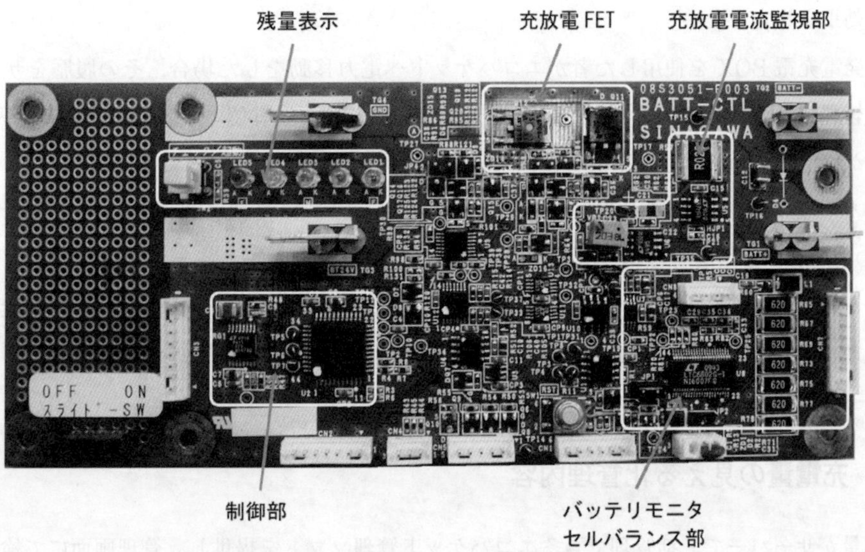

写真４　電池パックの制御監視回路基板（SM–Bus 対応）

(4) 放電動作について

放電動作は出力スイッチをONにし，バッテリーへ放電指示をすると外部コネクタに出力される。電池パックから放電可能な電流は最大5Aである。なお，充電動作中でも放電動作は可能で，放電量＝充電量＋不足分（電池パックから）量が外部コネクタから出力される。

(5) 制御部について

本システムの制御・監視にはCPUを搭載し，入力電圧／電流の監視，バッテリーの充放電電圧／電流監視，電池パックへの充電電流設定が可能である。また，リム発電充電BOXから回収した電力量情報，ID，名前および接続した時刻を保存管理している。

(6) 画面・通信制御部について

画面は4.7インチSTN小型液晶（タッチパネル付）を搭載し，画面・通信制御用CPUにより表示を行っている。また，音声案内，通信はLAN（Ethernet（10／100 BaseT））とUSBホストを持っている。以下概要を示す。

① 音声案内：リム発電充電BOXが接続された場合，音声で操作案内を流す。

② LAN：サーバー側パソコンと接続して接続者情報の一括管理ができる。

10 充電量の見える化

自分で集めた電力量を見える形にすると共にIDと名前の付与により各自が創エネ・省エネ・蓄エネへの意識を高め，使用者（特に若年層）の射幸心を刺激すると共に参加実践感で高い環境教育の効果を想定した。

リム発電充電BOXを使用した者がエコバケットへ電力移動をした場合，その履歴をサーバーで一括管理できる。その内容は，リム発電充電BOXのID（固有値）と名前（使用者名入力），エコバケットへ電力移動した量および日時をエコバケットが記憶する。

エコバケットはネットワーク接続された状態でサーバーに接続されていればリム発電充電BOXの使用者はどの場所のエコバケットで電力移動を行っても良い。

サーバーは，操作によりネットワークに接続されているエコバケットから履歴情報を収集し，情報管理ができる（図8）。なお，エコバケットはIDと名前で区別し管理できる。

11 充電量の見える化管理内容

充電量がサーバーで一括管理できるエコバケット管理ソフトを提供し，管理画面にて検索，統計，ログ表示，登録を行うことができる（図9）。

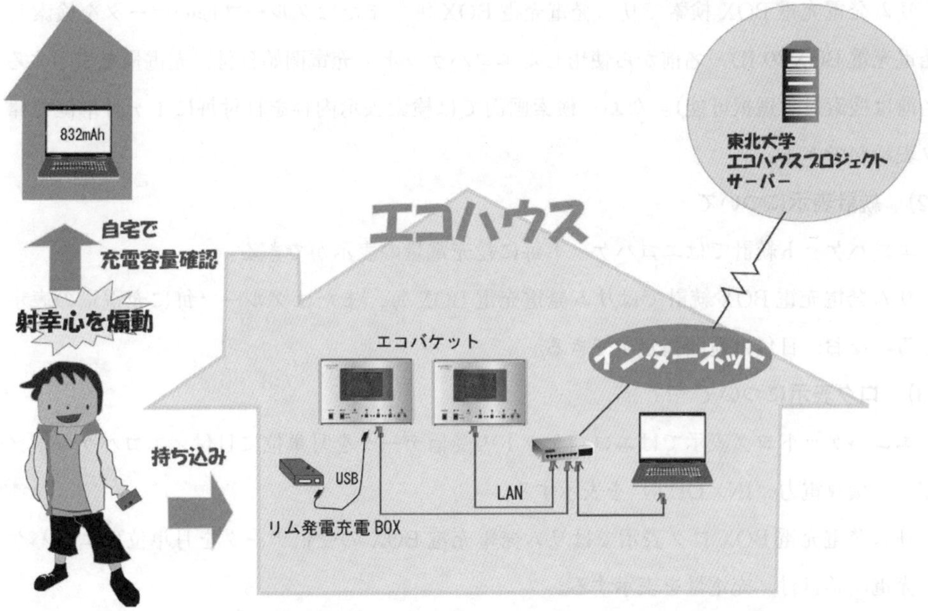

図８　微小電力回収システムの見える化対応

図９　見える化サーバ側ソフトメニュー画面

(1)　検索表示について

①　エコバケット検索で選択したエコバケット ID・名前の日付／総充電量／積算電力（IN／OUT）を表示する（ID，名前は検索対象選択可能）。

② リム発電充電 BOX 検索でリム発電充電 BOX 毎，またはグループ毎のデータを検索しリム発電充電 BOX の ID・名前から使用したエコバケット／充電開始日付／充電量を表示する（ID，名前は検索対象選択可能）。なお，検索画面では検索表示内容を日付毎に 1 ヶ月単位で棒グラフ表示ができる。

(2) 統計表示について

① エコバケット統計ではエコバケット毎に総充電量の表示ができる。

② リム発電充電 BOX 統計ではリム発電充電 BOX 毎，またはグループ毎に充電量の表示ができる。なお，日付は範囲指定ができる。

(3) ログ表示について

① エコバケットログ表示ではエコバケットの受信データを月単位に日付／エコバケット／総充電量／積算電力（IN／OUT）を表示する。

② リム発電充電 BOX ログ表示ではリム発電充電 BOX の受信データを月単位にエコバケット／充電開始日付／充電量を表示する。

(4) 登録について

① エコバケット名設定登録はエコバケットの名前を登録する（ID は固定）。

② グループ設定登録はリム発電充電 BOX のグループ化を行う。

12 エコバケットの成果

リム発電充電 BOX からの独立同時電力移動動作はハードおよびソフト制御で，電池パックへの充電動作が満足できる動作を実現した。汎用入力は，廃乾電池からの回収や廃バッテリーからの動作以外にも小型ソーラパネルなど接続可能な媒体で検証を継続したい。

改善点を以下にまとめた。

① 電池パックは分離型で簡単に交換できる対応が必要。

② 充放電移動容量を増やし移動時間の短縮が必要。

③ 画面，通信で電力を消費するため，AC 100 V 電源での動作になっているが機能を絞り込み電池パックのみでの動作が理想。

13 定格・スペック

(1) リム発電充電 BOX

① 形状　　　　：携帯型（82(W)×100(D)×24(H)mm［突起含まず］）

② 重量　　　　　：450 g 以下

③ 内蔵電池　　　：リチウム電池（3.7 V／約 800 mAh）

④ 充電入力　　　：微小電源入力 AC 7.5 V～AC 36 V，USB インタフェース 5 V

⑤ 放電出力　　　：最大 5 V／1.2 A～1 A，管理放電 5 V／0.8 A

⑥ USB-IF　　　　：USB 1.1 ターゲット

(2) エコバケット

① 形状　　　　　：可搬型（320(W)×350(D)×221.5(H) mm［突起含まず］）

② 重量　　　　　：11 kg 以下

③ 外部電源　　　：AC 100 V（50／60 Hz）［AC アダプタ入力 12 V］

④ 内蔵電池　　　：リチウム電池（26.6 V／約 6 Ah）

⑤ 充電入力　　　：リム発電充電 BOX 接続 3 回路（5 V／約 0.8 A で電力回収），汎用入力（DC 7.5 V～DC 36 V／5 Amax［最大 60 W］）

⑥ 放電出力　　　：DC 23.5 V～DC 29 V／最大 5 A

⑦ 画面　　　　　：4.7 インチ STN カラー液晶［タッチパネル付］

⑧ インタフェース：LAN（Ethernet（10／100 BaseT）），USB 2.0 ホスト

14　まとめ

ゴミは資源と言われる。本試作でエコ以前のゴミのように目立つこともなく，気にされず見捨てられるようなエネルギーが我々の身近に多々あるように思われ，高度な省エネ小型家電機器等が普及された時に本試作のような利用シーンが充分想像されてもおかしくないと思われる。大きなエネルギーから小さな消費を分けて使うこともなく「安易に作って貯めて使う」，「貯めてまとめて使う」，「手軽に身近に可搬性を発揮して使われる」，こんな可能性を試行してみたのが今回のシステム試作であった。

管理や基本データー収集のため，若年層に教育啓蒙を想定し本質的には必要のない外部通信機能や過度の表示など，本システムは省エネ節エネに逆行する機能も組み込まれている。

高効率で集め利用に回す事は出来なかったが，効率を追求し効率が上がるまで待つことなく，捨てるものの一部でもこつこつ集め利用する思想，効率を考えると躊躇したいが，しかし利用できる半分でも集めれば良しとし，その程度からすぐに取り組む姿勢こそが，このシステム作りに取り組んだ根底にある。エコ省エネ時代は我々の試作の欠点や不足点を補い改善していくと信じている。

第6章　空調等自動コントロールシステム

内海康雄[*1]，木村竜士[*2]

1　はじめに

スマートハウスの背景である低炭素化に向けて，日本においては省エネルギー法の改正，CO_2排出量25%削減の表明，国際的にはCOP 15等の動きがあり，その対応が迫られている。民生部門のCO_2排出量については，業務その他，家庭共に産業・運輸部門と比べて伸びが大きい。この二つにおいて医療や宿泊での給湯，飲食における厨房を除けば，空調（冷暖房）と照明のためのエネルギー消費の割合が30%以上と言われており，これらに有効な対策があれば効果が大きいと考えられる。

しかし，これらの部門は一律に規制するなどの組織的な対策が進みにくい部門であり，また，生活の質，業務効率，顧客満足度への要求が強く，このような要求と両立する省エネ対策でなければ，なかなか受け入れられない。

これまでに建物の省エネルギー対策として，様々な個別技術が利用されてきており，省エネ効果を設計時のシミュレーション，また設計どおりの性能が実現されているか否かについての評価（Cx：コミッショニング）も実際に行われるようになってきている。一方で，設置されている省エネ技術が実際には有効に活用されていないおそれもあり，近年は各国で運用・管理におけるモニタリングや可視化が進められるようになってきている。

ここでは，建物の熱負荷の予測に基づいた空調設備の自動制御を導入して，上記の課題を解決するシステムを紹介する。このシステムは，従来の大部分の機器がフィードバック制御であるのに対して翌日の天気予測などを利用する予測制御を行うこと，従来のBEMS（ビルエネルギー管理システム）やHEMS（住宅エネルギー管理システム）の資源を利用できること，居住者との相互のコミュニケーションを可能とするビューワを備えることなどが特徴である。

今後のスマートハウスにおいては，個別の建物に応じて消費エネルギーの予測と管理をきめ細かく行う必要があると考えられる。本システムは地域の気候，周囲の環境，個別建物の性能，適用する省エネルギー技術，居住者の行動スケジュール等の関連する項目のすべてを考慮したシナ

＊1　Yasuo Utsumi　仙台高等専門学校　地域イノベーションセンター　センター長

＊2　Ryushi Kimura　仙台高等専門学校　地域イノベーションセンター　研究員

リオを作成して居住者に提示し，システムの挙動を示しながら，運転・管理を行える。ここでは，その概要と運転例などを述べる。

2　次世代の BEMS としての BACFlex

2.1　BACFlex による BEMS 機能の強化

自動制御システムの開発においては，新しい BEMS あるいは HEMS の開発と位置づけて，地球温暖化防止推進者が要求する“室内環境とエネルギーを建物全体で調和させつつ，大幅な CO_2 排出量削減を可能とする BEMS”，空調業界関係者が要求する“業界各社のプログラム資産を制御や運用に活用できるような，誰でも使えて創れる BEMS”の開発を目標に，BEMS の新しい共通プラットホームの開発（BACFlex：Building Automation & Control Flexible platform）と新しい CO_2 削減手法による最適化制御アプリケーションの開発を行った[1~3]。

BACFlex は，オープンネットワークである BACnet 仕様 BEMS の機能強化あるいは代替を行うことができる。その補強機能は，BEMS の BAS（Building Automation System）と ACS（Automatic Control System）の連携機能の強化と計算能力の強化，管理・制御データのハンドリング機能向上，および BACFlex フレキシブルプラットホーム上では，業界各社で開発済の制御や運用の各種プログラムを BEMS 上で既存の BAS や ACS と容易に連携動作させることができ，制御や運用の最適化を可能とした。さらに，計算負荷の大きな最適化制御アプリケーション，例えば，業界各社で新たに開発，準備した設計用シミュレーションプログラムや最適制御プログラムを，BEMS 上でそのまま動作させることができるようにし，より大きな CO_2 排出量削減制御や省エネルギー制御を可能とした。図1に BACFlex 補強機能と既存 BEMS 機能の関係を示す。オーバーラップしている部分が従来の BEMS 機能の強化あるいは代替できることを示している。

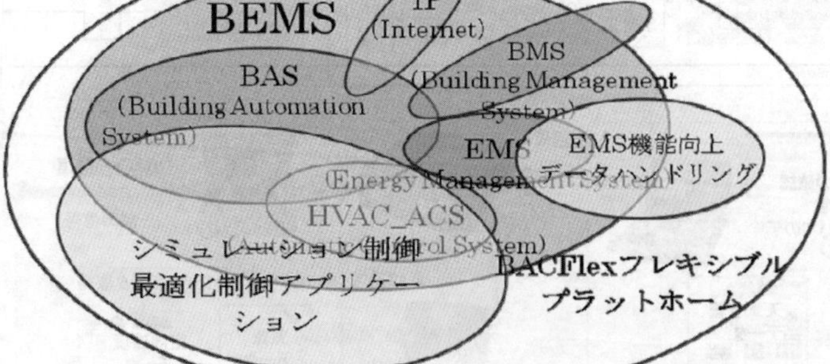

図1　BACFlex による BEMS の機能強化

2.2 BACFlex の特徴

本システムは，室内環境（気温・湿度等），機器の稼働状況・使用エネルギー量などの計測器，パソコンと建物の熱計算ソフト，制御システム（既設も含む），それらのインターフェースと通信ネットワークで構成される。このほか建物の仕様やシステム外部の気象要素などのデータが必要となる。

本システムは，BEMS，DDC，個別の省エネ機器などの様々な既存の機器を使えるので，新築のみならず改修時にも適用することができる。様々なメーカーの測定器や制御装置を混在させて使用できるオープンなネットワークであるBAC net と共に用いることによって，より効果的でかつ長期的に低コストをもたらすシステムを構築できる。また，空調・照明の新設機器や交換する機器だけでなく，それ以外の省エネ技術の活用や省エネ行動の効果をシミュレーションにより予測して，それらを評価できるシステムとなる。

3 BACFlex の構成と動作

3.1 BACFlex のシステム構成

開発したBACFlex のシステムの構成を図２と図３に示す。

システム機能は，BACFlex コントローラ単位に区分され，USER（Universal System for the Environmental Resolving：TRNSYS や GAMS シミュレーションなどの大規模アプリケーションの実行），FAST（Field Acquisition Service Task：各種制御，運転支援情報の受け渡し），NAC（Network Adaptive Controller：運転支援，VAV ネットワーク制御等の各種制御プログラムの

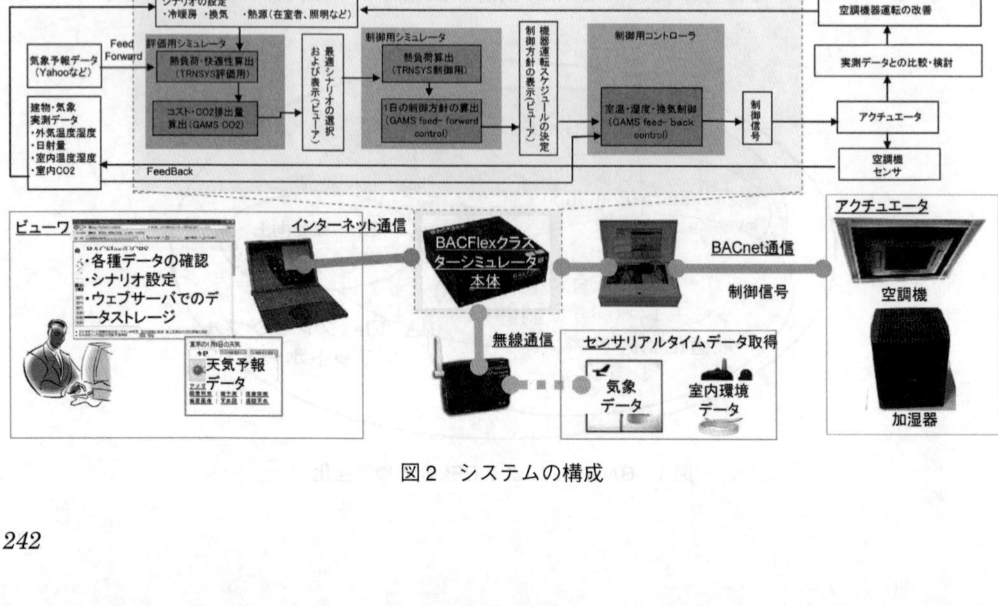

図２ システムの構成

作成と実行），ICE（I–CONT Emulator：実存BEMSと同じ仮想BEMSをつくり，各種プログラムの現場適用前・後の動作確認と評価を行う）から構成され，BACnet（BEMSの標準オープンプロトコル）やINTRAnetに接続される。

各システムの構成を以下で説明する。

① TRNSYS：建物の熱負荷計算を行う。

② GAMS：計算データに基づいて機器制御データを作成する。

③ NAS（Network Access Storage）：原則としてすべてのデータを管理する。

④ BACFlex Point Server：各機器の個別の計測情報を管理する。データ収集命令が出されると，NASにデータを送り，常に最新のデータがNASに蓄積される。

⑤ BACFlex I–CONT Emulator：計測点からの情報をエミュレートする。実際にはBACFlex I–CONTを介してBEMSなどからの情報がここに入る。

インターフェースは，システムの要素別に見ると，計測システムとシミュレーションの間，機器制御とシミュレーションの間にある。

本システムでの実際のインターフェースは，

① 熱エネルギー・機器制御のための2つの計算エンジン（TRNSYS，GAMS）とNASの間（TCP/IP）

② BACFlex Point ServerとNASの間（TCP/IP）

③ BACFlex Point Serverと各機器が入出力を行うI–CONT（ここではエミュレータを併記）（BACnet）

となる。TCP/IPによりNASを介したファイルのやり取りが，インターフェースを通じてインターネット上で行われる。従って，ファイルの内容と書式を満たせば他の計算エンジンが組み込み可能となる。

(1) NASのデータとその扱い

NASに格納されるデータの受け渡しフローと扱うデータは以下の通りである（図3参照）。

① 計測データ：各階各部屋別，現在温湿度，収集済データ

② 現時点以降のシミュレーション用データ：温湿度，天気予報データ

③ シナリオに基づくデータ：各階各部屋別，温度湿度環境設定，運用スケジュール

④ シミュレーションによるデータ：熱負荷シミュレーションの計算結果である。

これらのデータは，システムの計算エンジン（TRNSYS，GAMS）に応じてNASから切り出される。例えば，熱計算を行うTRNSYSについては，データリーダーを通じてBEMS，現地の気象観測装置，天気予報，シナリオなどのデータが読込まれる。またTRNSYSラッパーが用意され，各シナリオについてそれぞれTRNSYSによる計算をバッチ処理する。

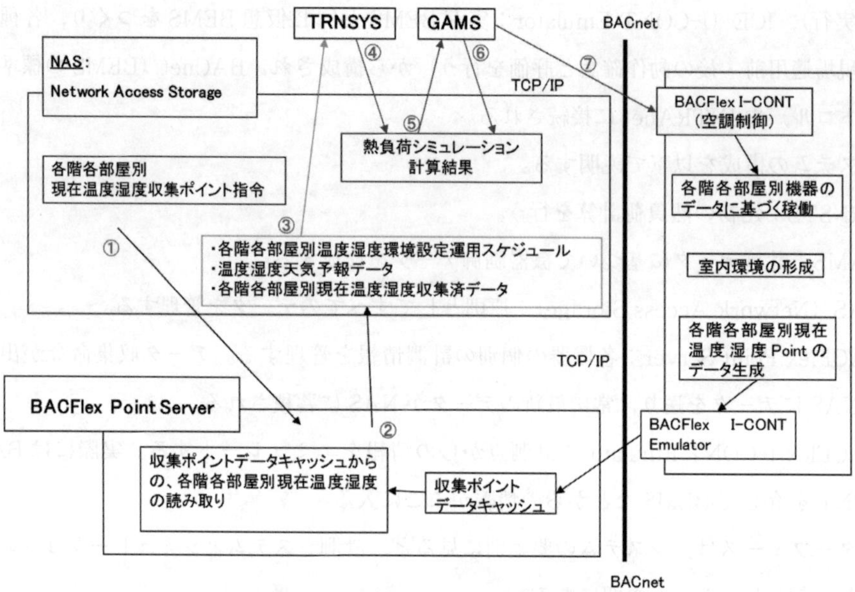

図3　システム上のデータの受け渡し

(2)　BAC-net 標準化技術の利用

建物の実測・予測データは，BAC-net 通信によりNASへ格納される。BAC-netの仕様は，世界的に標準化作業が進められており，国内は電気設備学会がANSI/ASHRAE 135-1995を翻訳する形で「ビルディングオートメーション用データ通信プロトコル」を2000年7月に出版している。従来は製造者が独自に仕様を決めていたためシステムの統合化が困難であった。

3.2　シナリオに沿ったシステム全体の動作

空調システムの制御は，4つの目標（エネルギー消費量，CO_2排出量，快適性，コスト）に応じたシナリオをいくつか提示して，システム管理者がそれらの内から選択した一つのシナリオに沿って行われる。その手順を，実際のデータのやり取りを含めて以下に述べる。

①　入力データに基づくシミュレーションの実行

計測・観測値・予測値などをNASから受け取る。室温の設定値など管理者が選べるオプションを何段階かに設定しておき，いくつかの条件の計算を行う。

②　計算結果の一覧表の作成

計算結果を基にTRNSYSとGAMSにより，消費エネルギー量，CO_2排出量，コスト，快適性を各計算条件に応じて算出し，一覧表を作成する。

③　評価基準に基づく空調システム管理者への提示

作成された一覧表は，画面上で管理者に提示される。ここで管理者はどのシナリオを選ぶか決定する。

④　管理者の選択に基づくデータの制御側への引渡し

管理者の選んだシナリオを計算した際の各種の条件の内，制御に関わるものがすべて制御側に引き渡されて，シナリオに基づく制御が実行される。

4　導入事例（仙台高専地域イノベーションセンター）

4.1　実測の概要

（1）　対象建物および測定場所

仙台高等専門学校地域イノベーションセンター1F・2Fを実測，およびシミュレーションの対象とした。第一共同研究室，第二共同研究室，第三共同研究室，技術相談室，展示・コミュニティホール，多目的会議室の6室を比較対象室とする。

（2）　測定機器および測定方法

測定場所の床上約2.3 mの位置に温湿度測定器を取り付け，各室の温湿度を毎時測定した。また，外気は屋外の地面から約4.5 mの高さに気象計を設置した。電力量は，空調室外機3台について計測している。

（3）　計算モデルのチューニング（図4）

気象条件による建物モデルの蓄熱を考慮するために，シミュレーションの助走期間を考慮したモデルを用いている。助走期間によるシミュレーション精度への影響を検討するため，実測データを1日～30日間まで入力し，シミュレーションを行った。

（4）　制御による設定温度と代表室温との温度差の解消

空調機による供給熱量は，機器パネル上での設定温度を保つために供給されており，必ずしも対象室や居住域を代表しているとは限らない。そこで，機器パネル上での設定温と室中央位置の室温（代表室温）の差を確認し，代表室温が設定値に保たれるように，パネル上の設定温度を補正した。

4.2　結果および考察

（1）　助走期間によるシミュレーション精度の向上

助走期間を与えるほど，予測値がより実測値に近似することが確認された。助走期間14日と30日の結果を比較した場合，14日以上の助走期間によるシミュレーションの精度向上への影響は少ないと考えられる。

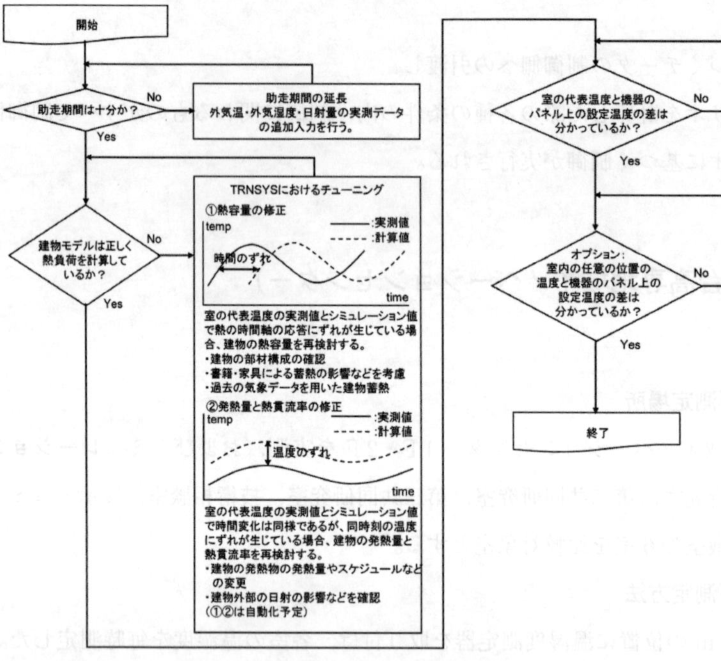

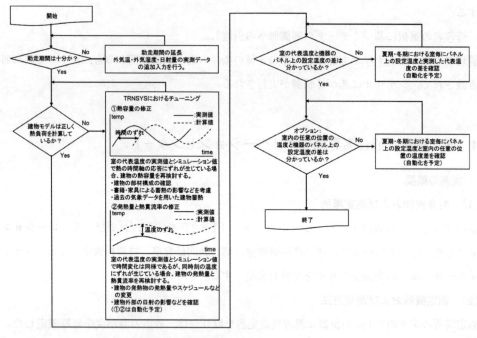

図４　計算モデルのチューニング手順

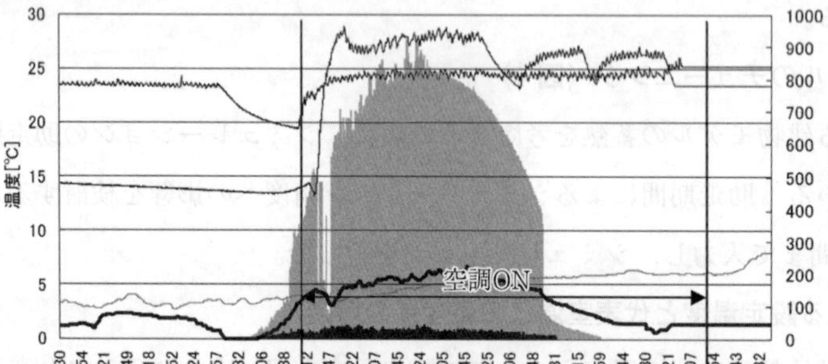

第６共同実験室（事務室）　宮城高専テクノセンター4 階、設定室温　55℃、
6 月 5 日　EDFIdn{ 制御関与なし、6 月 9 日　機器吹出し設定温度 4<℃（55℃－6℃）

図５　冬期におけるパネル上の設定温度と実測した代表温度の差

(2)　室毎にパネル上の設定温度と実測した代表温度の差

冬期におけるパネル上の設定温度と実測した代表温度の差を図５に示す。３月２日の確認前による機器のパネル上の設定温度 22℃ で制御した場合，代表室温が最大で 28℃ まで上昇し，26℃ 近傍で室温が制御されていたことを確認したため，３月６日ではパネル上の設定温度を 19℃

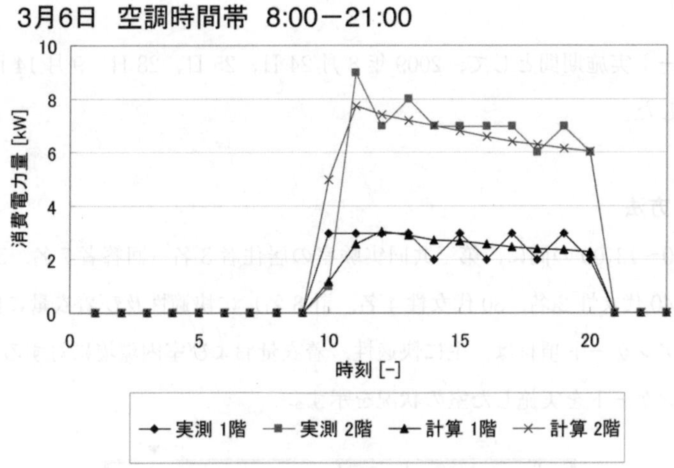

図6　テクノセンター1階・2階における空調室外機の消費電力量の実測値および計算値

(22℃) に設定し，空調制御を行った結果，机上（1.1 m）において23℃ 近傍で気温が制御された。

夏期における補正前の9月3日と補正後の9月12日の実測とシミュレーションの誤差から，パネル設定温度より－1.0℃ 設定の補正により，室温は1.7℃，湿度は2% の変化がみられ，実測値に近づいた。

以上から室毎にパネル上の設定温度と実測した代表温度の差を確認し，差がある場合には，吹出し温度を調整することで代表室温をBACFlexで設定された室温に近似できた。

(3)　電力量について

冬期における空調室外機の消費電力量の実測および計算結果例として，冬期（3月6日）の実測およびTRNSYSによる消費電力量を図6に示す。計算値と実測値に多少の差異が生じている。原因として，照明負荷の試算誤差，人の出入りによる熱負荷損失および機器発熱の試算誤差などが考えられる。そこで，電力計を詳細に分析し，試算誤差のある室を特定し，モデルの修正を行う必要がある。

5　アンケートによる制御状況の把握と改善方法の検討

5.1　アンケート実施のねらい

最適な空調制御の実用化に伴い、第三共同実験室の居住者への熱的快適性や服装に関するアンケートおよび快適性指標PMVの計算を行い，今後の居住者に対する問題点とその対処法の検討を行った。

5.2　実施期間

夏季のアンケート実施期間として，2009年8月24日，25日，28日，9月14日から18日の8日間を対象日とした。

5.3　アンケート方法

対象日の12:00～13:00の間に，第三共同実験室の居住者8名（回答者7名，50代男性1名，40代男性1名，40代女性2名，30代女性4名，計8名）に快適性及び着衣量に関するアンケートを実施した。アンケート項目は，主に快適性，着衣量および室内環境に対する意見・感想を頂いた。図7にアンケートを実施した室の状況を示す。

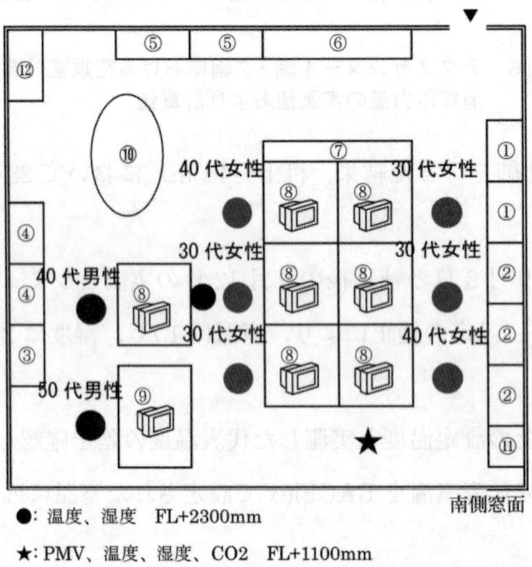

図7　アンケート実施場所（平面図）

5.4　結果

(1)　快適性について

アンケート結果による対象日の室利用者の平均clo値を表1に示す。

表1　対象日の平均着衣量

日　付	平均着衣量［clo］	日　付	平均着衣量［clo］
2009.8.24	0.56	2009.9.15	0.60
2009.8.25	0.54	2009.9.16	0.66
2009.8.28	0.51	2009.9.17	0.62
2009.9.14	0.68	2009.9.18	0.51

① 2009年8月25日

8月25日の運転スケジュールを表2に，第3共同実験室のアンケート結果を図8に示す。計算でPMV値を求めると概ね0.4から1.1の間にある。9:00にPMV値が1.07となったが，仕事の開始直後であるため，作業や人の動きなどの影響が考えられ，アンケート結果からも不快に感じる居住者がほとんどであり，空調の初期設定温度27℃で設定したところ，9：00の時点で居住者が温熱的不快感を示したため，10：00から26℃，さらには15：00から25℃と空調設定温度を修正した。

表2　各種運転スケジュール例（2009年8月25日）

時間［—］	8	9	10	11	12	13	14	15	16	17
冷房設定温度［℃］	27	27	26	26	26	26	26	25	25	25
自然換気回数［回/h］	0	0	0	0	0	0	0	0	0	0
機械換気回数［回/h］	1	1	1	1	1	1	1	1	1	1
在室者［人/h］	8	8	8	8	8	8	8	8	8	8
照明［Wh/m²］	30	30	30	30	30	30	30	30	30	30
機器発熱［Wh］	1360	1360	1360	1360	1360	1360	1360	1360	1360	1360

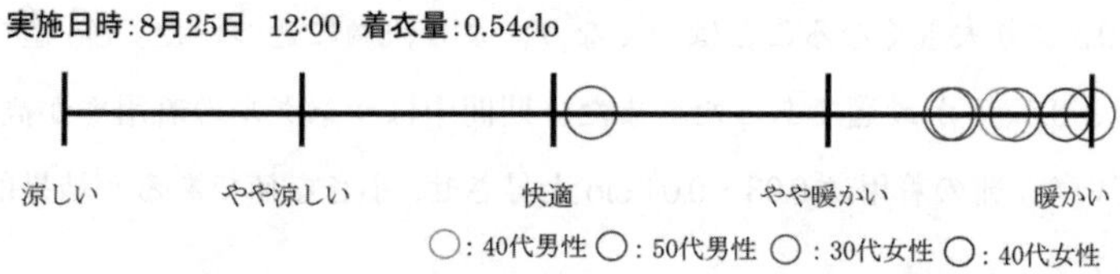

図8　第3共同実験室（8月25日）アンケート結果

表3　各種運転スケジュール例（2009年9月17日）

時間［—］	8	9	10	11	12	13	14	15	16	17
冷房設定温度［℃］	26	26	26	26	26	26	26	26	26	26
自然換気回数［回/h］	0	0	0	0	0	0	0	0	0	0
機械換気回数［回/h］	1	1	1	1	1	1	1	1	1	1
在室者［人/h］	8	8	8	8	8	8	8	8	8	8
照明［Wh/m²］	30	30	30	30	30	30	30	30	30	30
機器発熱［Wh］	1360	1360	1360	1360	1360	1360	1360	1360	1360	1360

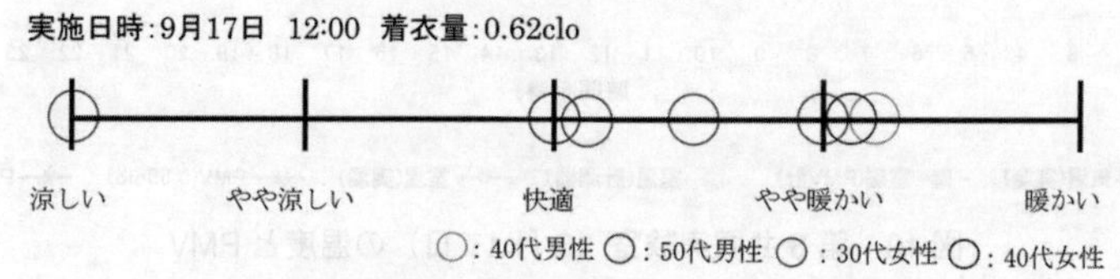

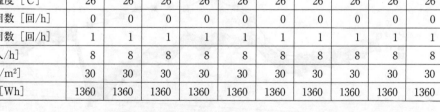

図9　第3共同実験室（9月17日）アンケート結果

② 2009年9月17日

9月17日の運転スケジュールを表3に，第3共同実験室のアンケート結果を図9に示す。計算によるPMVは概ね0.1から0.7の間にあり，値は常に1.0以下であった。外気温の低下にともないPMV値も快適範囲に近づいている。アンケートの結果から概ね快適だが，まだ暑いと感じる室利用者が数名見られた。しかし，冷房の風の影響が大きく，寒いと感じる在室者もおり，吹出し風の風向により快適性を損なう場合がある。

(2) 着衣量の変化による効果

2009年8月25日，9月17日を対象として，clo値を下げて快適性を保てるかどうか検討する。アンケートの結果から得たclo値の平均である0.6 cloでPMVを計算していたが，快適性を改善するために，clo値を下げて再計算して検討する。

① 2009年8月25日 0.5 clo

0.5 cloに下げた場合PMVが1.0を下回り快適に近づいた。しかし，これ以上clo値を下げる場合，一般的な服装より薄着になりすぎる。

② 2009年9月17日 0.5 clo

clo値を0.5に下げた場合の第三共同実験室の温度とPMVの値を図10に示す。0.5 cloに下げるとPMVが±0.5より大きくなることはなくなり，より快適に近づいた。clo値を下げて快適性を保つためには，0.5 cloが最適であった。また，期間中はサンダルの着用率が高かったためclo値が抑えられていた。靴の着用は0.03～0.04 clo上昇させ，小さな値であるが結果的に快適性が損なう一因となった。

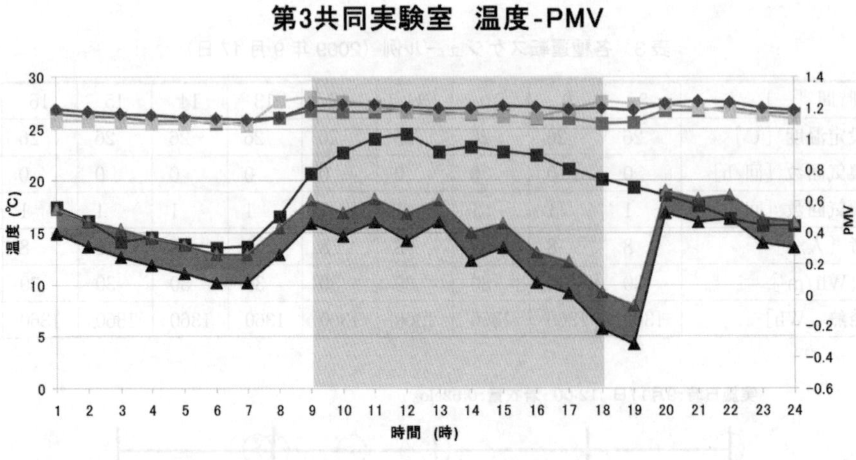

図10 第3共同実験室（9月17日）の温度とPMV

5.5　まとめ

実測とシミュレーションの比較・検討，室利用者への快適性に関するアンケートの実施により，省エネルギー効果の検討を行った結果，以下の知見を得ることができた。

① 室温が27℃を超えると，在室者からの暑いというコメントが多くなる。

② 26℃設定においては0.5 cloが最適であった。

今回，省エネを意識した設定温度（27℃付近）による空調制御運転時に在室者の不快申告により，設定温度の変更を余儀なくされ，省エネ運転を停止する状況が度々発生した。今後の課題として，システム実用化に向けて在室者に快適かつ省エネ運転の状況を説明し，不快感の心理的な低減のために図11に示すようなビューワの表示項目等を検討する。

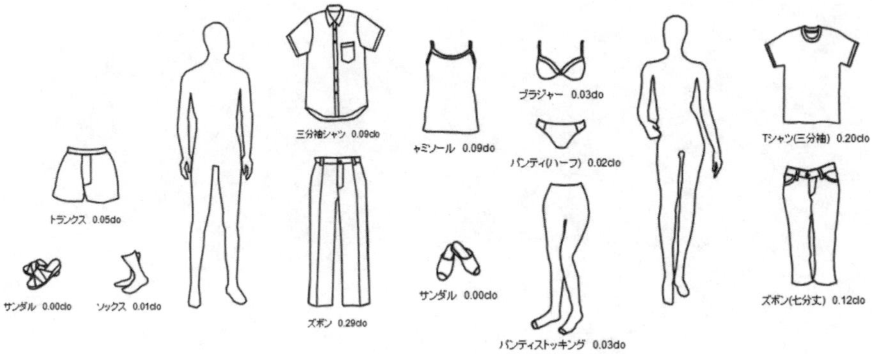

図11　ビューワによる服装表示例（0.5 clo）

6　おわりに

住宅を含む民生部門における低炭素化手法の一つである空調機器の制御について述べた。計測・シミュレーション・制御を一体化した自動制御システムの機器構成，稼働手順，ならびに仙台高等専門学校地域イノベーションセンターを対象とした導入事例の紹介を行った。また居住者へのアンケートと実測結果の比較による性能評価や今後の改善方法の検討を行った。

謝辞

本研究の一部は文部科学省科学研究補助金（基盤研究（C），20560558，課題名：次世代BEMSの設置による学校施設のCO_2排出量削減に関する研究），環境省地球温暖化対策費（平成20年度〜平成22年度，課題名：街区の熱・環境エネルギー制御システムに関する技術開発）によるものであり，ここに謝意を表します。

文　献

1) 内海ほか，CO_2 排出量削減のための空調機器の自動制御システム開発に関する研究（第 1 報）～（第 14 報），空気調和・衛生工学会大会学術講演論文集（2005～2010）
2) 内海ほか，CO_2 削減のための建築設備自動コントロールシステム技術に関する研究・開発行為，日本建築学会大会梗概講演集（2005～2007）
3) 内海ほか，公共建築物における空調自動制御システムの適応に関する研究（その 1）—（その 3），日本建築学会大会梗概講演集（2008-2010）

第1章　蓄電機能付き住宅の開発

古川柳蔵*

1　はじめに

これまでに様々な環境負荷低減に貢献するイノベーションが実現している。例えば，従来のガソリン車に比べて燃費が向上したハイブリッド車が市場に登場した。エネルギーの変換効率が化石燃料を用いた給湯器よりも高い「エコキュート」と呼ばれる新しい家庭用ヒートポンプ給湯器が登場した。エアコンや冷蔵庫のような消費財においては省エネ化が進んだ。LED照明のように，長寿命で省エネの照明の売上が伸び始めた。ペットボトルや有価資源のリサイクルが進み，無駄な資源利用を減らすために材料の減量が行われ，省資源化が進みつつある。既存のエネルギーの代替品として，太陽光パネル，燃料電池，バイオ燃料などが登場した。カーシェアリングのように，自動車を共有するサービスも登場した。物を共有することによって，省資源に貢献するのである。スマートメーターと呼ばれる電力管理システムが登場し，日本においては特に環境負荷低減の文脈で市場への普及が検討されはじめた。

これらのイノベーションは，人口増加，エネルギー不足，資源不足，水不足，食料不足，地球温暖化，生物多様性の劣化という地球環境の劣化に起因する制約に対する解決策として市場に導入されたものである。これらの制約をここでは「環境制約」と呼ぶ。この環境制約を受けて，環境負荷を低減するイノベーションが生じているのである。このイノベーションをここでは，通常のイノベーションと区別して，「環境イノベーション」と呼ぶ[1)]。

日本の環境イノベーションは，公害，環境規制対応，オイルショックを経て，汚染物質評価技術，エネルギー技術，省エネ・省資源技術が進歩した。これは自動車などの国際競争力の獲得につながった。これらの多くは環境法・規制の対応がドライビングフォースとなっている。1990年代に相次いで制定されたリサイクル法のために，多くのリサイクル技術も生まれた。それらの技術は，順調に導入され，リサイクルシステムが構築されることになった。

一方，近年，「環境問題に何らかの形で貢献したい」という環境ニーズが消費者に拡大してきている。単純に，経済的に安いものを下さい，というニーズではなく，環境に配慮した製品であれば，購入したいというニーズである[1)]。その影響を受けて，エネルギー多消費機器のイノベー

＊ Ryuzo Furukawa　東北大学　大学院環境科学研究科　准教授

ションは，2000年以降，変化を始めている。これまでは機器そのもののエネルギー消費効率を向上する技術の開発が進んでいたのだが，2000年以降，目立って，機器の使用段階におけるエネルギーのロスを削減する技術の競争が開始されたのである[2,3]。

また，科学技術の進歩を発端として，環境イノベーションへつながるケースが存在する。LED照明技術，スマートメーター関連技術，蓄電技術は，その発端は環境制約とは関係ない文脈から生まれてきたが，現在，環境制約を受けながら，技術進歩の方向が環境イノベーションとも呼ぶべき方向へと変化してきている。特に，蓄電技術の進歩が新規のエネルギーシステムの可能性を拡大し，イノベーションが活発化しているのである。

このように環境制約の影響を受けて，イノベーション・プロセスの変化が目立ち始めている。その内の一つとして，近年，スマートハウスと呼ばれる，ライフスタイルを低環境負荷に変革するイノベーションが起こる可能性が見えてきた。

2　何のためのスマートか

スマートグリッド，スマートタウン，スマートハウス，スマートメーターなど，「スマート」という言葉が近年多く使用されるようになった。スマートとはどのような意味なのだろうか。これらに含まれている共通の意味は，「賢いシステム」，ということであろう。それでは，「賢いシステム」とは何か。筆者が考える賢いシステムとは，狭義では「資源・エネルギー消費の無駄を削減するシステム」であり，広義では「ライフスタイルを低環境負荷かつ豊かにするシステム」である。

現在の暮らしの中には，空調機器（エアコン等），テレビ，DVD，照明，電子レンジ，冷蔵庫，インターフォン，携帯電話，セキュリティシステム，自動車，パソコンなど様々な機器が存在している。我々はこれらを使用した暮らしに既に慣れている。ほぼ習慣化しつつある。これらの機器は異なるエネルギーの使用方法をとっている。また，多くのメーカーがこれらの製品の市場に参入しており，様々な種類の機器が普及している。パソコンの入力電圧はメーカーによって異なる。パソコンのリチウムイオン電池はメーカーが異なると電池が異なる。規格統一された乾電池とは様相が異なるのである。携帯電話のリチウムイオン電池はメーカーや機種によって異なるので，携帯電話のメーカーを変えると，古いリチウムイオン電池は使用不可になる。電源コードのコネクターはメーカーが異なると別のものになる。リモコンは複数個家の中に存在してしまう。このような電気機器の状態が現実であるが，何らかの統合化による重複の削減が可能である。リモコンは一つで十分かもしれない。リチウムイオン電池も数種類で十分かもしれない。

これらの根本原因である現在の大量消費という暮らしから大量消費しない豊かな暮らしに，どのようにすれば変化させることができるだろうか。スマートに実現可能だろうか。大量消費しない暮らしとは言え，人の暮らしを豊かに維持することができるだろうか。一度習慣になってしまった現在のライフスタイルをどのようにすれば変えられるのだろうか。

3　分散して存在する小さな自然エネルギーを活用する

将来の厳しい環境制約の下，豊かに暮らすとはどういうことだろうか。長期的には明らかに石油や石油由来の材料の入手が困難になることが予想される[4]。従って，身近にある自然エネルギー利用が必須となるであろう。身近にある自然エネルギーは，それぞれが小さく，さらに，分散して存在しているのが特徴である。身近にある自然エネルギーは，例えば，川，森，海，太陽，風，雨，植物などである。言い方をかえれば，太陽エネルギー，風力，水力，バイオマスと呼ばれる自然エネルギーである。これまで，エネルギー密度の低い自然エネルギーを利用する試みは行われてきたが，依然として，低価格の化石エネルギーを経済的に上回ることができない。そのため，現状では，政治主導の下に，生活にゆとりがあり，かつ，環境意識の高い人々に導入されてきたにすぎない。一般的に普及したと言える状態にないだろう。望ましい姿は，経済的負担も少なく，豊かさを維持しながら，ライフスタイルを変えて，自然エネルギーを有効利用できるしくみに転換することである[5]。もちろん，そのためには，これらの特徴を持つ自然エネルギーを何らかの方法でため，それを大事に利用する社会を築かなければならないのである。

自然エネルギーの利用が進まない要因の一つにその不安定さがある。太陽が常に同じエネルギーで地球上を照らすわけではない。日によって，季節によって，場所によって，太陽のエネルギーも，風力や水力も量も質も異なる。完全に自然エネルギーに頼る生活では，仮に，雨が長期間続いた場合，太陽光パネルだけでは不十分になってしまう。また，その変動も激しい場合とある程度一定になっている場合がある。我々がエネルギーとして利用するには，エネルギー供給の安定性は不可欠である。停電を起こしたり，突如として電気機器が停止するような不安定なエネルギーは避けてきたといえる。そのため，化石エネルギーを利用した電気エネルギーが安定でかつ安価に供給され利用されるようになった。すなわち，環境問題が生じるまでは，化石エネルギーで作った電気エネルギーは，経済的に最も優れた安定したエネルギーとして利用が進み，その利用形態として交流給電が利用されたのである。

4　微弱エネルギーをためること

東北大学大学院環境科学研究科では，環境省地球温暖化対策技術開発事業「微弱エネルギー蓄電型エコハウスに関する省エネ技術開発」プロジェクトが平成20年に採択され，本格的に技術開発が開始された。

このプロジェクトの狙いは，エネルギーを知らず知らずのうちに大量に消費している生活から脱却し，自然エネルギーを最大限に活用し，身近にあり，これまで未使用であった「微弱エネルギー」を回収し，家庭内のリチウムイオン蓄電池に蓄電し，直流電力で駆動する家電等（パソコン，テレビ，LED等）のエネルギーとして有効利用する生活へ移行するためのプラットフォームづくりにある。最終的には日本の多くの世帯が自然エネルギーで暮らすライフスタイルへ転換することを目指したものである。

図1　東北大学エコラボの写真

「微弱エネルギー」とは，家庭の身近なところに存在する風力，水力，人力，重力，圧力，太陽光等が持つエネルギーのうち，微弱なエネルギーを指す。およそ，2V～24V程度の電圧のエネルギーである。パソコン，テレビなどをそのまま駆動させるのに必要な電力としては十分ではないが，時間をかけてこの微弱エネルギーを集積すると直流駆動の家電を動かすことができる程度の電力である。例えば，雨樋を流れる流水のエネルギー，風呂水を排水する時の流水のエネルギー，スポーツセンターや家でエアロバイクをこぐ回転エネルギー，通勤通学時の自転車をこぐ回転エネルギー，回転ドアが回るときの回転エネルギー，階段を上り下りする時の床振動のエネルギー，家の中を吹きぬけるそよ風のエネルギー，既存の大きな太陽光パネルではなく，発電電圧を下げた小さな太陽光パネルが発電するエネルギー等がある。

「微弱エネルギーを貯める」という概念は，微弱だからこそ重要な役割を担うことができる。第一に，エネルギーを大量に消費する日常生活の中で，捨てられていくエネルギーに対して，日本人は，「もったいない」と思うことが多いのであるが，もったいないと思われることが多い微弱エネルギーを回収し，蓄電するという行動によって，充実感を得ることができる。また，大事に蓄電した微弱エネルギーを使用する段階では，大事に使うという行動をとるであろう。自分で蓄電した電気が，兄弟や家族に無駄に使われれば不快に感じるであろう。自分で大事に苦労して蓄電した電力を無駄に使う人はいないであろう。このように，もったいないと思われる，捨てられていた電力を自分で蓄電し，使用することが，節電につながるのである。微弱エネルギーだからこそ期待できる効果である。第二に，電池にためることが重要である。エネルギーを電池に蓄電することにより，エネルギーが形として見えるのである。どれだけのエネルギー量か不明であるが，明らかに捨てられていくエネルギーが，どの程度のエネルギー量なのか，目に見えるということである。かつて，デジカメを駆動させるための乾電池を購入して撮影に使用したことがあるが，瞬時に電池がなくなってしまうことがあった。簡単に電池の電気がなくなると，デジカメで撮影するのもこれだけエネルギーが必要なのか，と理解がしやすい。エネルギーが形として見えることは，エネルギーを視覚で意識することにつながるので，重要である。電気は使わないときには電源を切るということが意識的にできるようになるだろう。

このプロジェクトでは，コンセプト実現に必要な技術開発，システム開発，実証試験および社会へのライフスタイル提案を行っている。多くの人は，たとえ一つ一つは微弱なエネルギーであってもためれば価値のあるエネルギーであると思っている。この微弱なエネルギーを自らエアロバイクで発電し，雨の日には雨樋を流れる雨水のエネルギー，風が吹いている日には，家の中を吹くそよ風から電気エネルギーをつくりだす，日常的に自分が動き回る重みを利用して電気エネルギーをつくりだす等の技術開発を実施している。エネルギーをつくる段階でエネルギー源やエネルギー量を意識することで，今までのエネルギーに対する考え方が変わり，ライフスタイルが変わるというように，多くの人々が思っている。

5　意識が行動につながらない

2008年12月に実施したインターネットアンケート調査（n＝1015）（「環境問題と大学の環境教育に関するアンケート2008」）によると，「環境問題に関心があり，情報には目を通すが，具体的な行動までいたっていない」と回答した人が，全体の60%であり最も多く，続いて，「まあまあ関心があるが，自分が特に行動を起こす必要はないと思う」と回答した人が全体の18%であった。環境問題には関心があるが，行動までには至らない人は合計78%であり，日本人は環境問題に関して意識が行動につながらないという問題を抱えていることが浮き彫りになった。恐らく，最近は環境問題に関する情報は，テレビ，新聞，広告等で人々の目に触れる頻度は増加したのであろう。人々が関心を寄せるところまできたが，このように，簡単にライフスタイルというものは変わらないことを示しているのである。

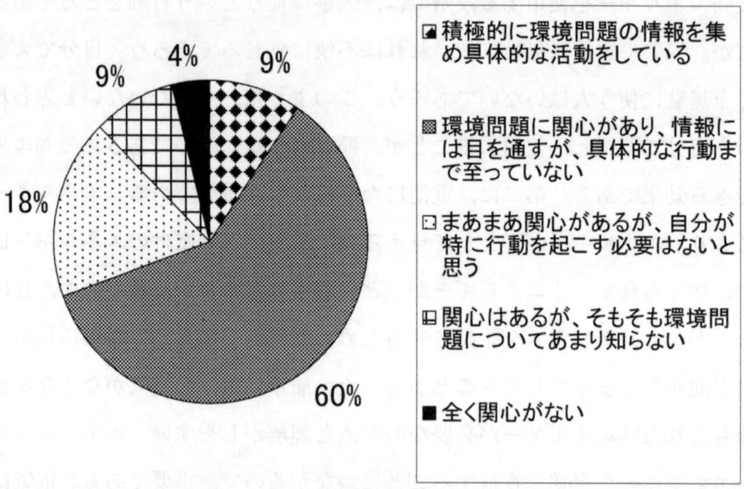

図2　環境問題と大学の環境教育に関するアンケート2008

6　省エネ行動促進の可能性

これまで述べてきた微弱エネルギーのシステムについて意識調査（「エコハウスに関するアンケート」）を行った結果（回答者1000人），意外な一面が明らかになった。まず，身の回りにあるエネルギーのうち，「利用されていなくて，もったいない」と思ったことがあるエネルギーとして，42.1%の回答者が「スポーツセンターや家でエアロバイクをこぐ回転エネルギー」を選択した。これが最も多い。続いて，「雨樋を流れる流水のエネルギー」(34.4%)，「風呂水を排水するときの流水のエネルギー」(33.7%) と回答したものが多かった。

また，このようなこれまで捨てていたエネルギーを見て使ってみたいと思ったことがあるかについては，77%が使ってみたいと思うと回答した。微弱エネルギーは一つ一つが小さいエネルギーであるが，これらを集積して利用できるまで蓄積できれば，利用価値があると55%が回答した。日本人のもったいない精神は確かに存在しているようである。

このエコハウスシステムの発電部分は，大きく意識的にエネルギーを発電・蓄電するもの（例えば，エアロバイク）と，無意識的にエネルギーを発電・蓄電するもの（例えば，雨樋を流れる流水のエネルギー）に分けられる。無意識のうちにエネルギーが蓄電される機器を利用したいと回答した人は53%であったが，意識的にエネルギーを蓄電する機器を利用したい，両方利用したいと回答した人は43%も存在している。意識的に発電・蓄電したいという社会ニーズは確か

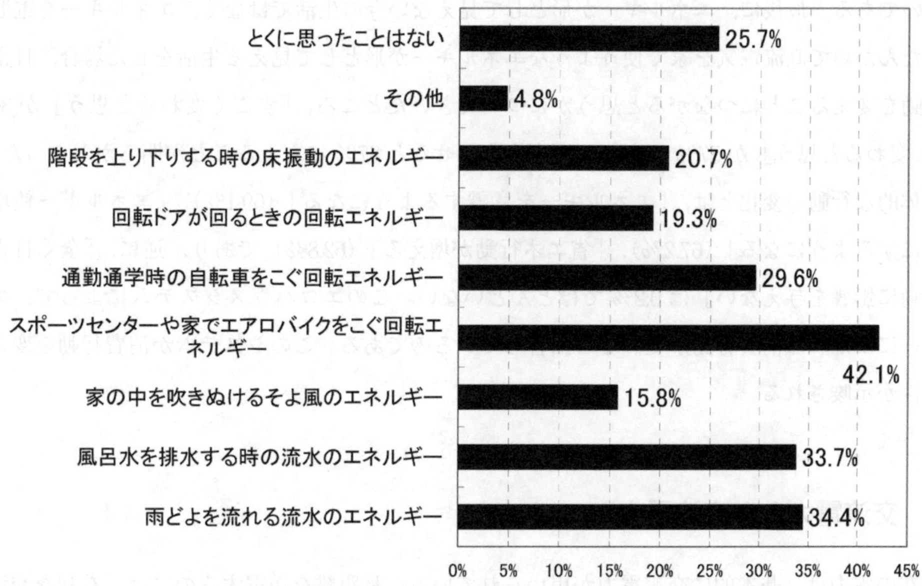

図３　エコハウスに関するアンケート１
身の回りにあるエネルギーのうち，「もったいない」と思うもの。

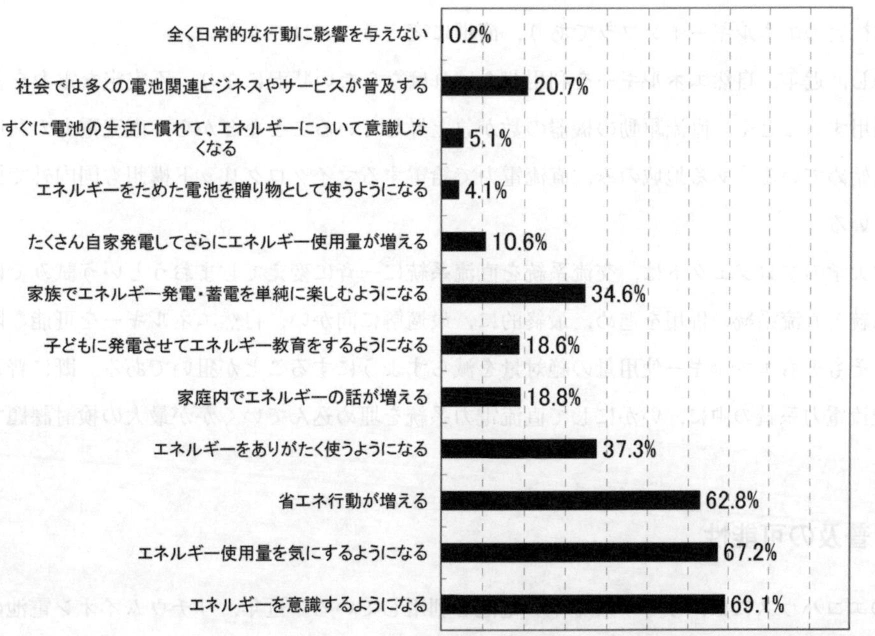

図４　エコハウスに関するアンケート２
エコハウスシステムによる消費行動の変化。

なものである。最後に，エネルギーが形として見えない今の生活ではなく，エネルギーを電池にいったんためて直流電気を家で使うようなエネルギーが形として見える生活をした場合，日常的な行動を変えることにつながると思うかについてきいたところ，「すごく変わると思う」が 30%，「少し変わると思う」が 57% であり，両方を合わせると 87% にも上ることが明らかとなった。

具体的な行動の変化とは，「エネルギーを意識するようになる」(69.1%)，「エネルギー使用量を気にするようになる」(67.2%)，「省エネ行動が増える」(62.8%) であり，逆に，「全く日常的な行動に影響を与えない」は 0.2% でほとんどいない。このエコハウスシステムによって，エネルギーにかかわる消費行動が変わると回答しているのである。このシステムが消費行動を変える可能性が示唆される。

7 交流電力から直流電力へ

現在の電力は，基本的に交流電力が用いられている。長距離を送電するのには，有利な交流は，発電所で交流として発電され，それが送電線で家まで届けられている。この交流電力が降圧されて，家庭で 100 V か 200 V で利用されている。パソコンやテレビなど，直流で駆動している家電については，AC/DC 変換器が搭載され，変換ロスを出しながら，機器を駆動している。これが日本社会のエネルギーインフラであり，簡単に変えることはできない。

しかし，近年，自然エネルギーを利用しなければならない状況になり，不安定な電力を蓄電して，利用することや，直流駆動の機器の数が急上昇していることなどから，直流電力の利用が検討され始めている。ある地域のみ，直流電力で給電するマイクログリッド構想も国内外で検討し始めている。

東北大学のプロジェクトは，交流系統を直流系統に一斉に変えてしまおうという試みではなく，交流系統と直流系統の併用を進め，最終的に，最適解に向かい，自然エネルギーを可能な限り活用し，そもそもエネルギー使用量の絶対量を減らすようにすることが狙いである。既に普及している交流電力系統の中に，いかにして直流電力系統を埋め込んでいくかが最大の検討課題である。

8 普及の可能性

このエコハウスには，リチウムイオン電池を利用している。近年，リチウムイオン電池の性能が向上し，電気自動車にも搭載されることになり，量産の目処が立ち，自動車だけでなく，家庭内での利用が検討され始めた。電気自動車に搭載されるようになれば，量産化により，電池のコスト削減が実現する。リチウムイオン電池のような蓄電池が家庭内で利用されるようになると，例えば，太陽光発電した電気を蓄電池にためることができ，昼間に発電した電力を，使いたいときに，夜でも利用できることになる。また，夜間電力利用の可能性もある。ためるという概念を導入することにより，これまでのエネルギーに対する発電したら使わなければならない，使うためには発電所を止めてはいけない，という固定観念を覆すことになるのである。

リチウムイオン電池は，平均動作電圧が高い，小型で軽量，充放電サイクル特性が良好，自己放電特性が良好（少ない），メモリー効果がないことが優れている。メモリー効果とは，電池を完全に使い切らないで，中途半端な充放電を繰り返すと電池の電圧が途中で落ちてしまう現象を指しており，充電してもすぐにパワーが弱くなり，充電催促ランプがすぐに点滅し，またすぐに充電が終わってしまうという現象がおきることを言う。リチウムイオン電池にはこの現象がない。要するに，リチウムイオン電池は何度でも自由に繰り返し充放電でき，微弱エネルギーもためることができ，ちょろちょろ蓄電したエネルギーのほとんどは，消えてなくなることがなく，使いたいときまで保存できるのである。微弱エネルギー蓄電にも優れた特性を持つ。

最近の家電製品がどの程度の電力を消費する製品なのか，どの程度知られているだろうか。家電はおよそ三つの製品グループに分けられる。①娯楽系家電，②消費電力が大きいが短時間使用のキッチン家電，③エアコン，冷蔵庫等の大型長時間利用の家電の三つである。一つ目の娯楽系家電は，それほど電力を使用していない。パソコンは25 W，電話・FAXは20 W，HDD・DVDレコーダーは30 W，ラジオは3 W程度である。二つ目は，キッチンの中の家電製品とテレビ，蛍光灯である。32インチの液晶テレビは110 W（このテレビを3時間見続けると330 Wh消費することになる），蛍光灯は30 W相当の明るさの蛍光灯は10 Wであるが，長時間使用するので電力量が必要になる。一方，IHが2000 W，炊飯器が1250 W，電気ポットが900 W，電子レンジが500 W程度である。これらは短時間しか使用しないが，テレビや蛍光灯と比較して瞬間的に大きな電力を必要としている（筆者調べ）。

リチウムイオン電池を家庭内に設置する新しいシステムが導入された場合は，直流のまま蓄電した電力をそのまま使用することができる。交流から直流への変換ロスとして10%から20%削減することにも大きくつながるものである。また，娯楽系家電についてはおよそ1 kWhの電池が家庭内で利用可能となっていれば，その電力を使用して，ほぼ使うことができる。三つ目は，家庭内の電力消費量がもっとも多いエアコン，冷蔵庫である。この家電製品は容易には交流から直流に変わることができないが，いくつかの企業が直流駆動への転換の可能性を探っている。

そこで，これらの3種類のアプリケーションの消費電力を考慮して，大きく3種類のリチウムイオン電池を導入した直流電源システムが考えられよう。1つ目の娯楽系家電については，既に述べた微弱エネルギーを小型のリチウムイオン電池に蓄電し，蓄電した電池を持ち運ぶ形で利用する微弱発電・蓄電・利用パッケージとして販売する独立直流電源システムとする。

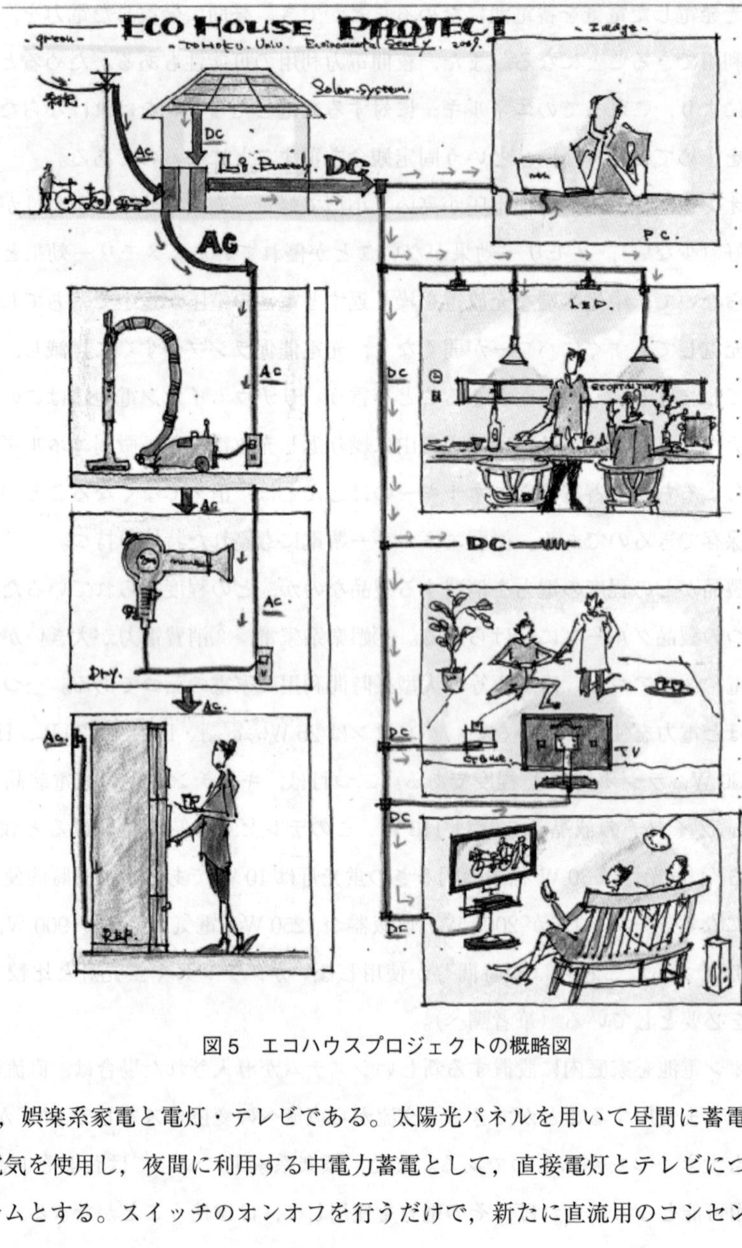

図5　エコハウスプロジェクトの概略図

2つ目は，娯楽系家電と電灯・テレビである。太陽光パネルを用いて昼間に蓄電し，あるいはそのまま電気を使用し，夜間に利用する中電力蓄電として，直接電灯とテレビにつながれる直流電源システムとする。スイッチのオンオフを行うだけで，新たに直流用のコンセント等は必要としない。

3つ目の大電力を必要とするキッチン内家電及びエアコンと冷蔵庫については，最後まで導入が遅れる可能性があるが，太陽光発電や夜間電力などを利用して，大電力をリチウムイオン電池に蓄電し使用するか，交流系統と連携して使用するシステムとする。あるいは，この部分ははじめから交流電力のままでしばらくは進むことも考えられる。交流との系統連携が必要になる場合は，越えなければならない障壁は高い。しかし，1つ目と2つ目の交流と独立した直流電源システムが普及し始め，消費者の直流システムへの信頼を得られた段階で，3つ目のシステムを国の政策や支援を受けながら導入することも考えられる。このためには，発電と蓄電側の技術課題の解決以外に，エアコンや冷蔵庫といった負荷側の技術開発も同時に進めなければならない。

9　普及の阻害要因

この直流電源システムの普及を阻害する要因はいくつかある。既にインフラとして構築されている交流システム，標準化，国民のエネルギーに対する固定観念，生産コストである。既に構築されている交流電源システムは，我々に便利な生活を提供してくれた。コンセントは１種類であり，コンセントに差し込むと駆動する家電が販売されている。携帯電話や自動車など移動するものについては直流の電池が使われているが，固定のものはほぼ交流電源で駆動する。また，直流電源システムはシステム自体が異なるので，発電機，電池，家電，システムの全てが足並みそろえて進まないと，事が動かない。これが直流電源システムのイノベーションがなかなか実現しない大きな要因である。

家電メーカーは，直流で動く家電を開発することはできるが，開発したところで，家庭内大容量電池が普及していなくては，その家電が売れない。電池メーカーとしては，発電機と家電側の仕様がしっかり固まらないと電池を量産することはできない。発電機側は発電機だけ販売しても，発電したエネルギーを蓄電する電池と動かす家電がないと売れないので生産・販売するインセンティブが働かないのである。また，電池や家電の電圧など標準化が必要な箇所が多く，規格を決めるための市場競争を繰り広げなければならないという時間がかかるプロセスを抱えることになる。普及のためには標準化が早期に検討されるべきであるが，まだ規格導入の段階に到達していない。このような状況を踏まえると，既存の交流システムを一気に直流電源システムに入れ替えるか，直流電源システムを独立して家庭内に普及させて，併用できるようにするかである。田舎暮しの一軒家であれば，一気に交換することも考えられるが，都会の住宅街やマンションでは非常に困難である。そもそも一夜にして入れ替え工事を行うことは不可能であろう。

したがって，系統連携もしない独立直流電源システムが有望であろう。微弱発電機，リチウムイオン電池，家電（パソコン等）をパッケージとして販売することができれば，家庭の電気代の10％程度を削減するための独立した商品を普及させることが可能であろう。また，直流で発電し，そのまま直流でリチウムイオン電池に蓄電する中型の太陽光パネル付のパッケージを設置し，家庭内の電灯や娯楽機器を動かすことができるようになる。最終的には，大型の太陽光パネルを購入し，系統連携をしながら，昼間は発電した電気をそのまま使用し，夜間電力をも蓄電する家庭内電池を購入し，いざというときには交流システムのバックアップを使用できる状態にした直流電源システムになる。このように最初は独立して家庭内に普及できるように設計し，最後には既存の交流システムにアクセスする，または，完全に自然エネルギーだけで生活する家に到達できるようになるのではないかということである。東北大学ではこの実証試験を開始している。

国民のエネルギーに対する固定観念も阻害要因となりうる。単純にこれまでの交流のコンセントではないコンセントが増えるとややこしくて，使いづらいという意見や，直流の大電流で家電を動かしても安全なのかという意見が消えることはないだろう。直流と交流のコンセントが混在する家はかなりややこしくなる。基本的には家の壁に埋め込んでしまい，家のどこかで全体の電気系統を管理するシステムを設けるか，自動的に直流電力が不足した場合には交流電力が流れるような家電を開発すれば，直流と交流で混乱することにはならないだろう。目に見える部分では電池が直流のエネルギーを運ぶ形にすれば，既存の電池で動くパソコンと同じ感覚で利用可能となる。しかし，既に述べた社会ニーズ調査結果を踏まえると，電池の生活が消費行動を変え，エネルギーに対する考え方が変わるのであれば，多少は直流と交流が混在した方が良いのかもしれない。この点についても実証研究が必要である。

最後に，生産コストの問題がある。これは特に微弱エネルギーについては，発電し，利用できる電力が微弱であるため，常にコストがかかり過ぎないかが問題になる。高額のパッケージを購入しても，節約できる電気代がほんのわずかであれば，消費者がパッケージを購入するメリットがないからである。二酸化炭素を削減するのに消費者にここまで経済的負担がかかるのか，ということになれば普及はありえない。最初は政府の補助が必要であろうが，リチウムイオン電池については，将来，電気自動車が家庭内の大容量電池よりも先に普及し始めれば，大量生産による生産コストの削減ができるので，家庭内のリチウムイオン電池も現在より大きく安価になるであろう。電気自動車の普及とほぼ同時に家庭内の大容量電池も普及を進めることができれば，相乗効果が期待できる。さらに，自動車用電池と家庭内大容量電池の互換性を持たすことができれば，電池を通して，家庭と移動手段がつながり，社会インフラとして電気スタンドを普及することが期待できる。

都会では走行距離が比較的少ないため，電気自動車も問題ないが，地方において電気自動車が長距離走行するためには，有効的な電気スタンドの導入が良い。例えば，農業や林業で発生する自然エネルギーをその地域で電気に変えて，電池に蓄電し，農機具のエネルギーに使用すれば，化石由来の燃料の使用量を削減できる。地方の農協や郵便局などの既存のインフラを活用して，その建物の屋根に太陽光パネルを設置し，その地域を走る電気自動車用の電気スタンドの役割を果たすことができるかもしれない。地方では自動車を使ってショッピングセンター，ショッピングモールや量販店へ移動して平日の買い物や休日の余暇を楽しむことが増えている。この移動手段に自動車が利用され，その結果，二酸化炭素排出を増加させている。このライフスタイルを低環境負荷に変えるためには，社会での電池利用の促進と，電気自動車の普及が重要なのである。

文　　献

1）古川柳蔵，『環境制約下におけるイノベーション―力を持ち始めた環境ニーズ』，東北大学出版会（2010）
2）Ryuzo Furukawa, Hiroaki Sasa, Hideki Ishida, Change of eco-innovation in energy consuming products industries in Japan, 21st International CODATA Conference Scientific Information for Society-from Today to the Future, Ukraine, Kyiv, p. 111（2008）.
3）伊藤究，古川柳蔵，佐々広晃，石田秀輝，冷蔵庫の環境イノベーションの日米比較，研究・技術計画学会第 24 回年次学術大会講演要旨集，p. 657-660（2009）.
4）World Energy Outlook 2008, IEA
5）石田秀輝，古川柳蔵，電通グランドデザイン・ラボラトリー，『キミが大人になる頃に。環境も人も豊かにする暮らしのかたち』，日刊工業新聞社（2010）

第2章　電気自動車の開発と展望

堀江英明*

1　はじめに

世界的な温暖化・CO_2排出削減への関心，新興国を中心としたエネルギー需要の高まりと供給逼迫（ひっぱく）懸念に端を発するエネルギー価格乱高下など，社会・経済を取り巻く世界的な環境の変動は大きく，増幅される傾向が近年特に強まっているようである。高性能環境車両への関心が大変高まっているが，これは環境・エネルギー・経済が交差する位置に自動車があり，社会に対するその潜在的影響力は甚大なものがあり，大きな期待が高性能車両の実現に求められているからでもあろう。ところで環境車両にはガソリン車と同等レベルの車両走行性能が求められるが，性能に大きく関与するのは高性能なモーター，インバーター，電池である。見方を変えれば，高性能環境車両の実現においてエネルギー利用の高効率化は必須であり，この点からエネルギー効率が根本的に高い電力を軸にしたデバイスが導入されることになる。そして特筆すべきは，電力を共通基盤とする比率が高まるならば，原油を軸に構成をされてきたエネルギー体系から自動車は形として少しずつ離れ始め，一部なりとも電力を基とした都市・地域のエネルギー基盤と融合を始めることになる。従来の自動車は有機物燃料を単一の柱に発達してきており，都市に共存すると言っても，エネルギー源からみるなら言わば水と油のような状態であった。しかしながら将来環境車両へと変遷してゆくことは，まったく新しい多様なエネルギー体系を自動車が獲得することであり，新たな形で都市の一部に融合するプロセスでもあって，将来の都市・地域の中でエネルギー最適化，環境の再設計を始動する大きな契機となるに違いない。そしてその新たなエネルギー体系を根底から担う大切な技術的要素が，各高性能環境車両に埋め込まれた高性能電池であり，この「エネルギーの時間シフト」機能の成立なくして，高性能環境車両もスマートグリッドも本来の力を発揮することは無いであろう。本稿ではこれら高性能電池と環境車両性能の基本的な要素に関して述べたい。

＊ Hideaki Horie　日産自動車(株)　EV 技術開発部門　エキスパートリーダー；東京大学生産技術研究所　特任教授

2　高性能環境車両用電池システム

電気自動車（EV）普及にあたっての最大の課題は電池と言われる。電池性能の向上はもとより，コスト低減，信頼性の確立を進めることは必須であるが，本節では，特にEV構築において必要となる電源システムに関して，その設計の基本的要件と考え方を述べたいと考える。

まず車両（動力）性能を確保する観点から，電池には2つの大きな特性，①エネルギー密度，②出力密度が要求される。勿論，車両のコンセプトによって詳細には異なってくるはずであるが，図1に，EV（Electric Vehicle電気自動車）からHEV（Hybrid Electric Vehicleハイブリッド電気自動車）までの適用に関して，大変大まかではあるが，電池に要求される性能の概念を示す。

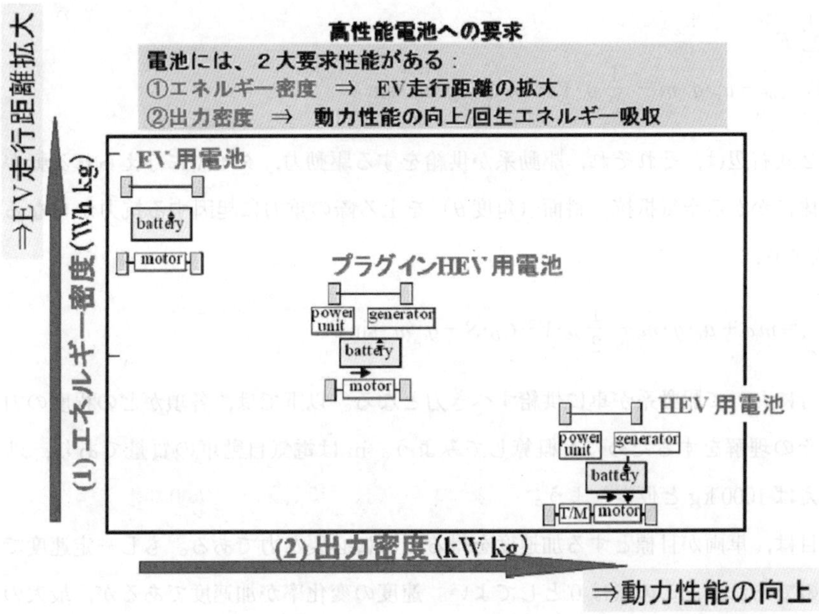

図1　環境車両用の高性能電池への要求

(1)　EVでの1充電走行距離の拡大　⇒　電池エネルギー密度の向上

(2)　HEVでのパワー性能の確保　⇒　電池出力密度の向上

　(i)　加速時等の動力性能向上（放電パワー）

　(ii)　回生エネルギー蓄積の拡大（充電パワー）

これらは，高性能な環境車両を創り上げてゆくために，欠くことのできない因子である。

3　電池に求められる特性

3.1　性能要件の概論：出力と容量

電気自動車の動力性能からみた，出力要求値を考えてみよう。運動はニュートンの運動方程式により律せられる。

$$F = m\alpha \tag{1}$$

F は物体に加わる力であり，m は物体の慣性質量，α は加速度である。これを解くことで，必要な力が求まる。ところで運動方程式に代入すべき力 F とは，車に加わる全ての力を加算したものであって，加わる力を書き表して見ると，

$$\begin{aligned} F &= \sum_{i=1}^{4} F_i \\ &= F_{traction} - \mu_r \cdot g \cdot m - \frac{1}{2}\rho \cdot V^2 \cdot C_D \cdot S - g \cdot m \cdot \sin\theta \end{aligned} \tag{2}$$

(2) 式第 2 式右辺は，それぞれ，駆動系が供給をする駆動力，タイヤに与えられる転がり摩擦抵抗，車全体にかかる空気抵抗，斜面（角度 θ）を上る際の重力に起因する抗力からなる。(1) 式と (2) 式より，

$$F_{traction} = m\alpha + \mu_r \cdot g \cdot m + \frac{1}{2}\rho \cdot V^2 \cdot C_D \cdot S + g \cdot m \cdot \sin\theta \tag{3}$$

これが走行において駆動系が車に供給すべき力となる。以下では，各項がどの程度の力になるのか，およその理解をするためにも概算してみよう。m は電気自動車の質量であり，以下簡単のため，例えば 1000 kg と仮定しよう。

第一番目は，車両が目標とする加速度を得るために必要な力である。もし一定速度での走行をしているのであれば，この項は 0 としてよい。速度の変化率が加速度であるが，最大の加速度をおよそ 1.5 m/sec^2 程度とすると，ドライバーの要求する加速度を発生させるためには以下の力が必要になる。

$$m\alpha \approx 1000 \cdot 1.5 = 1500\ (N) \tag{4}$$

第二の力として転がり摩擦抵抗があり，タイヤを介して地面からの抗力として働く。タイヤの転がり摩擦抵抗係数を例えば 0.025 と仮定すると，以下の様に計算される。

$$\mu_r \cdot g \cdot m \approx 0.025 \cdot 9.8 \cdot 1000 \approx 245\ (N) \tag{5}$$

第三は空気からの抵抗である。空気抵抗は速度の二乗，車両の運動方向の断面積に比例する。

時速 80 km（秒速 22.2 m）で走行しているとして，車の空気抵抗係数を 0.35，車両の前方投影面積を 2 m²，空気密度を 1.2 kg/m³ として空気抵抗を概算すると，

$$\frac{1}{2}\rho\cdot V^2\cdot C_D\cdot S \approx \frac{1}{2}\cdot 1.2\cdot 22.2^2\cdot 0.35\cdot 2 \approx 207\ (N) \tag{6}$$

つまり，速度の２乗に比例するので，速度が小さい間はそれ程の効果は持たないが，時速 80 km 程度にまで増加してくると，転がり摩擦抵抗と同程度になることが分かる。

第四は坂道を走行する際の重力による影響であるが，もし坂を登っているのであればこのための余分な力が必要で，例えば少し急だが登坂の角度を４度とすると，

$$g\cdot m\cdot \sin\theta \approx 9.8\cdot 1000\cdot 0.07 = 686\ (N) \tag{7}$$

坂道がやや急であれば，必要とされる力の大きいことが分かる。

続いて出力を概算しよう。走行に必要な出力とは一秒当たりに費やされる仕事であり，仕事は

$$[\text{仕事}] = [\text{力 F}] \times [\text{力の方向に動いた距離 L}] \tag{8}$$

で表される。ここで一秒当たりに動いた距離とは速度Ｖのことであり，

$$\begin{aligned} P &= F_{traction}\cdot V, \\ &= \left(m\alpha + \mu_r\cdot g\cdot m + \frac{1}{2}\rho\cdot V^2\cdot C_D\cdot S + g\cdot m\cdot\sin\theta\right)\cdot V \end{aligned} \tag{9}$$

これより，先程計算した値に，（例えば時速 80 km であれば，Ｖとして秒速 22.2 m/sec であるから,）代入すれば必要な出力が得られる。車両重量 1000 kg，前方投影面積 2 m² の車があって，坂道（勾配角度 $\theta = 4$ 度）を時速 80 km で走行しながら，更に（短時間でも）1.5 m/sec² 程の加速を行おうとすると，

$$\begin{aligned} P &= F\cdot V = (1500 + 245 + 207 + 686) \times 22.2 \\ &= 2638 \times 22.2 \approx 58.6\ (kW) \end{aligned} \tag{10}$$

つまり約 58.6 kW の出力が必要となる。約 60 kW とは，80 馬力に相当することになる。高速道路を走行中，追い越しのタイミングから短時間で加速しようとしたり，高速道路上で緩やかでも登り勾配を持っている場合が最も厳しく，車両，モーター，電池トータルのシステムとしての成立性が問われるところでもある。パワーとしてみると，加速度，転がり摩擦，登坂の抗力は速度に比例して出力を要するのに対して，空気抵抗の場合は，最終的には速度の３乗に比例して増加するため，速度が増すにつれてその影響度は大きくなる。以上のような検討を進めることで，走行に必要なエネルギーが求まる。なお，駆動系の供給すべき出力は，さらに車両の駆動力伝達

系の効率で上の値を除する必要がある。例えば駆動伝達の係数を0.8とすれば，1/0.8＝1.25倍する必要がある。走行パターンによってエネルギーは異なるが，（通常の走行を模した）10・15モードであれば，重量1500 kgの車で120～140 Wh/km程度であり，200 km以上を走行するためには，30 kWh前後の容量を要することになる。

3.2　電池の出力特性とエネルギー効率

電池の出力密度が向上すれば，電池重量を減らしても車両が必要とする出力を確保できる。充電に関しても大電流での充電が行えることから，回生エネルギーの有効利用が図られる。電池の出力特性を向上させるには，内部抵抗の低減が必要である。鉛酸電池，ニッケルカドミウム電池は設計にもよるが，180–200 W/kg程度の最大出力と言われてきた。またニッケル水素電池では～1.5 kW/kgが報告されており，リチウムイオン電池では数kW/kg以上が電池設計によって可能であるが，エネルギー密度の低下が生じるため，車両コンセプトに合わせた，電池の出力とエネルギーのバランス設計が必要となる。

EVあるいはHEV用電池には高いエネルギー効率が要求される。エネルギー効率は，充電時に外部から投入した電気エネルギーと放電時に電池から取り出したエネルギーとの比になる。図2ではそれぞれの曲線で囲まれた積分（面積）がエネルギーを表す。

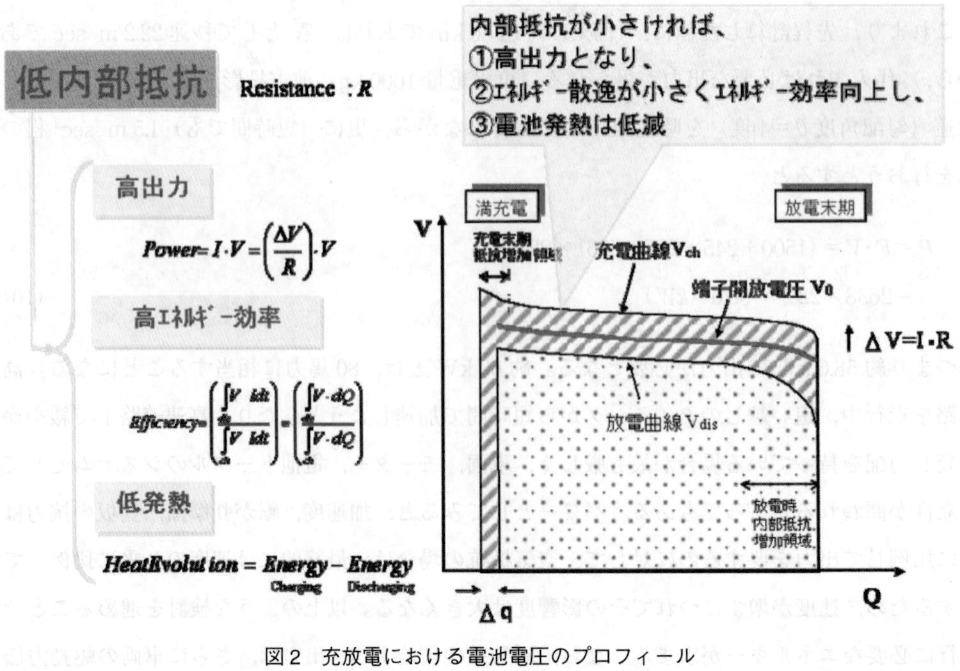

図2　充放電における電池電圧のプロフィール

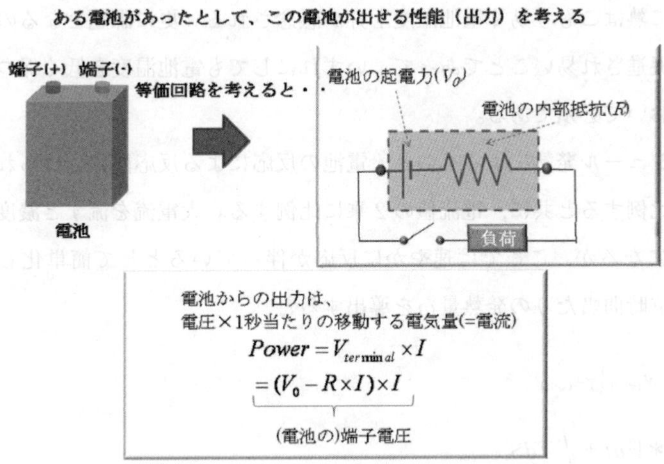

図３　電池の出力特性

$$\varepsilon \equiv \frac{\int V_{dis}\,dq}{\int V_{ch}\,dq} = \frac{\int V_{dis}\cdot I dt}{\int V_{ch}\cdot I dt} \tag{11}$$

電池の充放電時電圧と開放電圧の差は，電池自身の持つ内部抵抗をＲとし電流をＩとすると，オームの法則によりＩ･Ｒで表される（図３)。充放電時の開放電圧からの電圧差は内部抵抗に比例し，電流値が大きければエネルギー欠損も大きくなる。エネルギー効率を低下させる因子の一つは，この内部抵抗起因の端子電圧変動であることが分かる。特に放電末期において，電池内部のイオン拡散が追従しにくくなるにつれ端子電圧は低下するが，この電圧低下により取り出せなかったエネルギーは，電池内部での緩和過程の発熱として顕れる。

なお，更にエネルギー効率に関連する因子としてクーロン効率がある。水溶液系電池において満充電付近では，投入した電荷の一部は水の分解・再結合反応（密閉化反応）に費やされる。これにより充電と放電の電荷量には僅かな差が生じることになる。すなわち，(a) 電池の内部抵抗を低減すること，(b) 充放電にあたって電荷の欠損を低減することが電池の充電効率を向上させるために必要であることが分かる。リチウムイオン電池では，クーロン効率はほぼ100％で充放電での電荷の欠損は無く，エネルギー効率の観点から有利と考えられる。

3.3　熱的課題と設計

3.3.1　発熱の考え方

EV，HEV 共に，当然ではあるが従来の民生用電池に比べて電池サイズは大きく，また（パワー用途であるだけに）出力要求も高い。ところで一般的に，電池構成材料の熱伝達係数は小さいことから，内部に熱はこもり易く電池温度上昇が懸念される。更に課題となるのは，電池は高温において劣化が促進され易いことであって，いずれにしても電池温度を低く保つ工夫は，自動車用高性能電池において必須である。

電池の発熱はジュール発熱によるものと，電池の反応による反応熱に分けられる。ジュール発熱は内部抵抗に比例すると共に，電流値の2乗に比例する。大電流を流すと濃度勾配等による熱発生遅れが顕著になるが，ここでは速やかに反応が伴っているとして簡単化し，Maxwellの関係式等を用い単位時間当たりの発熱量ωを導出すると，

$$\begin{aligned}\omega &= [\mathrm{w_{joule}} + \mathrm{w_{react}}]_{\mathrm{T=const}} \\ &= \int \mathrm{R_{direct}} * \mathrm{I}^2 dt + \int \mathrm{T} dS|_{\mathrm{T=const}} \\ &= \int \mathrm{R_{direct}} * \mathrm{I}^2 dt - \int \mathrm{T} \frac{\mathrm{dV}}{\mathrm{dT}} \frac{\mathrm{dq}}{dt} dt \\ &= \int \mathrm{I} * \left(\mathrm{R_{direct}} * \mathrm{I} - \mathrm{T}\frac{\mathrm{dV}}{\mathrm{dT}}\right) dt\end{aligned} \tag{12}$$

（ただし，直流抵抗成分：$\mathrm{R_{direct}}$，電流：I，温度：T，電位：V）

ジュール発熱は先程の効率の項で述べたエネルギー欠損に相当する。電池内部での発熱を抑えることは電池のエネルギー効率向上を意味し，それは電池の内部抵抗低減に直接結び付いている。先述の通り，電流値が大きくなると電池の内部抵抗Rによる電圧降下で出力は低下する。出力は電流に対する2次関数であって，つまりジュール項が電流値の2乗に比例して電池内部での発熱となる。電流値が大きくなると，これは大変大きな値となってくる。例えば電池システムの最大出力値（つまり2次関数の最大極値）では，端子電圧は開放電圧の半分であることから分かる通り，電池が外部に行う仕事と，電池内部での発熱は等価となってしまう。電池は高温で劣化が加速されることから，開発にあたっては発熱と放熱から決まる平衡温度の最適化が必須である。

1 mol当たりの反応熱は，電荷量としてFaraday数を用いれば評価できる。電圧の温度依存性は，電池系，充電状態により異なるが，おおよそmV/℃オーダーと考えておいてよい。

$$\begin{aligned}dQ &= -T\frac{dV}{dT}\left(\int dq|_{\mathrm{electron\sim 1mol}}\right) = -T\cdot\frac{dV}{dT}\cdot F|_{\mathrm{at\ T=const.}} \\ F &= \mathrm{Faraday\ number} \approx 96500\end{aligned} \tag{13}$$

EVにおいて走行中はほとんど放電のみであり，放電が発熱反応であればこの熱が発生する。ハイブリッドEVにおいては充電と放電を頻繁に繰り返すが，例えば放電側で発熱としても充電側で同じ量を吸熱するから，走行を続ければ，電池反応熱は積分値として0へと漸近することになる。以上の諸定数により各種電池での発熱量をおおよそ評価することができる。

3.3.2　出力Pが決まっているときの発熱量計算

出力は$P=I\cdot V=I\cdot(V_0-R\cdot I)$であったから，電流Iが以下の様に求まる。

$$I=\frac{V_0-\sqrt{V_0^2-4P\cdot R}}{2\cdot R} \tag{14}$$

出力Pの時間変化が与えられれば，電流Iの時間変化が求まる。この電流値Iと前項の式を基に発熱項を算出し，時間に関し積分することで電池の発熱量を推定することができる。

$$\text{Heat Generation}: I^2\cdot R\cdot dt+\frac{dH_{react}}{dq}\cdot\frac{dq}{dt}\cdot dt=I^2\cdot R\cdot dt+\frac{dH_{react}}{dq}\cdot I\cdot dt \tag{15}$$

3.3.3　電池の温度上昇

オペレーション中の電池システム温度を考える際の第一のポイントは，システムの平衡温度をどのように設計するかであって，これは電池の単位時間当たりの発熱量と，放熱における熱伝達のバランスで決まる。つまり，電池の発熱挙動とシステムの熱伝導方程式を組み合わせることで，走行中の電池の温度上昇を計算することができる。更にポイントの二つ目は，電池システム内部での温度差をどこまで小さくできるかである。電池の潜在的な課題の一つは高温時の電池劣化をいかに抑えるかであるが，このような設計を行うことで，電池において適切な冷却が可能となり，電池内部の最高温度を低く抑えると同時に，電池システム内部の温度差も抑えることができる。

3.4　システムとしての組電池制御

組電池化にあたっては100セル程度あるいはそれ以上のセルを直列に接続するため，個々のセルの容量ばらつきが問題となってくる。水溶液系の電池では，満充電付近あるいは高温域で，充電の競合反応として水の電気分解が発生するが，正負極の容量バランスを変え，正極で発生した酸素を負極上で水素と再結合させる（密閉化反応）ことにより，再度水に戻すことができる。組電池化の際，直列セル間で充電状態の不均一が発生しても，この密閉化反応が充電末期に充電電流の一部消費を行い，結果として各セル間で充電状態を均一化するという極めて重要な機能を果たしていたのである。しかしながら，リチウムイオン電池において，充放電時においてこのような密閉化反応は無く，もし各セル間で容量バランスがずれた場合，電池劣化を促進する等の，不具合に結びつく可能性が想定される。これに対しては，電子回路による制御が考えられる。リチウムイオン電池は充放電における電圧変位は小さく，この点から残存容量検知の精度を高くすることが期待できる。これらの組み合わせにより，組電池としてセル容量のばらつきの無いシステム構築が可能となる。セルコントローラとしては (a) 満充電検知，(b) 過放電検知，(c) バイパス回路の機能が基本である。

一旦各セル間の容量バランスが整うと，リチウムイオン電池系においては，セル間の容量バランスを崩す要素はほとんど無いことが経験的に知られている。従来の水溶液系電池においては，容量バランス是正のため密閉化反応を活用していたが，これは最終的には電池内部での発熱になることから，出力比の大きいシステムでは，潜在的な課題をはらんでいたとも考えられる。容量バランス化に外部エレクトロニクス回路を用いることは，電池内部での発熱要素を取り除くことにもつながるのである。つまり組電池化した状態でサイクルを重ねても，セル容量バランス崩れに伴う電池劣化や不要な発熱要素は抑えられ，結果として全体の電池寿命をより延ばすことができると期待される。なお，電池状態は車両側の制御ユニットと信号線を介し交信し最適な状態に管理すると共に，車両に必要な出力，エネルギー量をリアルタイムでモニタすることになる。

4　高性能環境車両におけるエネルギー効率の考え方

ガソリン自動車は，特に車速が15-20 km/h以下ではガソリン消費が大幅に増し，つまり車速が遅くなるとエネルギー効率が低下すると言われている。この低速側のガソリン消費の大きさは，低出力領域でのエンジン効率の低さに起因すると考えられる。図4に，現状のガソリンエンジンの出力と熱効率のおおよその関係を示す。出力が小さい領域では効率は低く留まっているが，機械損失や，（例えほとんど自動車が移動していなくても）エンジンは回転し続けており，回転を維持するためのポンプ損失等が原因と言われている。

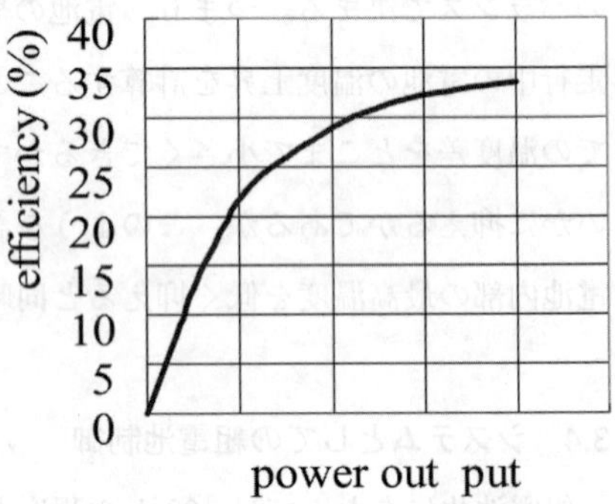

図4　ガソリンエンジンの熱効率例

勿論自動車のエネルギー効率は，走行条件によってかなり異なるはずである。エンジンの熱効率の良い領域で連続的に走行すれば効率は高められるし，市街地で低速での走行・停止を頻繁に繰り返せば，効率は下がってしまう。

図5に現在の自動車のシステムに重ねて，環境車両のシステム構成を示す。HEVにおいて，複数の動力機構と，エネルギー発生と消費に時間差を許すエネルギー蓄積部を設置することで，幾つかのエネルギーパスが利用でき，総合効率のより高い領域を選択し作動させることが可能となる。この基本となるのは，電気を基盤とするエネルギーパスが存在することであって，すなわち，(a) 電動駆動デバイスの高い効率，(b) 蓄電デバイスの存在である。これにより内燃機関の効率には図4で示した通り大きな幅があるにもかかわらず，広い動作範囲で高いエネルギー効率の確保を狙うことができる。そして，電気を用いることで共通基盤が潜在的に構築され，(a) より広範なエネルギー源利用が可能，(b) 電力を共通基盤とした新地域エネルギーシステム

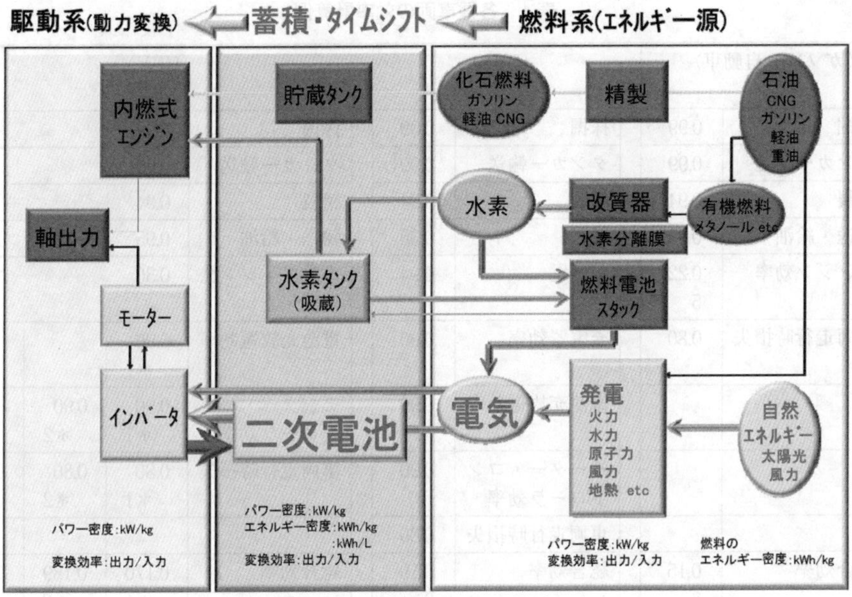

図５　走行に使われるエネルギーフロー

（スマートグリッド）との融合を考えてゆくことができるはずである。

その基本は本稿で述べたように，高性能電池を軸としたエネルギー効率の確保，エネルギー利用タイミングの平滑化と最適化，全体と個々のシステムを繋ぎ制御するコントロールシステムの構築が主要課題となってくるはずである。エネルギー効率は大切な要素なので，自動車におけるエネルギー計算の概略からみてみることにしよう。

4.1　各種車両での効率比較

走行エネルギーを供給する駆動系を考えてみれば，エネルギー効率は，モーター・コントローラ，ギア，電池等各ユニットのエネルギー効率の積になるであろう。

$$\text{total efficiency}：\eta_{total}=\prod_{i=1}^{N}\eta_i$$
$$\text{efficiency of each unit}：\eta_i \tag{16}$$

ここで，おおよその数値を見積もるため，簡素化した計算例を表１に示す。石化燃料等の燃焼熱から，力学的エネルギーなり電気的エネルギーを取り出すが，熱力学第２則に基づき高・低温熱源の温度からこのエネルギー変換効率の上限が定まってくる。ガソリン自動車ではエンジン部分において，また電気自動車においては発電所部分において，この変換に伴うエネルギー効率の大幅低下が存在する。またEVでは発電所の発電効率は高いが，電気系のユニットを介する毎に

表1　各種車両の効率計算例

〈ガソリン自動車〉(効率)		〈EV〉(効率)		〈HEV〉(効率)			
採掘	0.99	採掘	0.99	採掘	0.99		
タンカー輸送	0.99	タンカー輸送	0.99	タンカー輸送	0.99		
精製	0.94	精製	0.94	精製	0.94		
輸送・給油	0.95	発電	0.38	輸送・給油	0.95		
エンジン効率	0.225	変送電	0.94	車載エンジン発電機	0.30		
車両走行時損失	0.80	充電器効率	0.90	電池充放電効率	0.90 *1		
		電池充放電効率	0.90	モーター・コントローラ効率	0.90 *1	0.90 *2	
		モーター・コントローラ効率	0.90	車両走行時損失	0.80 *1	0.80 *2	0.80 *3
		車両走行時損失	0.80				
総合効率	0.158	総合効率	0.192	総合効率	0.170 *1	0.189 *2	0.21 *3

*1　S（P）HEV 発電機出力を電池に蓄積
*2　S（P）HEV 発電機出力でそのまま走行
*3　PHEV エンジン軸出力で走行

効率が低下してゆくことになる。表は理想的な定数を用い概算を示したが，パラメータが常に一定の理想値に留まるわけではなく，前述の通りガソリン自動車においては，低負荷走行を中心とすると効率は一層低くなる可能性がある。

HEV においては，発電機からの電気エネルギーを一度電池に蓄え利用，発電機からの電気エネルギーを電池に蓄えずそのままモーターで利用，効率の良い領域でエンジンからの軸力をその

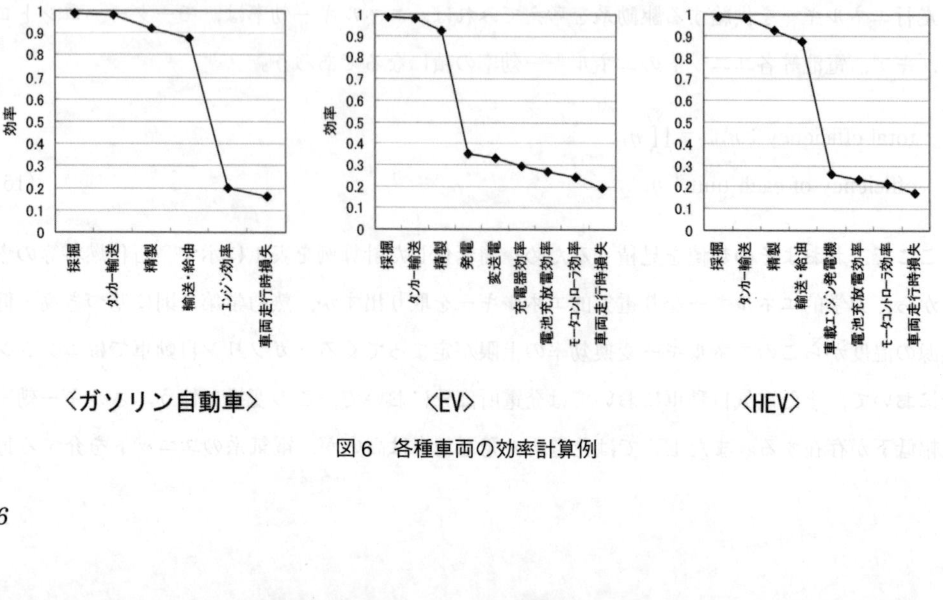

図6　各種車両の効率計算例

ままタイヤに伝達，回生エネルギーを電池に蓄積して再度利用等を行うことができる。このように複数の動力機構と，（エネルギー発生と消費に時間差を発生させる）エネルギー蓄積部を有することで，色々なエネルギーパスが利用でき，トータルの効率の高いところを選んで組み合わせ作動させることが可能と考えられる。しかしながら表1で分かる通り，デバイスを挟み込むとそれだけ効率低減の可能性がある。つまり効率を落とすユニットの介在は極力減らすと共に，各ユニットの一層の効率向上が強く求められる。またもし熱機関を介して電力へエネルギー変換するなら，この最初の部分のエネルギー効率確保が大切であり，より高い効率が確保された発電機関や，（風力や太陽光などの）再生可能エネルギーを利用することが考えられ，この点からEVの見方と位置づけは大きく異なることとなる。

従来，都市・地域の中で自動車は共存をし，人々の生活をより効率的により快適にすることを目指してきた。今後は高性能環境車両への試みを通して，飛躍的にエネルギー効率を高めると共に，次第に電力を共通基盤とすることで，我々が生活する都市・地域とエネルギーの点から更なる融合を果たしてゆくことで，まったく新しい次元の世界が切り拓かれてゆくものと期待されている。

スマートハウスの発電・蓄電・給電技術の最前線《普及版》(B1202)

2011年3月1日　初　版　第1刷発行
2017年4月10日　普及版　第1刷発行

監　修　田路和幸　　Printed in Japan
発行者　辻　賢司
発行所　株式会社シーエムシー出版
東京都千代田区神田錦町1-17-1
電話03(3293)7066
大阪市中央区内平野町1-3-12
電話06(4794)8234
http://www.cmcbooks.co.jp/

〔印刷　あさひ高速印刷株式会社〕

ISBN978-4-7813-1195-1 C3054 ¥5500E